数码摄影后期100个实战技法

倪士杰 著

人民邮电出版社

北 京

图书在版编目（CIP）数据

数码摄影后期100个实战技法 / 倪士杰著. -- 北京 : 人民邮电出版社, 2021.6
ISBN 978-7-115-55477-2

Ⅰ. ①数… Ⅱ. ①倪… Ⅲ. ①数字照相机—摄影技术 Ⅳ. ①TB86②J41

中国版本图书馆CIP数据核字(2020)第249776号

内容提要

好的摄影作品离不开后期处理。摄影后期是摄影必不可少的一个环节，是摄影过程的延续，后期技术不仅可以对前期拍摄的不足进行弥补，而且能够让摄影的主题升华，使照片蜕变为精彩的摄影作品。

Photoshop 是摄影后期必备的软件之一，熟练地使用 Photoshop 是每位摄影师都需要掌握的技能。本书通过 100 个摄影后期中常用的修片技法，分别对后期基本调修，以及人像、风光、黑白等热门摄影题材的后期调修进行了详细的讲解。全书以更容易上手实践的案例形式写作，可以帮助摄影师快速、准确、高效地修出理想的照片效果，同时也为摄影师创作摄影作品提供了新的思路与方法。

本书适合摄影后期处理的初学者阅读，对经验丰富的摄影师也有很高的参考价值。

◆ 著　　　　倪士杰
责任编辑　胡　岩
责任印制　陈　犇

◆ 人民邮电出版社出版发行　　北京市丰台区成寿寺路 11 号
邮编　100164　　电子邮件　315@ptpress.com.cn
网址　https://www.ptpress.com.cn
天津市豪迈印务有限公司印刷

◆ 开本：690×970　1/16
印张：24.25　　2021 年 6 月第 1 版
字数：500 千字　　2021 年 6 月天津第 1 次印刷

定价：149.80 元

读者服务热线：(010)81055296　印装质量热线：(010)81055316
反盗版热线：(010)81055315
广告经营许可证：京东市监广登字 20170147 号

前　言

技术的革新一直推动着摄影艺术的不断发展，数字技术在全方位进入设计、绘画及摄影等艺术领域的同时，也将摄影师及摄影爱好者推向了一个新的领域。离开了传统胶片，我们有了全新的数字底片格式——RAW，它记录了光学传感器收集的每一个像素的完整信息，为数字后期提供了无限的空间。那么准确地编辑 RAW 格式的照片，成了摄影人必须跨过的一道门槛。

作为一名摄影后期老师，我萌生了一个想法——编写一本通俗易懂、深入浅出的实用型后期教材，好让更多摄影人感受到 RAW 格式的魅力，从而跨过那道门槛，真正进入数码摄影的世界。

在一次商业活动中，我偶然遇到了摄影读书会创始人潘庆华老师，我们的想法不谋而合：这本教材一定要让摄影爱好者很快上手，而且多次练习后就能熟练地应用教材中教授的技巧。潘老师给予了我很多中肯的建议，使我受益良多，之后《数码摄影后期 100 个实战技法》就这样诞生了。

本书可以帮助你在修图时找到多种解决问题的办法。首先，本书包含对最基础的修图模式和技巧的指导。这部分内容从实用的角度出发，帮助你解决不会调整照片的问题。其次，本书还提供了很多小窍门，并且讲解了其中的原理，这样你在解决同一个修图问题时，就可以找出多种解决方案了。

本书除了教授数字后期的“术”，也会分享一些“道”。后期修图不仅是对窗外陌生的影像世界的探索，也是一种让我们的内心世界变得更加开阔、丰富的途径。Photoshop 作为一个艺术再现的创作工具，不仅能展现综合人们的知识和想象力的作品，还能使我们感同身受地体会创作者的艺术思维。通过修图对外界事物进行观察和描绘，我们能对现实世界有一个全新的体会。

希望学完本书的各位都能成为一个幸福的创作者。工作中你不再只是单纯地编辑他人眼中的画面，而是用自己的双眼去观察、去感受真实的世界。Photoshop 带来的这些体验也能够帮助你获得更深刻的认知和更广阔的视角，并以此来丰富你的生活。作为一个摄影爱好者，我拍照用的相机和后期处理用的软件，都是世界顶尖的科技成果。我经常感叹 Adobe 公司怎么会设计出如此完美的软件。全世界的设计师都因此而受益，我们没有理由拒绝它，而且一定要把它学好。处在大洋彼岸的两个国家（美国和日本）一个设计软件，一个生产相机，如此完美的配合，让我们受益匪浅。

最后我想分享的一点是，数码后期处理不仅仅是一种职业技能，或是一种简单的兴趣爱好，它更是一种自由的表达方式。摄影人希望看到自己拍摄的真实、独特的照片得到完美的还原，而数码后期处理就给我们提供了这样一种手段。“RAW 格式 +Photoshop”这个组合为原创摄影作品提供了几乎无限的创作空间，编辑和优化照片的过程本身就足以证明你的摄影作品的真实性和独特性，由此创作出来的作品带有强烈的主观意识和个人情感。但要实现这一结果，你只有知道自己要什么、自己的立场是什么，才能做出正确的选择。

而数字后期归根结底也是这样一个选择的过程。

另外，书中难免存在一些瑕疵和纰漏，真诚希望读者和同人们给予批评和指正。

最后真诚地感谢我的亲人对我的帮助！

感谢解海龙先生作为良师益友给我提供的支持与帮助！

感谢摄影读书会创始人潘庆华老师对我的推荐！

感谢我的老板张岩先生给我提供了良好的创作环境！

感谢我的学员们！是他们认可我、肯定我，积极地鼓励我、支持我，我才能坚持写完这本书。

最后感谢出版社所有参与本书编辑和校对的各位老师，是你们的辛勤劳作，让这本书更好地呈现在了大家的面前。

倪士杰

2020 年 10 月

资源下载说明

本书附赠后期处理案例的相关文件，扫描资源下载二维码，关注我们的微信公众号，即可获得下载方式。资源下载过程中如有疑问，可通过在线客服或客服电话与我们联系。

客服邮箱：songyuanyuan@ptpress.com.cn

客服电话：010-81055293

扫一扫 学摄影

扫 描 二 维 码
下载本书配套资源

目录

▲

| CONTENTS |

如何确定黑白场

首先，将素材照片调入Photoshop（以下简称PS），照片在ACR界面中出现。

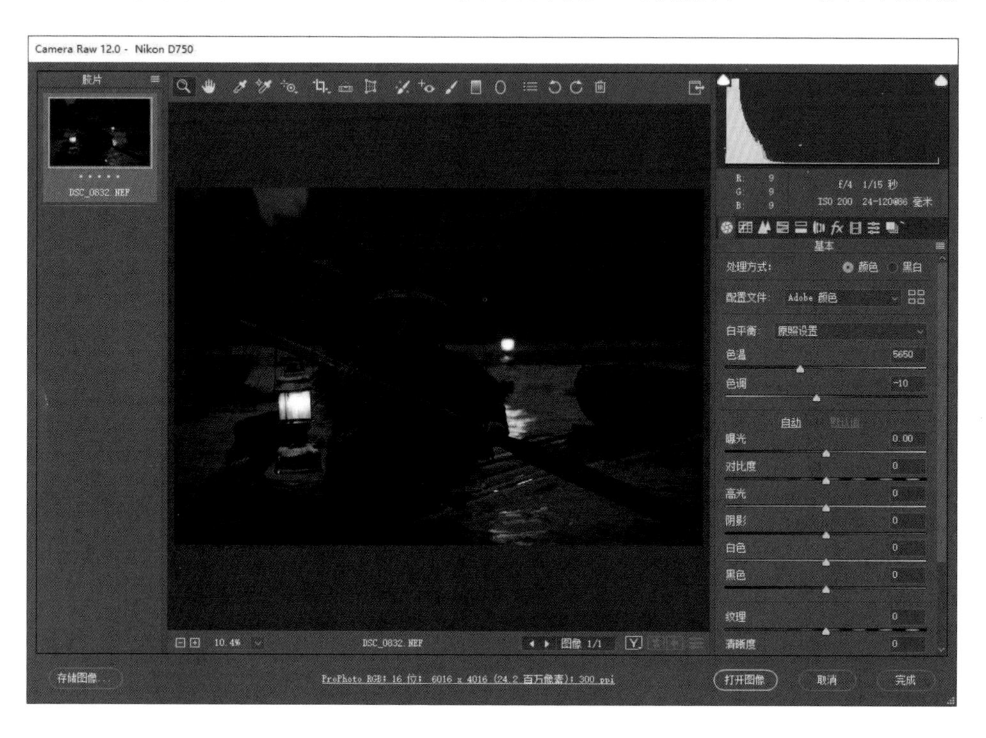

实际上这个界面是PS的预处理界面，ACR是Adobe Camera Raw的缩写，它的优点是可以处理RAW格式的照片，功能非常强大。我们对照片的大部

分调整在 ACR 中就能实现。如果对风光照片进行调整，实际上大约 70% 的调整在 ACR 里就能实现，然后将其导入 PS，再对剩下的 30% 进行调整。

在 ACR 界面中，工具栏位于上方，右上方是照片的直方图信息，直方图下面是各选项栏以及相应的调整滑块。

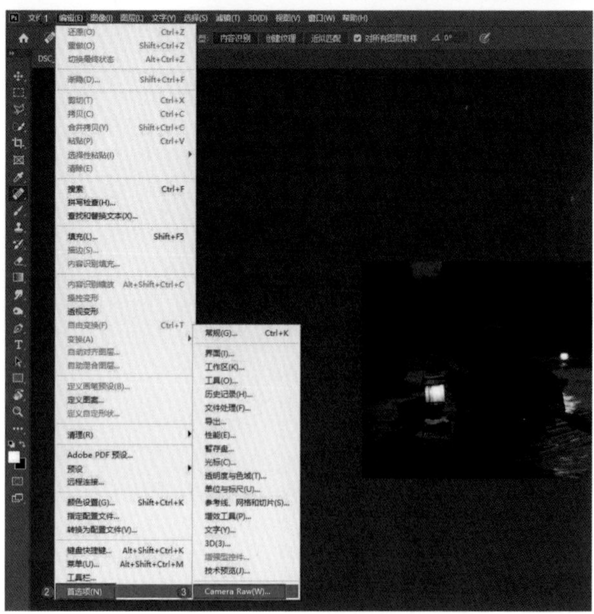

ACR 还能够处理 JPEG 格式的照片。打开 PS，依次选择“编辑”→“首选项”→“Camera Raw”。

选择以后会弹出一个对话框（以 Camera Raw 12.0 版为例），依次选择“文件处理”→“自动打开所有受支持的 JPEG”→“确定”，这样以后用 PS 打开 JPEG 格式的照片时都会先进入 ACR。若选择“禁用 JPEG 支持”，那么以后用 PS 打开 JPEG 格式的照片时就不会进入 ACR，而是直接进入 PS。

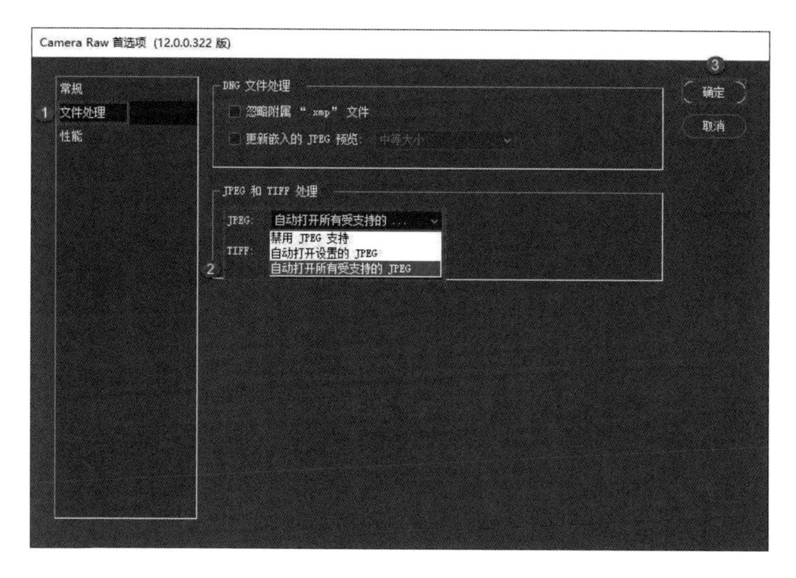

如果禁用后想把 JPEG 格式的照片调入 ACR 进行编辑，只需依次选择“滤镜”→“Camera Raw 滤镜”，就能调出 ACR 滤镜。若这时在 ACR 界面中单击右下角的“确定”按钮，则又会回到 PS 界面，可以来回切换。ACR 的功能非常强大，它跟 PS 结合着用是非常完美的。

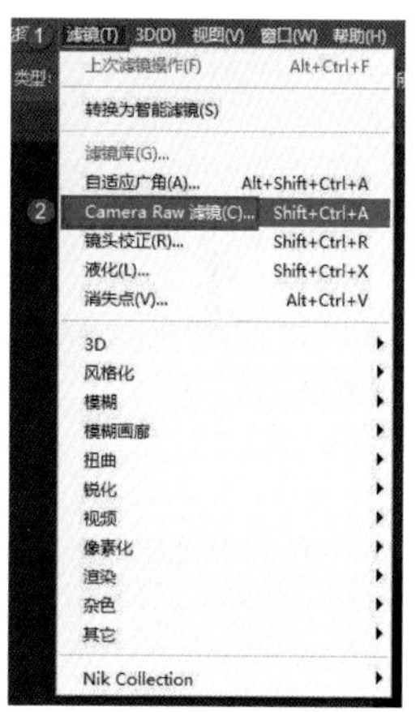

我们在调色之前要先确定照片的黑白场，这是调色的基础。如何科学地确定黑白场，Adobe 公司给了一个很好的方法。

STEP1：首先，我们将素材照片调入 ACR，然后在按住 Alt 键的同时向左拖动“黑色”滑块，当纯白色的画面出现第一块黑色的时候停下来，黑场就定好了。接着还是按住 Alt 键，同时向右拖动“白色”滑块，当画面出现红色的时候再稍微往左拖动“白色”滑块，让大面积的红色淹没在黑暗之中。但是因为这张照片里面有两处灯光，所以将“白色”滑块停在中间就可以了。这样这张照片的黑白场就确定好了。我们还可以向右拖动“阴影”滑块提亮阴影，再向左拖动“高光”滑块，将高光减弱一些。然后稍微提高对比度、清晰度，做到这一步时发现画面还是偏暗。我们再观察直方图，发现直方图向左跌落到极点，证明这张照片曝光严重不足。这时只需将“曝光”滑块向右拖动，画面瞬间就能变亮了。

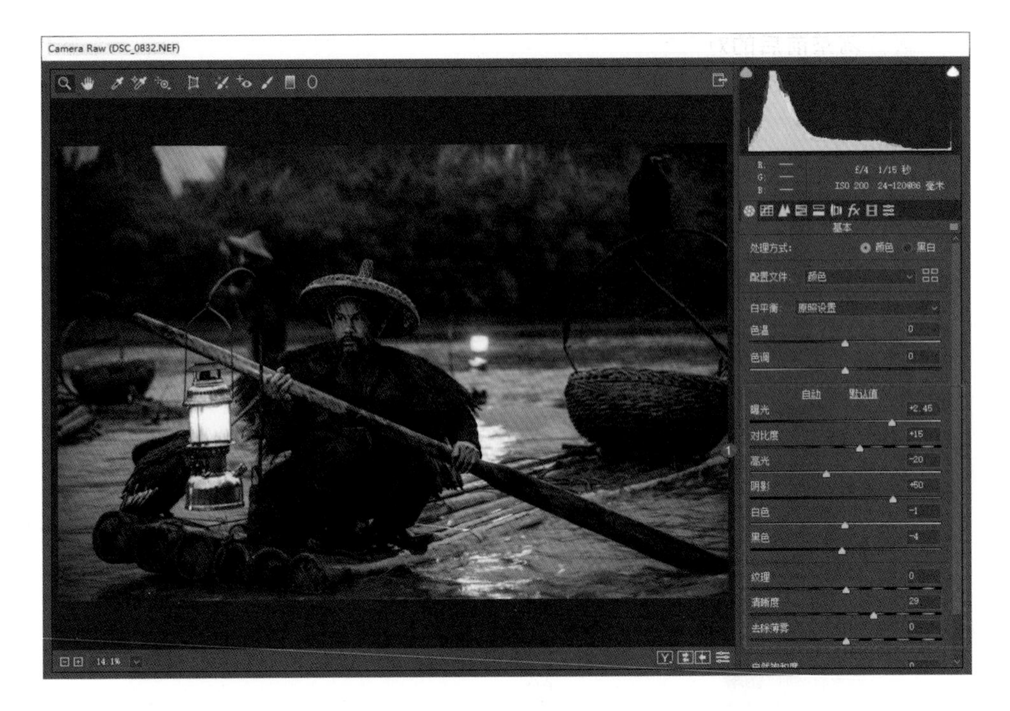

STEP2：单击直方图下方的“HSL 调整”选项卡，再单击“饱和度”，增加橙色、黄色、绿色、浅绿色和蓝色的参数值。

STEP3：单击“明亮度”，增加橙色的参数值，即让照片中人物的皮肤色泽有所改善；再增加黄色、绿色、浅绿色的参数值，最后降低蓝色的参数值，以渲染照片中的自然环境。

STEP4：为了追求夜晚的画面感，单击“效果”选项卡，将“数量”和“中点”滑块向左拖动一点，增加四角加暗的效果。这样画面就有了夜晚的氛围，到此照片的色调基本上就调整好了。

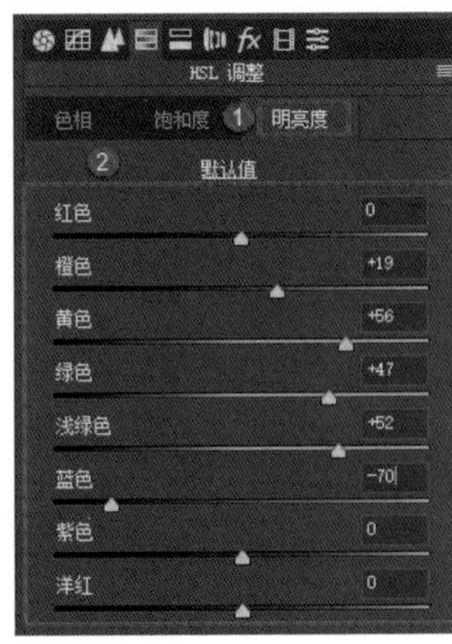

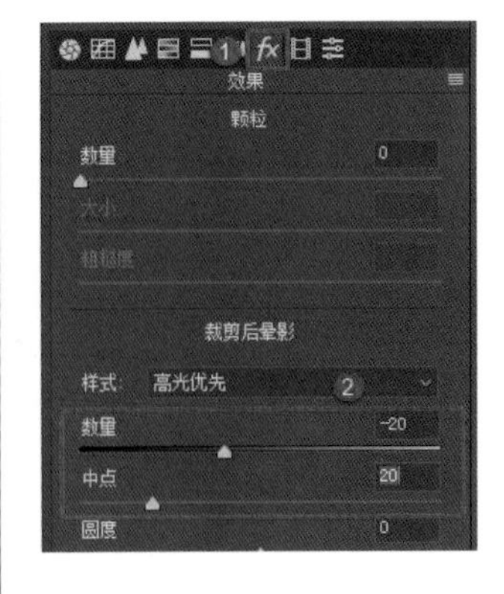

进行调整前后的对比，发现照片呈现出来的效果截然不同。这说明了设定黑白场的重要性。一张照片打开以后首先要设定它的黑场和白场，黑白场都定了以后，就可以在此基础上对其进行调色了。只凭感觉调色是不对的，因为没有一个基础作为标准，怎么调都会偏离方向，即使是做创意照片也不可以仅凭感觉调色。

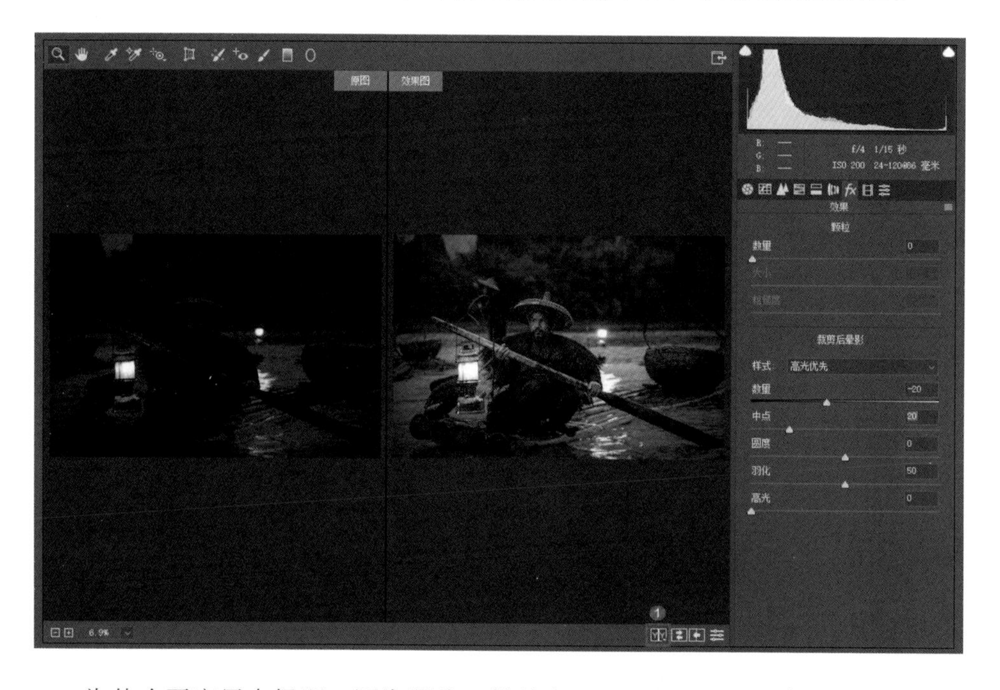

为什么要定黑白场呢？因为照片一般是由 256（0–255）个色阶组成的，最暗的部分控制在 0~8，最亮的部分控制在 245~255。在人物的摄影中最黑点一般在衣服领子上的死角处，亮度值为 0~8。人们一般认为头发是黑色的，但实际上头发并不是黑色的。我们做过测试，用“吸管工具”单击照片中的头发，头发的亮度值一般是 30 多，最亮的部分能达到 60 多。人像照片的高光点一般在鼻尖和眉弓上，风光照片的高光点则大部分位于水面的反光处，还有一些金属的反光处、汽车边缘的镀铬装饰条的反光处，都很容易出现高光。因此，在调整黑白场的时候要注意控制亮光区域的亮度值。

例如，在刚才调整的照片中有一个渔夫，他的身前身后共有两盏马灯。在定高光时不要把这两盏灯压暗，而要让它们闪闪发光。因为它们在画面中是夺目的，它们是晚上的指路明灯。如果没有这两盏马灯，只是调整人物的话，就要去看他的鼻尖和眉弓，要把这两个高光点控制住。黑点也是，调整黑场的时候不要把数值都设置为 0，否则纯黑一片没有层次感。最好是将数值设置为 0~8。照片一定要拍成 RAW 格式，这样才能便于调整，并在此基础上准确地设定黑白场。这张素材照片虽然曝光严重不足，但是设定好黑白场后再进行调整，颜色和曝光量到最后都没有出现偏离，完全地呈现在这个画面中。所以照片的黑白场非常重要，准确地设定好黑白场是修好照片的“定海神针”。

如何校正颜色

将素材照片调入 PS，照片会先进入 ACR 界面。这张照片拍摄于广西，可以看到照片里的场景灰蒙蒙的，几乎没有颜色和锐度。

首先我们利用上一节学到的知识点对照片进行编辑。

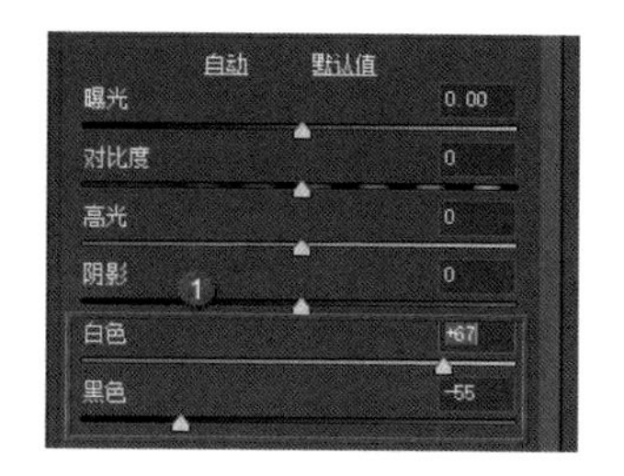

STEP1：按住 Alt 键的同时向左拖动“黑色”滑块，当纯白画面出现第一块黑色的时候停下来，黑场就定好了。接着按住 Alt 键的同时向右拖动“白色”滑块向右移动，当画面出现白色的时候再向左拖动，让白色完全淹没在黑暗之中，这时白场就定好了。

黑场和白场都定好以后开始校正颜色，一个又快又有效的方法是使用工具栏中的“白平衡工具”。

STEP2：选中“白平衡工具”，寻找并单击画面中的灰色部分，照片颜色瞬间就校正好了。

找灰色部分而不是找白色部分，是因为相机本身的测光系统是按照 18% 灰设定的。所以，在校正照片颜色的时候尽量找到接近 18% 灰的颜色进行校正。18% 灰是专家所说的阳光普照大地时地面上反光率的平均值。所有数码相机的测光系统都是按这个标准来设定的，也就是相机在测光的时候测光系统并不识别颜色，它看到的都是灰色，完全由灰调来设定数值。因此，找到一块接近 18% 灰的区域，再对其进行颜色校正即可。

STEP3：用“白平衡工具”校正好颜色后，拖动“色温”滑块对照片的色温进行增减补偿，例如这张照片的色温现在是5300，因为这张照片是用尼康相机拍摄的，尼康相机在K值上设定的标准是5260，佳能则是5200。将照片的色温调到5200进行补偿，这时会发现照片仍然不理想，如果想让照片中梯田的颜色偏蓝一些，可以把色温降到5000，这时对照片颜色的调整依靠的是人的主观感受。调整后的画面就比刚才的画面漂亮很多。接着将对比度调到14，清晰度调到30。

STEP4：单击“HSL调整”选项卡，再单击“饱和度”，增加橙色、黄色、绿色、浅绿色和蓝色的参数值。

STEP5：切换到“明亮度”，大幅度增加橙色、黄色、绿色和浅绿色的参数值，稍微增加一点蓝色的参数值，调整后的画面非常漂亮。

现在对比校正前后的照片，我们发现照片的色调由灰蒙蒙变得艳丽明亮了 。

其实，我们在这里对蓝色的控制是非常有分寸的。如果将蓝色的参数值增加得太多，这张照片可能看上去会有点不真实，显得艳俗。实际上，色温就是黄色和蓝色之间的渐变，也可以说是橙红色、黄色和蓝色之间的渐变，跟绿色没有任何关系。早霞或者晚霞都是偏黄色的，人们称之为鸡蛋黄色，为低色温。中午拍摄的天空偏蓝色，阴天、下雨或者下雪的时候天色都偏青，为高色温。所以，在调色的时候一定要掌握事物的颜色特性。例如，在进行创意性摄影的时候，早上拍完日出以后，我们感觉阳光并不理想，也就是按正常色温照完了之后还想对其进行渲染，这时可以将相机的 K 值提到 10000 以强化对阳光的渲染。当阴天去拍河流，发现河流并不是想象的那么清澈时，可以把色温值从 5260 降到 4800 或 4700。非常重要的是如果画面中有人物就不要过度降低色温值，否则人物的颜色会受到干扰。另外，为什么早晨阳光偏黄色、中午偏青色呢？其实这完全是由大气层里的水分子、尘分子造成的。当太阳刚升起的时候水分子、尘分子对光线的阻挡，以及一些折射现象都会造成光线偏黄或偏红。因此在后期，我们准确地使用白平衡工具，同时调整色温的参数值就能得到我们想要的效果。

如何科学地锐化照片

科学地锐化照片是指用蒙版对照片进行锐化，只进行局部锐化，并通过蒙版控制锐化的区域。首先将素材照片调入 ACR，这张照片中有一座寺庙。

利用前面学到的知识对照片进行编辑。

STEP1：首先设定照片的黑白场，然后增加阴影、降低高光的参数值，接着将对比度调到 14，清晰度调到 30。

STEP2：单击“细节”选项卡，根据我的个人经验，数量值不要超过 55，细节值不要超过 45，半径值则不变。然后按住 Alt 键的同时向右拖动“蒙版”滑块，这时画面会出现黑白两种颜色的图案，画面中所有白色的线条都是被锐化的部分，黑色则是被保护起来的部分。因为这张照片是 RAW 格式的照片，而且这种锐化是受到保护的，即天空和地面不会产生任何噪点，只是对轮廓线进行了锐化，所以这是很好的锐化效果。

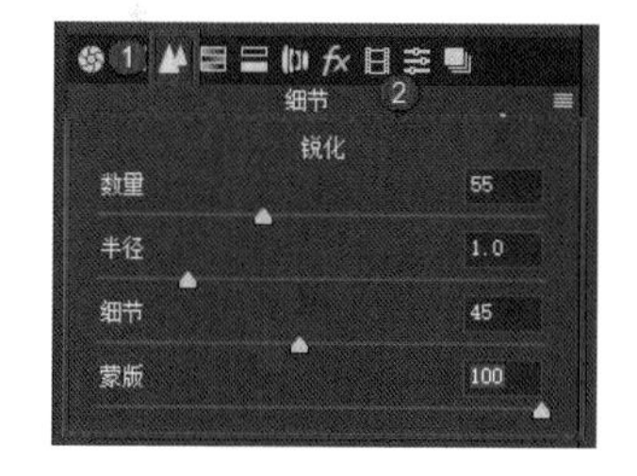

这种锐化方法适用于风光照片，但不适用于人像。人像锐化的正常思路就是对人像的头发、眉毛、眼睫毛、衣物进行锐化，而不对其皮肤进行锐化，否则会降低皮肤质感即会产生噪点，导致照片不好看。人像锐化需要一些技巧，后文会仔细讲解这一点。本节主要是介绍 ACR 界面里的锐化功能，适用于对风光照片进行锐化。对锐化后的照片进行检查，将画面放大到 400%，可以看到画面中起伏的棱角非常清晰，天空中和地面上没有任何噪点。

STEP3：单击“打开图像”按钮进入 PS。这里补充一个小知识点，即如何在 PS 里进行全局锐化。进入 PS 以后，首先按组合键 Ctrl+J 复制一个图层（“图层 1”），然后选择菜单栏中的“滤镜”→“其他”→“高反差保留”，在弹出的对话框里将半径值设置为 3.5，有人喜欢设置为 1，也有人喜欢设置为 8，但这里设置成偏中间的值 3.5。在进行全局锐化的时候，半径值的设置因照片中的主体而异，如果是人物就可以将半径值设置为 1，如果是岩石、礁石或者树皮就可以将半径值设置得更大一些。

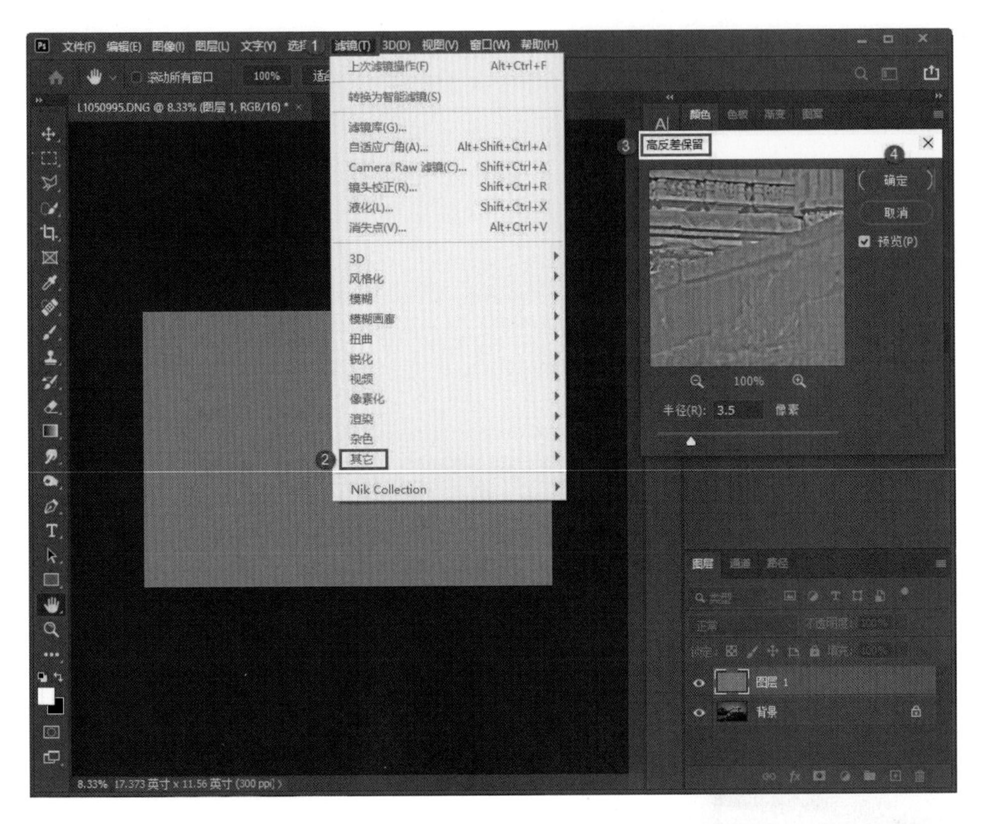

STEP4：将“图层 1”的图层混合模式设置为“柔光”。这里还有一个技巧，即可以选择“柔光”“叠加”或者“线性光”3 个不同级别的图层混合模式来控制照片的锐化程度。还有一个更重要的技巧是还可以通过调整“图层 1”的不透明度来控制锐化的程度。如果觉得画面锐化过度，可以通过降低不透明度来达到满意的效果。

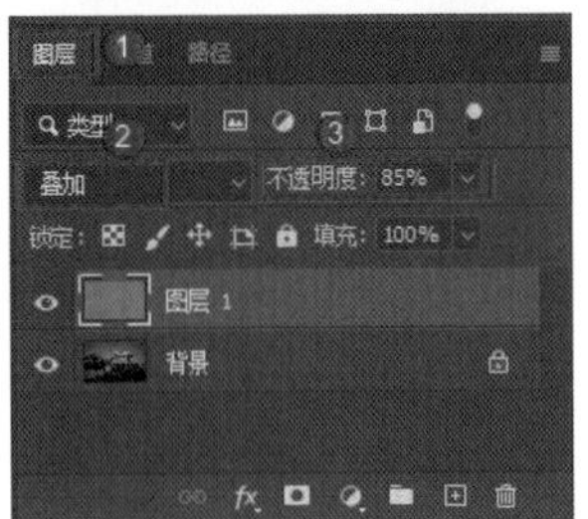

如何对照片进行合理的降噪

选择一张素材照片并将其调入 ACR，可以看到这张照片曝光极为不足。

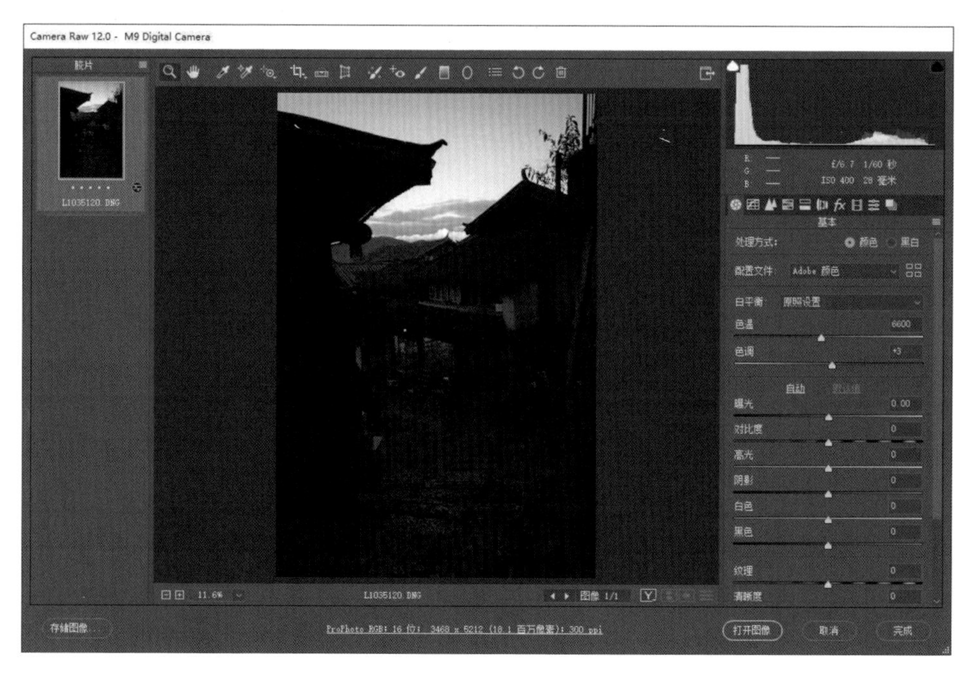

利用前面学到的知识点，先把照片调到一个可视的范围之内，再对它进行降噪编辑。

STEP1：按住 Alt 键的同时向左拖动“黑色”滑块，直至画面出现第一块黑色。然后同样按住 Alt 键并向左拖动“白色”滑块，让红色淹没在黑色之中。这时我们将阴影值增加，高光值减小，对比度设为 14，清晰度设为 30。这时画面从起初的漆黑一片变得能隐隐约约看到街道了。但这还不是我们想要的效果，需要再稍微增加一些曝光值。至此，这张照片就初步调整好了。

STEP2：单击“HSL 调整”选项卡，进入“饱和度”调整界面，增加橙色、黄色、绿色、浅绿色和蓝色的参数值。

STEP3：切换到“明亮度”调整界面，增加橙色、黄色、绿色和浅绿色的参数值，降低蓝色的参数值。

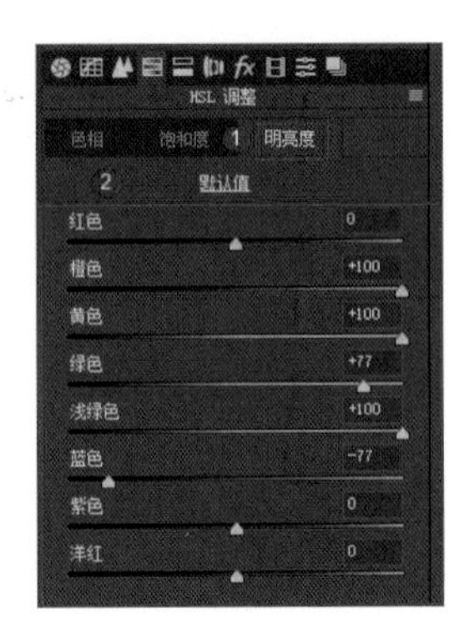

这时把这张照片放大来检查暗部，可以看到噪点完全显现出来了。

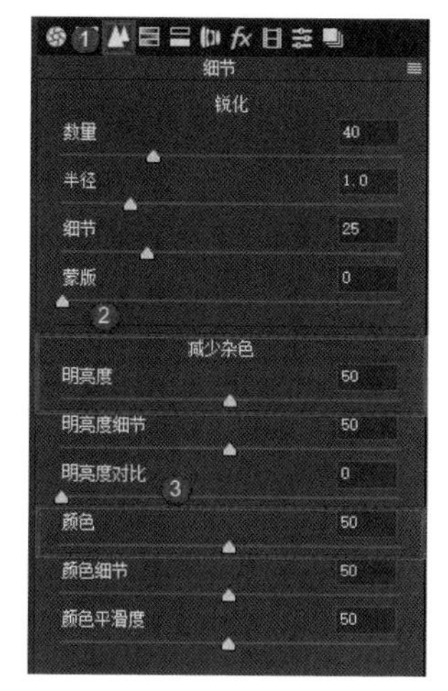

STEP4：单击“细节”选项卡，下面有一栏叫“减少杂色”，将明亮度设置为 50，颜色也设置为 50，这时画面中的噪点就都消失了。

这里补充一句，针对白天拍的照片，调整“明亮度”降噪效果较好，针对夜间拍的照片，调整“颜色”降噪效果较好。在对照片进行降噪的时候，如果是白天拍的照片有噪点，则直接调整“明亮度”即可，一般设置为 50 就会达到较好的降噪效果，如果设置为 100，特别是人像照片，可能就会使画面产生“塑料感”，所以要拿捏有度。如果是夜间拍的照片有噪点，就要通过调节“颜色”来进行降噪。噪点实际上是相机的 CCD 或 CMOS 在曝光中由于暗电流所形成的一种红绿蓝杂色。在过度提高感光度、曝光严重不足以及相机在高温下工作等情况下容易产生噪点，所以在这些方面要多加注意。特别是在降噪的时候要拿捏有度。不要认为 PS 能帮助降噪，就肆无忌惮地随意提高感光度，要因片而异，而且要把感光度控制在一个可操纵的范围之内。

另外，“减少杂色”一栏中的其他选项都保留默认值，只调整“明亮度”和“颜色”即可。相机的感光度越来越高，降噪变得越来越重要，在降噪的同时还要考虑如何合理地设置感光度，感光度是为了安全快门而设定的，为了在抓拍时不降低快门速度，感光度一般都要提高。这时就要考虑到我们能否接受这样的噪点。如果可以接受，就大胆去拍，后期通过软件进行降噪处理即可。

目前已经讲解了 5 个技巧：为照片确定黑白场；正确地校正照片颜色；调色；科学地锐化照片；合理地降噪。如果大家有兴趣的话可以继续往下看，接下来还会讲解更多技巧，相信这些内容会帮助大家解决后期处理中遇到的问题。

如何快速地抠出单色背景中的人物

首先我们将素材照片调入 PS，可以看到人物背景是灰色的。

STEP1：选择工具栏中的“魔棒工具”，此时使用容差的默认值 32 即可，然后单击灰色背景，照片中会出现“蚂蚁线”。

STEP2：切换到“快速选择工具”，单击“从选区减去”，然后涂抹人物的面部和帽子，人物面部的“蚂蚁线”将消失。接着按组合键 Ctrl+Shift+I 进行反选，因为刚才选中的是背景，而我们要选中的是人物主体。然后单击状态栏中的“选择并遮住”。

STEP3：在弹出的“属性”面部中，将“视图”设置为“叠加”，这样能让人更好地看清楚头发有没有抠好。将“全局调整”中的平滑设置为 2，羽化设置为 0.5 像素或 1 像素都可以，移动边缘设置为-28%，这样方便将灰色的边缘去掉。接着，选择工具栏中的第二个选项“调整边缘画笔工具”，在画面上右击，将画笔硬度设置为 31%，并选择合适的画笔大小。这时按组合键 Ctrl+“+”放大照片，然后涂抹头发边缘带灰色的背景区域即可，为了保险起见，尽量把画笔缩小一点。如果觉得过渡不够自然，可以把画笔硬度设置为 18%，保留一些头发丝的细节。“选择并遮住”是 2017、2018 版 PS 增添的一个新功能，非常好用。

STEP4：最重要的是在“输出设置”中，不要选中“显示边缘”，但是“净化颜色”一定要选中，也可以选中“记住设置”以便于下次操作，最后单击“确定”按钮，人物就抠好了。

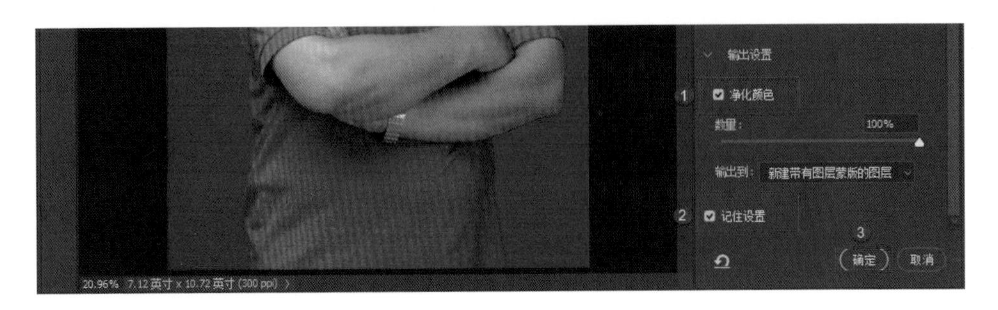

单击“背景”图层并选中“背景”图层左侧的“小眼睛”图标使该图层可见。将前景色设置为黄色，按组合键 Alt+Delete 填充前景色。接下来单击“背景 拷贝”图层，放大即可查看抠图的效果。单击“移动工具”，即可把人物主体放到其他背景中进行创意设计。

如何用通道快速抠出椰子树

将椰子树照片调入 PS 中。

这是一个复杂的图形，因此用通道进行抠图比较好。若使用“套索工具”或者“钢

笔工具”，可能花一天时间也抠不好。对于这种边缘复杂的图形，利用通道进行抠图更加方便和快捷。

STEP1：进入“通道”面板后，依次单击“红”“绿”“蓝”通道，发现“蓝”通道的反差较大，因此“蓝”通道是获得选区的最佳选择。这时要复制一个“蓝”通道，复制通道是因为直接在“红”“绿”“蓝”原通道上是不能进行编辑的，否则会破坏色彩，产生偏色。复制完后按组合键 Ctrl+L，弹出“色阶”面板，对两边的滑块往中间拖动，这样基本上就能获得选区了，最后单击“确定”按钮。

STEP2：按住 Ctrl 键的同时单击“蓝拷贝”通道的缩览图使画面中出现“蚂蚁线”，然后单击“RGB”通道，最后回到“图层”面板。

STEP3：按住 Alt 键的同时单击“添加蒙版”按钮。按组合键 Ctrl+J 复制一个图层，复制后在“图层 0”的蒙版缩览图上右击，然后选择“删除图层蒙版”。

STEP4：将前景色设置为黄色，按组合键 Alt+Delete，给“图层 0”填充黄色以检验抠图效果。

这时会发现一个问题，树干被漏掉了，但是没有关系，因为抠好的图是带着蒙版的。

STEP5：单击“画笔工具”，把前景色设置为白色，在图像上右击，选择合适的画笔大小和“硬边圆”画笔笔刷，在不透明度和流量都是100%的情况下单击“图层0拷贝”图层中的蒙版，再慢慢地涂抹树干即可。涂抹的时候可以按组合键Ctrl+“+”放大图像。按住空格键，画面中会出现一个“小手”图标，这时可以按住鼠标左键移动图像。如果涂抹得太多，将树干边缘处的天空露出来了也没有关系。只需要将前景色设置为黑色，然后选择合适的画笔大小，对天空的部分进行涂抹即可。（用白色涂抹蒙版是为了不遮挡原图，用黑色涂抹则是为了遮挡原图使其不显现。）

接着单击“图层0拷贝”图层，使用“移动工具”移动抠好的椰子树图形，以查看抠图质量。用通道抠图非常快捷、方便，而且效果很自然。

如何快速融图

将晚霞素材照片调入 PS 中，这张照片中的云彩和晚霞都非常壮丽，但是总感觉前景太过空旷。

因此我们考虑把在海南拍的椰子树素材植入这张照片中来充实画面，让画面更加富有生机。

STEP1：将椰子树照片导入 PS 中。使用“移动工具”将椰子树移动到晚霞照片的工作窗口中。

STEP2：照片导入后，按组合键 Ctrl+T 调出自由变换功能，按住 Shift 键的同时拖动照片的边角，将其缩小至与底图一样大，然后双击画面确定。

这时只需将“图层 1”的图层混合模式修改为“正片叠底”，融图就完成了。

现在发现一个问题：底部的沙滩应该怎么处理？

STEP3：我们只需添加一个蒙版，然后选择“画笔工具”，再将前景色设置为黑色，不透明度和流量都设置为100%；接着在画面上右击，选择“柔边圆”画笔笔刷和合适的画笔大小，再将多余的沙滩涂掉即可。

椰子树把这张照片给“救活”了，让最终的画面变得非常好看，即使放大看也看不出来椰子树是后期叠加上去的。实际上本节讲的这个技巧是为了给大家提供一个思路，你的计算机里肯定有让你不满意的照片，但别马上将其删掉，在其中加一些元素可能就把照片“救”回来了，甚至还可能产生意想不到的效果。

如何快速修饰脸部的阴影

我们在拍照的时候经常会遇到人物的脸是黑的、人物跟环境不匹配的问题。这里我给大家介绍两个解决方案。首先将素材照片导入 PS 中。

第一个方案如下。

STEP1：将素材照片调入 PS 后，在菜单栏中依次选择“图像”→“调整”→“阴影 / 高光”。

STEP2：在弹出的对话框的左下角选中“显示更多选项”，然后向右拖动“阴影”栏的“数量”滑块，单击“确定”按钮，人物就变亮了。

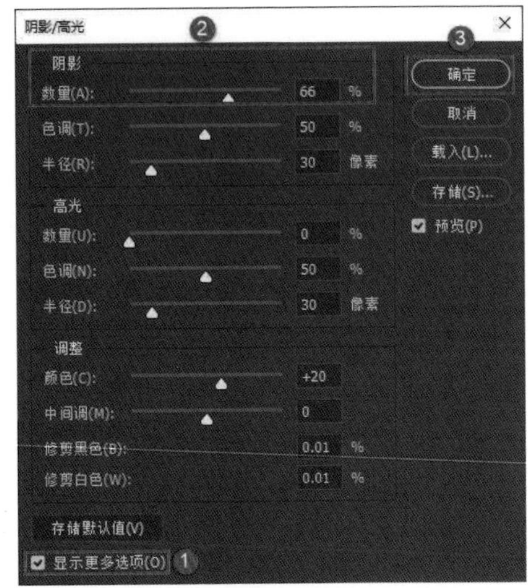

STEP3：在“图层”面板右下角依次选择“创建新的填充或调整图层”→“色阶”，在弹出的面板中，将直方图两边的滑块分别向中间拖动，直到满意为止。

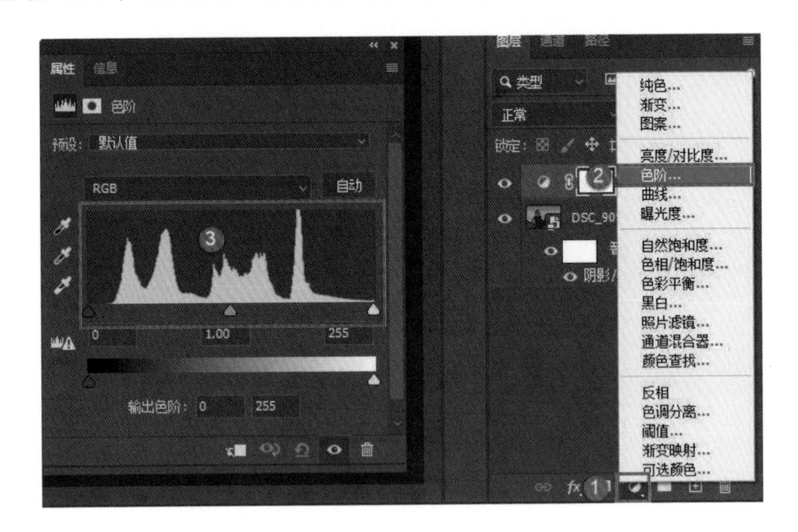

STEP4：我们可以在菜单栏中依次选择“窗口”→“历史记录”，再分别单击顶部的照片缩览图和底部的“修改色阶图层”，来查看修饰前后的照片。

第二个方案如下。

STEP1：单击“历史记录”面板顶部的照片缩览图，将照片恢复为初始状态。

STEP2：按组合键 Ctrl+Shift+A 调出 ACR 界面，单击“基本”选项卡中的“自动”，让软件完成对照片的自动调整。

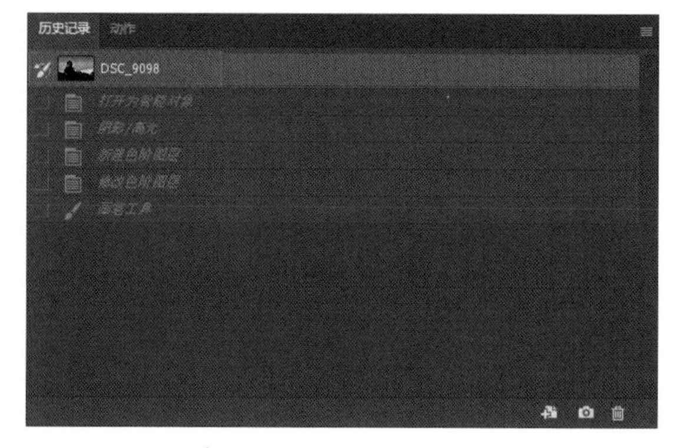

STEP3：依次选择“HSL 调整”→“明亮度”，增加橙色的参数值以提亮皮肤，再降低蓝色的参数值，并增加绿色、浅绿色的参数值。

STEP4：单击“基本”选项卡，将“阴影”滑块向右拖动，再次提亮人物的脸部。

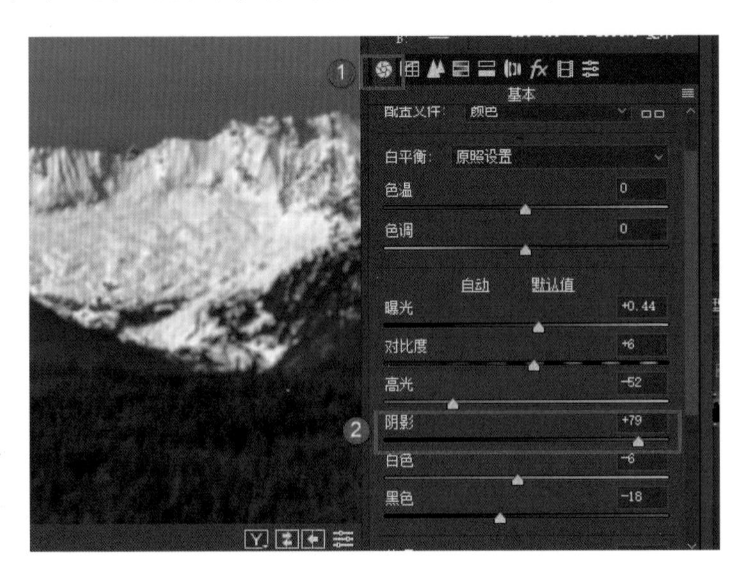

单击“在‘原图/效果图’视图之间切换”图标查看对比图，你会发现简直就是两张完全不同的照片。

若要快速修饰脸部的阴影，运用这两个方案都能获得不错的效果。第二个方案用ACR进行调整，效果会更好，第一个方案也很简单、实用。掌握这些技巧对我们以后进行调色都有好处，特别是使用相机的自动档拍摄的照片很容易出现人物脸部阴影较多的情况，这些照片经过后期处理会变得非常好看。

如何调出背景是黑白色、主体是彩色的照片

本节我们来介绍一下如何将照片的背景调成黑白色，主体仍保留彩色。将素材照片调入 ACR 中，先简单地调整一下。

STEP1：单击“自动”，然后简单地调整“基本”选项卡中相应的滑块，最后单击“打开对象”按钮，将照片导入PS中。

STEP2：新建一个“色相/饱和度”调整图层，在右下角选择“创建新的填充或调整图层”→“色相/饱和度”，在弹出的面板中将“饱和度”滑块拖动到最左边，此时整张照片就变成了黑白照片。

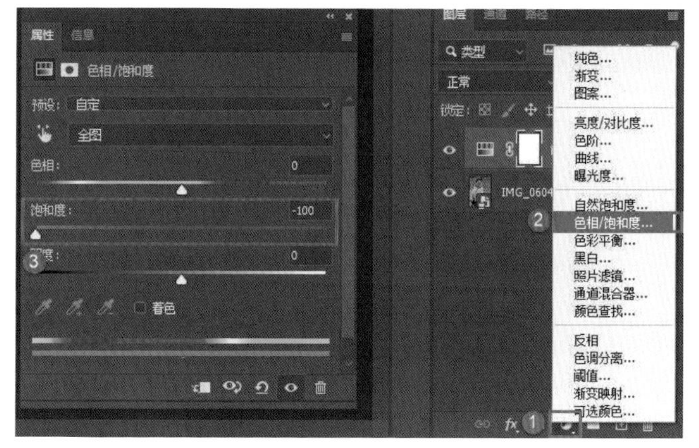

STEP3：取消选中“色相/饱和度1”图层左侧的“小眼睛”图标，选择“背景”图层，然后选择工具栏中的“快速选择工具”，单击人物主体并移动光标选中人物主体的轮廓，得到一个人物选区。这时人物周边将出现“蚂蚁线”，接着按组合键Shift+F6调出“羽化选区”对话框，设置羽化半径为1，单击“确定”按钮。

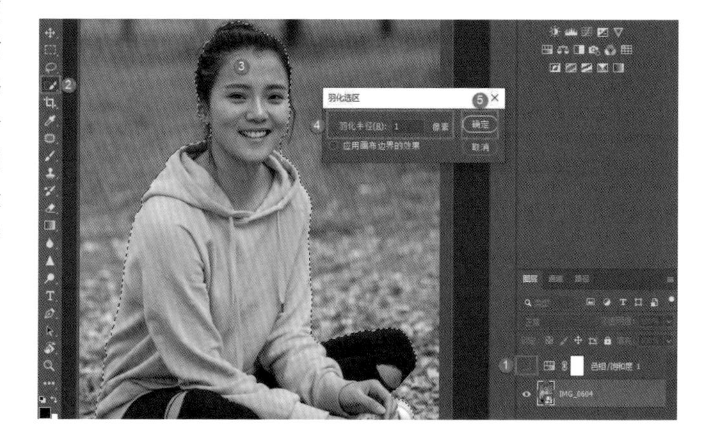

STEP4：单击最上面图层左侧的“小眼睛”图标，设置前景色为黑色（按快捷键 D，前景色变白，背景色变黑；按快捷键 X 可以快速交换前景色和背景色）。然后按组合键 Alt+Delete 在选区（“蚂蚁线”）上填充前景色黑色，这时照片的背景就变成了黑白色（蒙版中的黑色区域就是不应用该调整图层的效果，在本案例中即黑色区域不应用“色相 / 饱和度”去色的调整效果，白色区域则是应用此效果）。

但是我们发现脚底有一部分树叶还是彩色的。

STEP5：选中“色相 / 饱和度”调整图层（也就是最顶部的图层），先把前景色设置为白色，然后单击“画笔工具”，在照片上右击将笔刷设置为“柔边圆”，并选择合适的画笔大小，对脚底需要变成黑白的树叶进行涂抹。若涂抹过度，按组合键 X，切换前景色为黑色，将涂抹过度的地方用画笔擦掉即可。要对细微处进行修饰就将照片放大再修饰（放大和缩小的组合键分别为 Ctrl+“+”和 Ctrl+“-”）。这种带着蒙版的调整方法的优点是不破坏原始图像，可以通过使用画笔涂抹黑白色来控制蒙版效果的作用范围。

如果觉得黑白色的背景太亮，可以压暗一点，这样能突出人物。

STEP6：双击第一个图层左侧的“图层缩览图”，调出“色相 / 饱和度”面板，降低明度值。

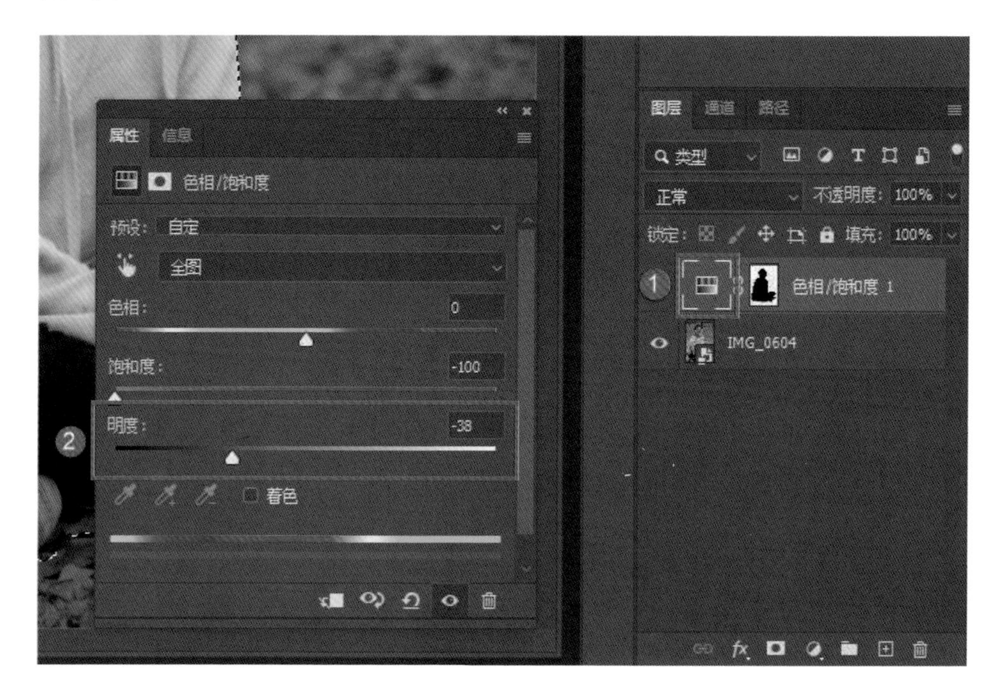

还有一种方法是拿画笔涂抹，但是比较麻烦。

STEP7：删除“色相 / 饱和度 1”调整图层。

STEP8：在“图层”面板的右下角选择“创建新的填充或调整图层”→“渐变映射”，照片会直接变成黑白色，这时将前景色设置为黑色，在不透明度和流量都是100%的情况下，选择“柔边圆”画笔笔刷，直接在人物主体上涂抹。

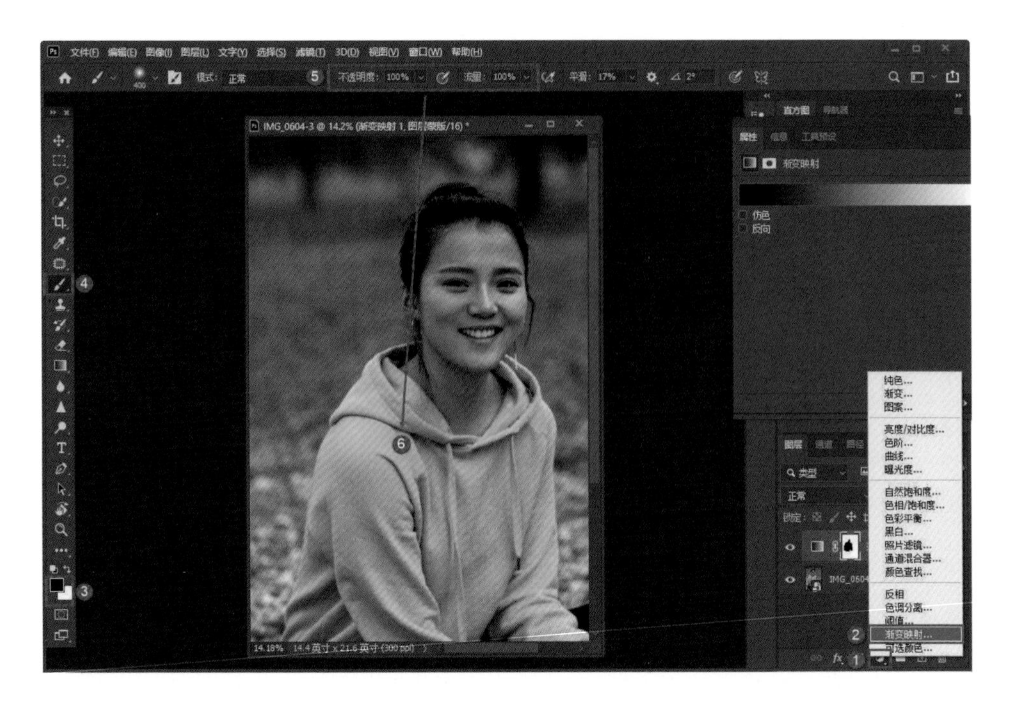

这个方法要花费较长时间，需要有足够的耐心，在涂抹的时候一定要小心，不要超出人物主体的范围。当涂抹完成时，人物主体就会恢复彩色。

STEP9：这时还可以压暗黑白背景。按住 Ctrl 键的同时单击“渐变映射 1”调整图层的黑白缩览图，这时缩览图中的白色区域在照片中对应的部分（即照片的背景）将出现“蚂蚁线”。单击“背景”图层（最下面的图层），再按组合键 Ctrl+M，调出“曲线”对话框，直接对“蚂蚁线”选中的图像范围的像素进行编辑，向右下方拖动曲线压暗选中的区域，即压暗背景。

如何快速修正曝光不足的照片

选择一张人像照片调入 PS 中，由于照片的格式是 RAW 格式，因此会直接进入 ACR 界面。

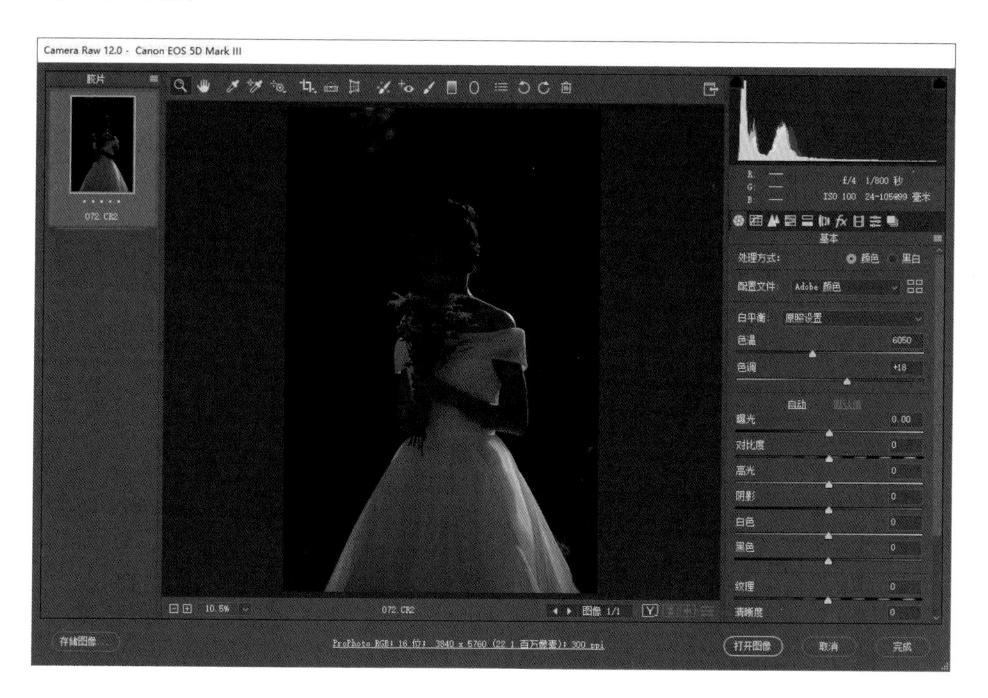

我们可以看到照片中人物的面部和手捧花都处于黑暗当中，右上角的直方图向左边跌落到极点，说明照片曝光严重不足。对于这种照片先不用定它的黑白场。

STEP1：在“基本”选项卡中单击“自动”以后再定黑白场。此处的“自动”有点像相机的自动档，不能完全相信它。在此基础上按住 Alt 键的同时分别拖动“黑色”和“白色”滑块定黑场、白场。向右拖动“阴影”滑块后，照片还没有很大的变化，这时需要增加曝光值，但是照片放大后会发现画面中有很多噪点。

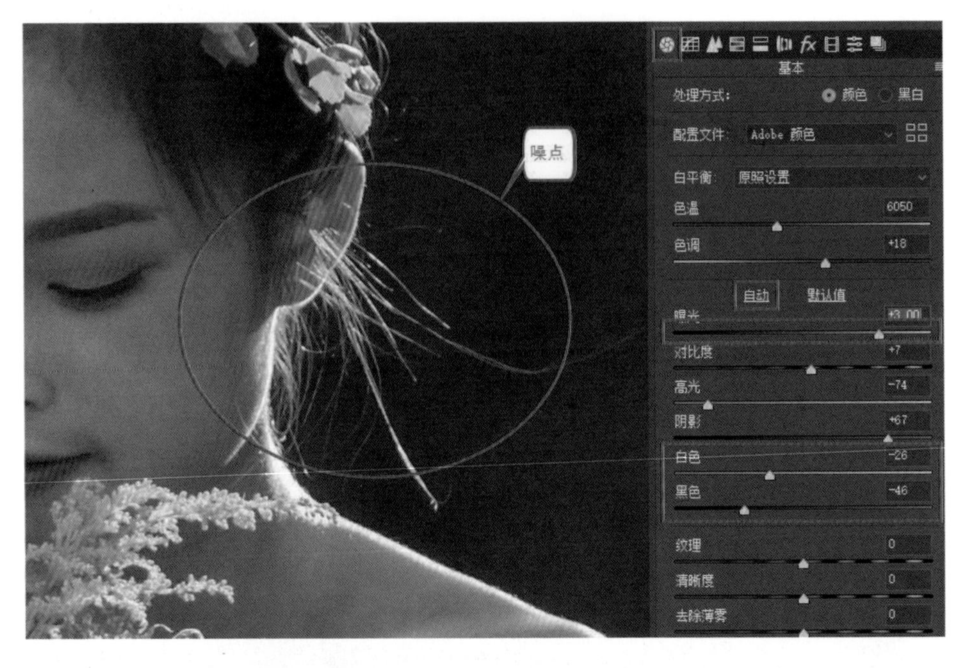

STEP2：单击“细节”选项卡，将明亮度设置为 50，噪点就减少了。

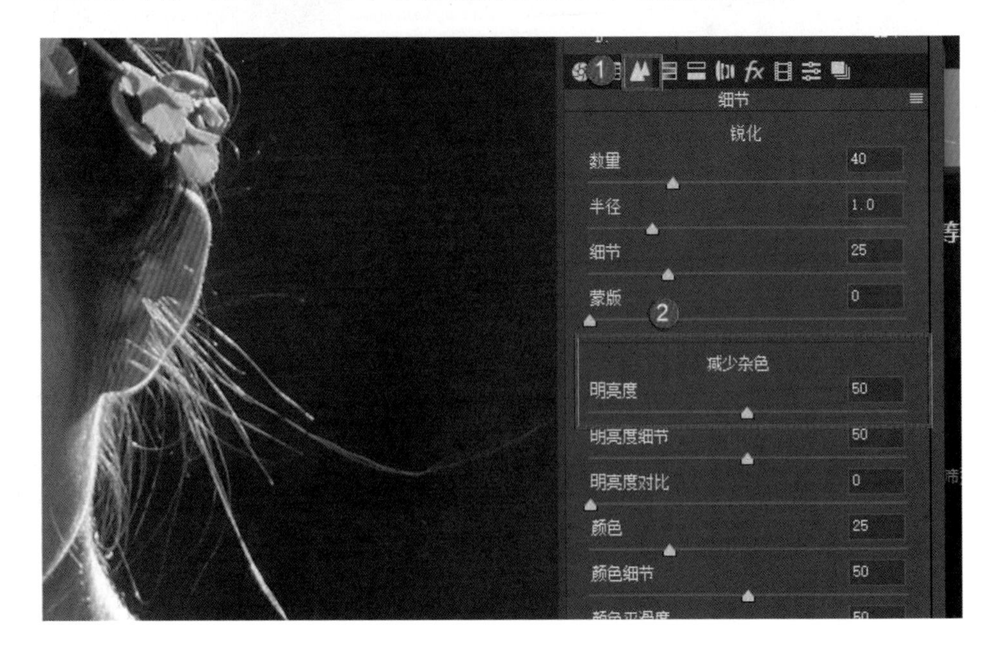

STEP3：单击“HSL 调整”选项卡，选择“明亮度”，增加橙色的参数值以调亮皮肤，同时增加黄色、绿色、浅绿色的参数值以提亮手捧花，其他部分不用调整。再回到“基本”选项卡，将清晰度降到25。一般情况下，半身像的清晰度降到 20~25 即可，然后单击“打开对象”按钮进入 PS。

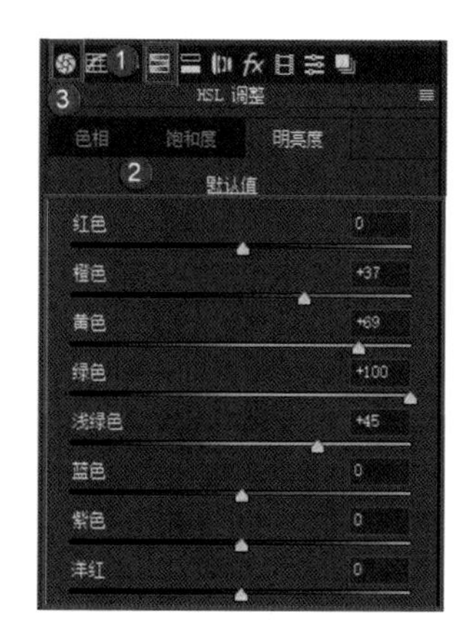

STEP4：进入 PS 后，单击“图层”面板底部的“创建新的填充或调整图层”按钮，然后选择“色阶”，在弹出的面板中将两边的滑块向中间拖动，注意要适度。

STEP5：如果有穿帮的地方，可以使用“修补工具”将其修复。操作如下：单击“修补工具”，圈选需要替换的穿帮画面，此时将出现“蚂蚁线”，然后单击选中“蚂蚁线”圈选的区域并向右移动，寻找纯黑的画面替换原来的穿帮画面。重复同样的操作，消除照片中所有的穿帮画面。单击“色阶 1”调整图层，然后使用组合键 Ctrl+Shift+Alt+E 盖印图层。

STEP6：单击最顶部的图层，将“图层 1”拖动到底部“+”号位置或者使用组合键 Ctrl+J 复制图层 1，然后把复制得到的“图层 1 拷贝”的图层混合模式设置成“滤色”。“滤色”能把脸部迅速提亮（“滤色”在提亮脸部的时候只调整明度，对色彩并没有影响）。

STEP7：按住 Alt 键的同时单击“添加蒙版”按钮，形成反向蒙版。

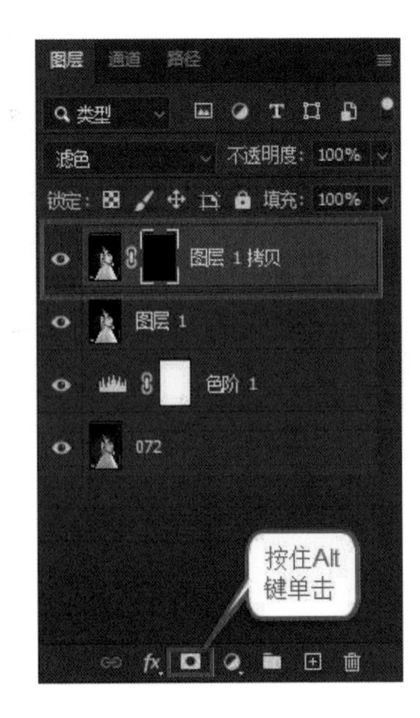

STEP8：将前景色设成白色，单击“画笔工具”，在不透明度和流量都是100%的情况下，选择合适的画笔大小和“柔边圆”画笔笔刷，然后涂抹脸部，改变人物脸部的色调。

实际上在正常视觉下看人物脸部是暗色的，但是为了追求商业效果还是要把脸部调亮，因为这样大家看着心情会愉悦。

如何快速修正曝光过度的照片

将一张曝光过度的照片调入 ACR 中，我们发现这张照片里的荷花没有层次感，需要调整。

STEP1：按住 Alt 键定黑白场，然后进行增加对比度和清晰度等的操作。对照片进行简单的调整后，单击“打开图像”按钮，将照片导入 PS 中。

STEP2：单击工具栏中的 “快速选择工具”，对荷花进行选区，画面中将出现“蚂蚁线”。

STEP3：按组合键 Shift+F6 调出“羽化选区”对话框，将羽化半径值设置为 1，然后单击“确定”按钮。

STEP4：在“图层”面板右下角选择“创建新的填充或调整图层”→“曲线”，然后压暗荷花。

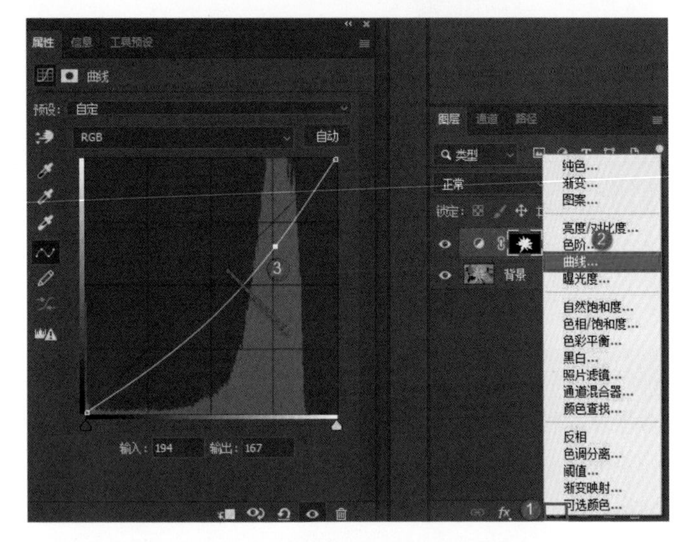

STEP5：将“曲线”面板中的“RGB”变成“红”通道，然后向左上方调整曲线，加深荷花的红色。

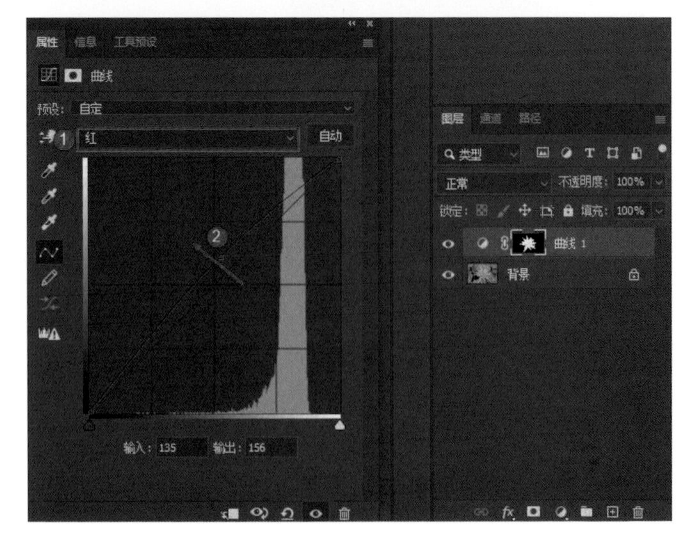

STEP6：对荷花的背景区域进行调整。按住 Ctrl 键的同时单击蒙版（“曲线 1”图层的黑白缩览图），接着按组合键 Ctrl+shift+I 进行反选，选中荷花以外的区域，然后在“图层”面板右下角选择“创建新的填充或调整图层”→“曲线”，“曲线”面板将曲线往右下方拖动，压暗反选的区域（荷花的背景）。将“曲线”面板中的“RGB”依次变成“红”“绿”“蓝”，然后向右下方拖动红色和绿色曲线，向左上方拖动蓝色曲线。至此，一张曝光过度的照片就调整好了。

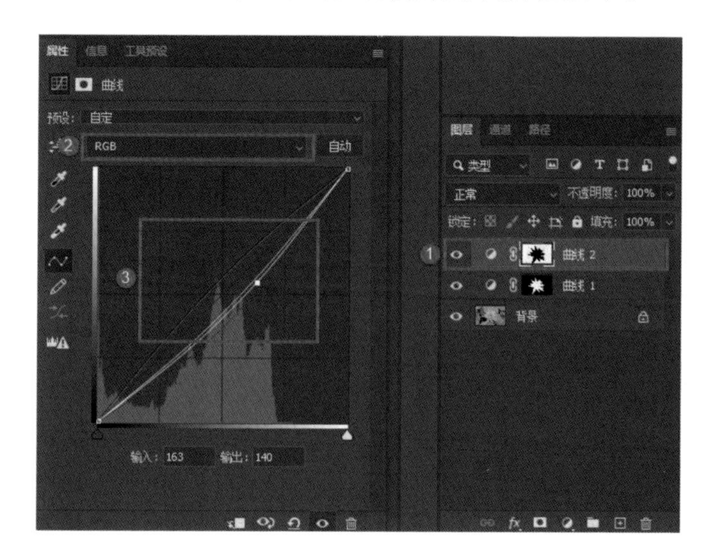

将原始素材复制一份（或者放到计算机中的另一个位置，例如桌面上），然后导入 PS。接着依次选择菜单栏中的“窗口”→“排列”→“双联垂直”，对比调整前后的照片。

如何快速降低饱和度

将素材照片导入ACR，这张照片的色彩非常鲜艳。有些相机的色彩调得过浓就会出现这种情况。要把这种照片的饱和度降下来的方法有很多种。

第一种方法：可以直接向左拖动“自然饱和度”滑块，也可以调整“饱和度”滑块，但饱和度太低会使照片变成黑白色调，建议调整自然饱和度，这样得到的照片效果较为自然。

第二种方法：选择“HSL 调整”中的“饱和度”，分别对红色、橙色、黄色、绿色、浅绿色、蓝色、紫色、洋红等颜色进行调整。

第三种方法：在PS中通过“色相/饱和度1”调整图层降低饱和度。将照片导入PS中，在“图层”面板右下角选择“创建新的填充或调整图层”→“色相/饱和度”，在“色相/饱和度”面板中选择“全图”，然后向左拖动“饱和度”滑块即可。

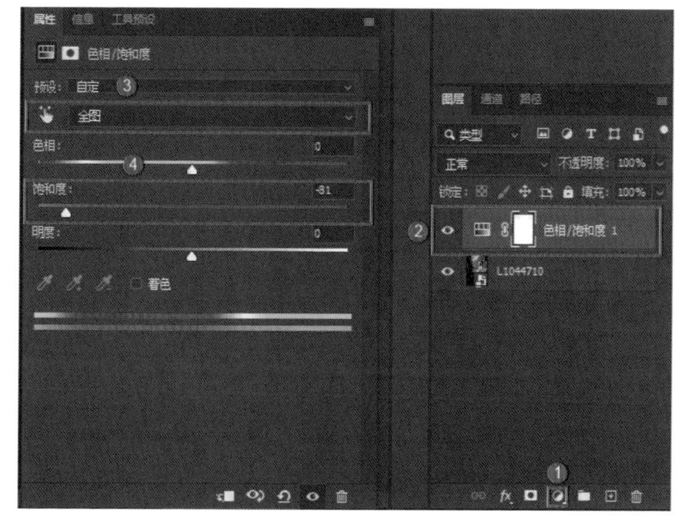

在这个面板中也可以对各种颜色单独进行调整。在“全图”下拉列表中选择你想要调整的颜色即可。

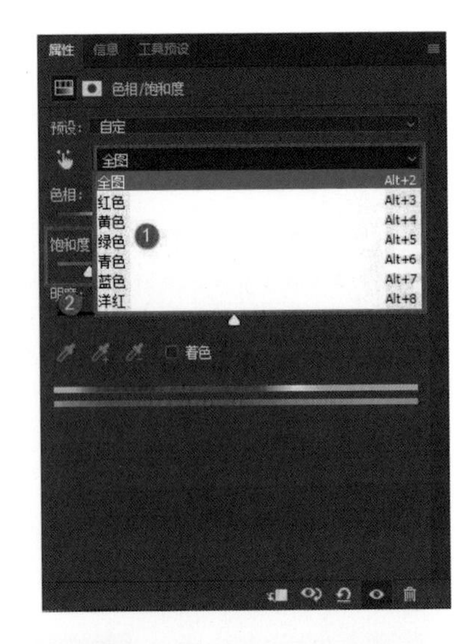

在 PS 中还有一个方法是通过调整图层蒙版里的“渐变映射”来降低饱和度。在“图层”面板右下角选择“创建新的填充或调整图层”→“渐变映射”，然后通过调整不透明度来降低饱和度。比较推荐这种方法，因为能很好掌控而且最终得到的效果非常自然。

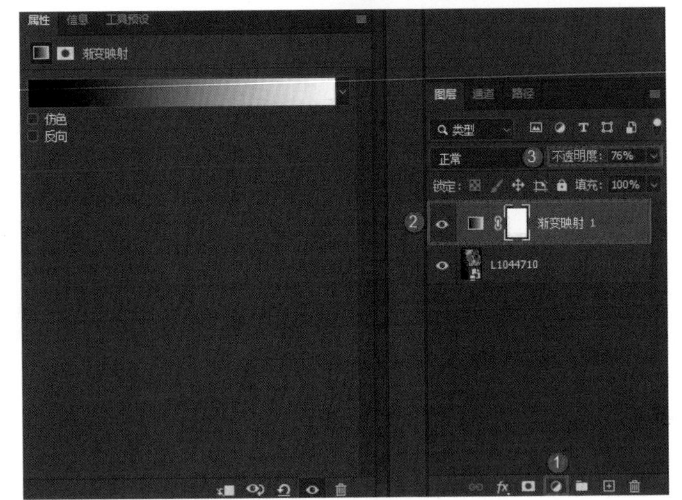

如何快速提高饱和度

将素材照片导入 PS，这是一张 JPG 格式的照片。提高饱和度时切忌因过度而产生噪点。有一个好方法可以达到这种效果，即在 Lab 色彩模式下调整饱和度。

STEP1：选择菜单栏中的“图像”→“模式”→“Lab 颜色”，打开“通道”面板检查是否变为 Lab 模式。

STEP2：复制“背景”图层，然后在 Lab 模式下创建“曲线 1”调整图层，在弹出的“曲线”面板中查看“明度”“a”“b”3 个通道，“明度”通道是用来调整黑白色调的，“a”通道同时含有品红和绿，“b”通道含有黄和蓝。

STEP3：先选择“a”通道，将左下角往右移动 1 格，右上角往左移动 1 格；然后选择“b”通道，将左下角往右移动 1 格，右上角往左移动 1 格。如果想要调整的幅度大一点，可以重复刚才的步骤，先选择“a”通道，将左下角往右移动 1.5 格，右上角往左移动 1.5 格；然后选择“b”通道，重复以上操作。在 Lab 模式下通过调整曲线提高饱和度的优点就是能迅速提高照片的饱和度而不会产生噪点。这种调色方法适用于阴天或下雨天拍摄的饱和度不高的照片。

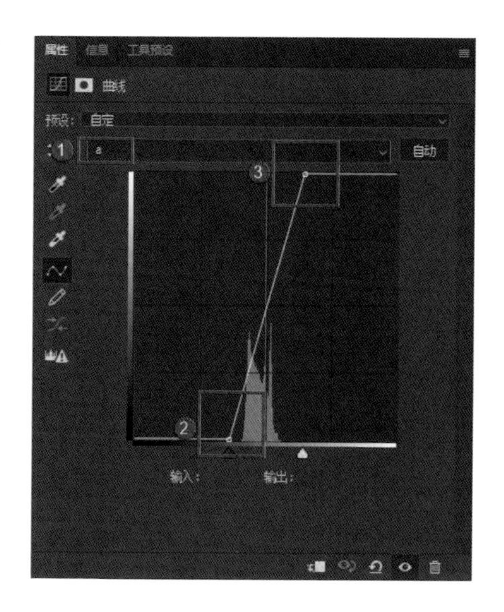

STEP4：把照片的图层混合模式设成“柔光”，然后单击“曲线”调整图层，接着调整该图层的不透明度，适当降低饱和度，这样照片就调整好了。

如何快速使脸部变白

将素材照片调入 ACR 中，从这张照片的直方图可以看出它是逆光拍摄的，人物脸部偏黑、曝光不足。我们将介绍如何利用通道使脸部变白。

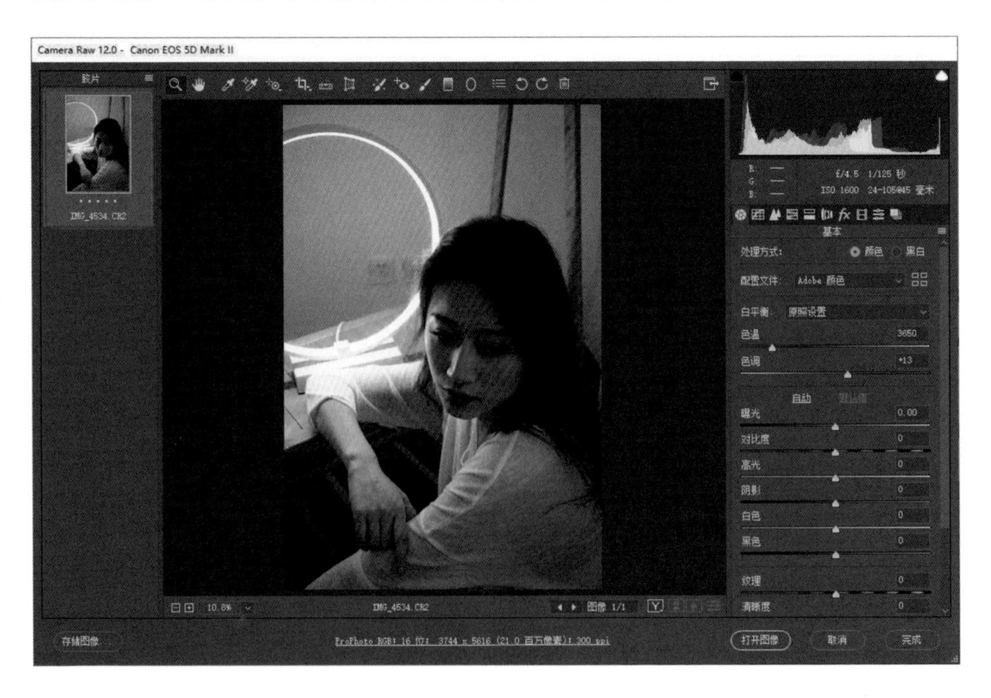

STEP1：在 ACR 中做基础调整，单击“自动”，然后定黑白场。增加一点曝光值，同时降低清晰度，然后单击“打开对象”按钮进入 PS。

STEP2：打开右下角的“通道”面板，检查一下“红”“绿”“蓝”3 个通道。我们发现这张照片的“红”通道最白，“绿”通道次之，“蓝”通道最黑。

STEP3：单击“红”通道并按组合键 Ctrl+A 对其进行全选，然后按组合键 Ctrl+C 进行复制，再单击顶部“RGB”通道左侧的“小眼睛”图标。最后单击“图层”回到“图层”面板。

STEP4：按组合键 Ctrl+V 进行粘贴，也就是把“红”通道复制粘贴到原有的照片上，这时将图层混合模式设成“柔光”，照片中人物的脸就变白了。如果还要再白一点，可以再按一次组合键 Ctrl+V 粘贴一个图层，然后将图层混合模式设成“柔光”，再将这个图层的不透明度降到 50% 即可。

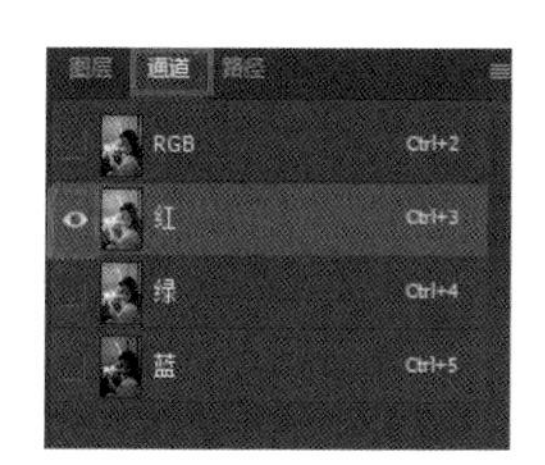

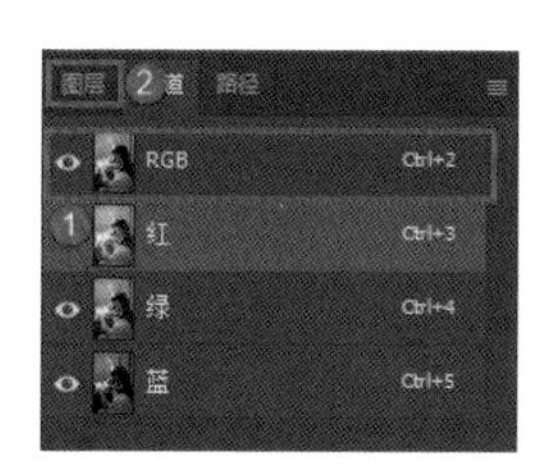

如果还要再白一点则可以调整不透明度，调整后照片的色调会很淡雅。其原理是利用“红”通道接近于白灰的颜色，然后将其复制粘贴到原有的照片上，并把图层混合模式设成“柔光”，就能使肤色变白了。

如何把腿部拉长

将素材照片调入 PS。

STEP1：选择工具栏中的“矩形选框工具”，框选膝盖及以下的区域，按组合键 Ctrl+J 复制选中的区域为新图层。

STEP2：按组合键 Ctrl+ T，即选择“自由变换工具”（在顶部的“自由变换工具”选项栏中，记得确保没有选中“锁链”图标的“保持长宽比”按钮，否则向下拉动的时候选框的宽度也会发生变化），将选框的下框线的中点往下拖动，注意不能拉得太长以免身材比例失调，然后双击画面即可。

STEP3：选择菜单栏中的“图像”→“显示全部”，整张照片将完整显示。这一步非常重要，可以看到模特的腿被拉长了。

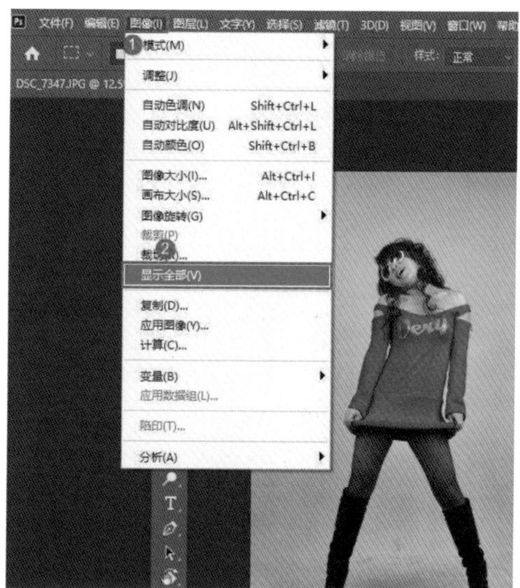

如何修改画布比例

将素材照片调入 PS 中，如果想把这张照片做成海报，就要改变它的画布比例。

STEP1：选择菜单栏中的“图像”→“画布大小”，在弹出的对话框中有一个“米”字形的方格。如果想扩大图像右侧的区域，就单击左向箭头向左移动“米”字，让“米”字的右边空出来。照片原来的高度是 47.5 厘米，将宽度也改成 47.5 厘米，单击“确定”按钮，这时图像右边的区域就扩大了。

STEP2：把扩大区域的颜色调整为与原来的颜色一致；按组合键 Ctrl+J 复制一个图层，然后选择工具栏中的“矩形选框工具”创建一个选区；按组合键 Ctrl+T 调出“自由变换工具”，使选区的高度和照片平齐，然后往右拖动选区的右框线，把空白的画面补齐。这相当于把人像移到左边了。到此就把如何扩大画布尺寸的问题解决了。我们可以在右边扩大的区域中添加其他元素（如文字、照片）。

我们在拍照过程中对现有的照片构图不满意的时候可以在后期用上这个功能。大家还可以举一反三，进行更多的创意设计。

如何快速调整为黑白照片

我们将素材照片调入 ACR 中，这是一张普通的彩色照片，可以看出是在自然光下拍摄的，现在我们要把它调整为黑白照片。

STEP1：对照片进行基础调整，然后在“基本”选项卡的右上角选中“黑白”选项。

STEP2：单击进入“黑白混合”选项卡，对 8 个颜色通道进行调整。

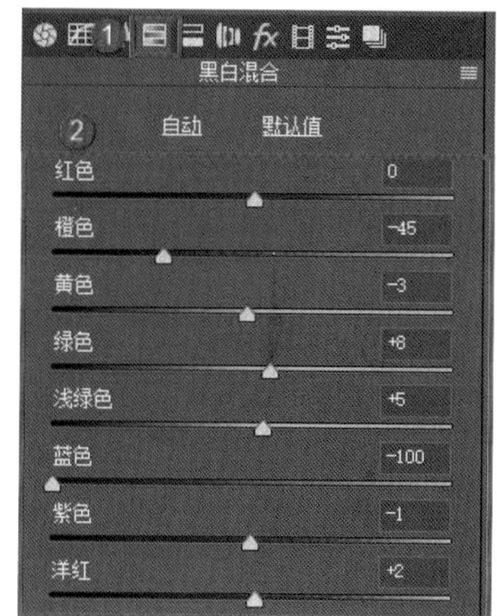

STEP3：单击选择工具栏中的“渐变滤镜”，然后单击直方图下方的“渐变滤镜”旁的小方块，选择“重置局部校正设置”，目的是把所有的参数复位。然后降低曝光值，接着在人像上把层次调整好，最后按快捷键 V 隐藏渐变虚线。

STEP4：选择工具栏中的“调整画笔”，单击直方图下方的“调整画笔”旁的小方块，选择“重置局部校正设置”，将所有参数复位。然后把清晰度增加到 30，锐化程度增加到 15，对大小和羽化的参数值进行微调，再对面部的细节部分进行涂抹，主要是对胡子、面部的皱纹和手部的纹理进行局部锐化并增加其清晰度。进行涂抹之后这张黑白照片的细节就变得非常丰富了。最后单击“打开对象”按钮进入 PS 中。

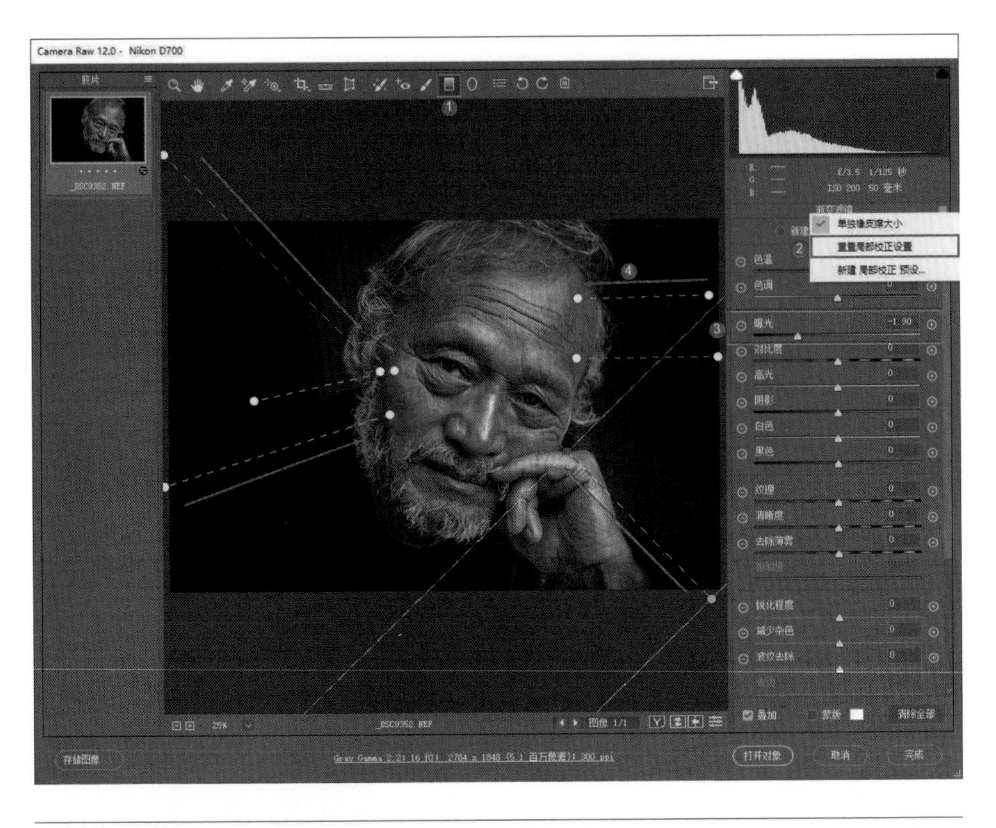
Camera Raw 12.0 - Nikon D700
f/3.5 1/125 秒
ISO 200 50 毫米
单独橡皮擦大小
重置局部校正设置
新建 局部校正 预设...
色温
色调
曝光
对比度
高光
阴影
白色
黑色
纹理
清晰度
去除薄雾
锐化程度
减少杂色
波纹去除
叠加
蒙版
清除全部
存储图像
打开对象
取消
完成

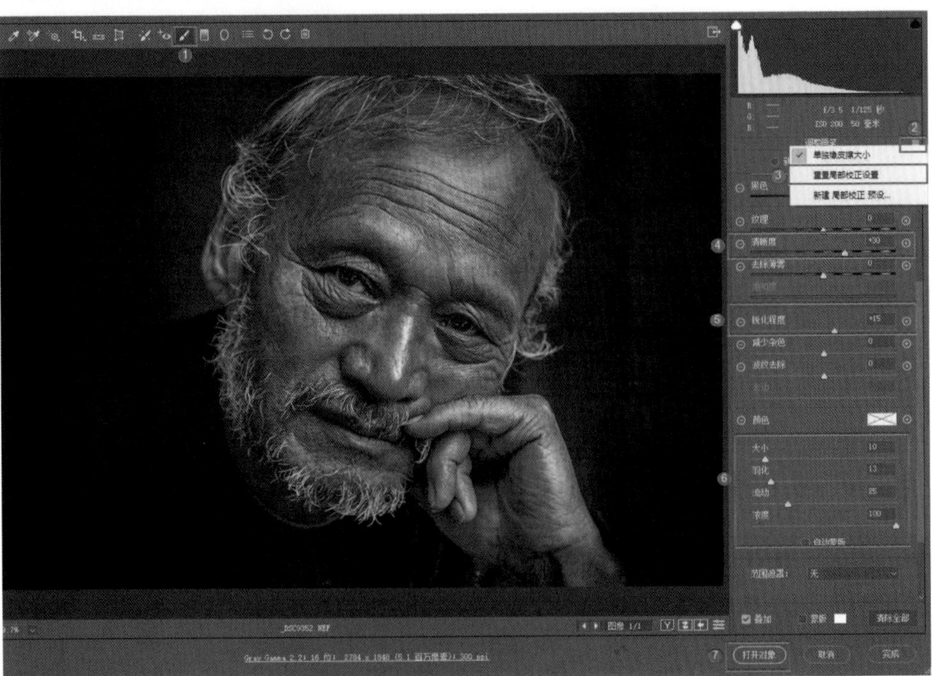
单独橡皮擦大小
重置局部校正设置
新建 局部校正 预设...
叠加
蒙版
清除全部
打开对象
取消
完成

STEP5：在右下角选择“创建新的填充或调整图层”→“色阶”，在弹出的“色阶”面板中对图像进行色阶调整，拖动两边的滑块，使暗部值增加、亮部值降低。至此，照片就完全调整好了。

如何快速锐化人像照片

人像的锐化需要做到不降低皮肤和服装的质感，只对人物的头发、眉毛、睫毛等部位进行局部锐化。我们发现这些需要锐化的区域都属于照片的暗部，因此我们的思路就是对照片的暗部进行锐化。首先我们将人物素材照片调入 PS。

STEP1：按组合键 Ctrl+Shift+Alt+@ 选中照片中的高光区域，然后按组合键 Ctrl+Shift+I 进行反选，反选之后我们就获得了低光区域，画面中将出现“蚂蚁线”，接着按组合键 Ctrl+J 将选中的低光区域复制到一个新的图层中。取消选中“背景”图层左边的“小眼睛”图标，然后单击选中最顶部的图层。

STEP2：锐化实际上会让画面产生噪点，但这种操作就把高光区域的皮肤和服装镂空了，皮肤在这种透明状态下就不会受到噪点的影响。接着选择菜单栏中的“滤镜”→“锐化”→“USM 锐化”，“USM 锐化”功能可以通过设置参数值来对照片进行控制，我们推荐设置的参数值如下：数量 85，半径 1.0，阈值 2。然后单击“确定”按钮。

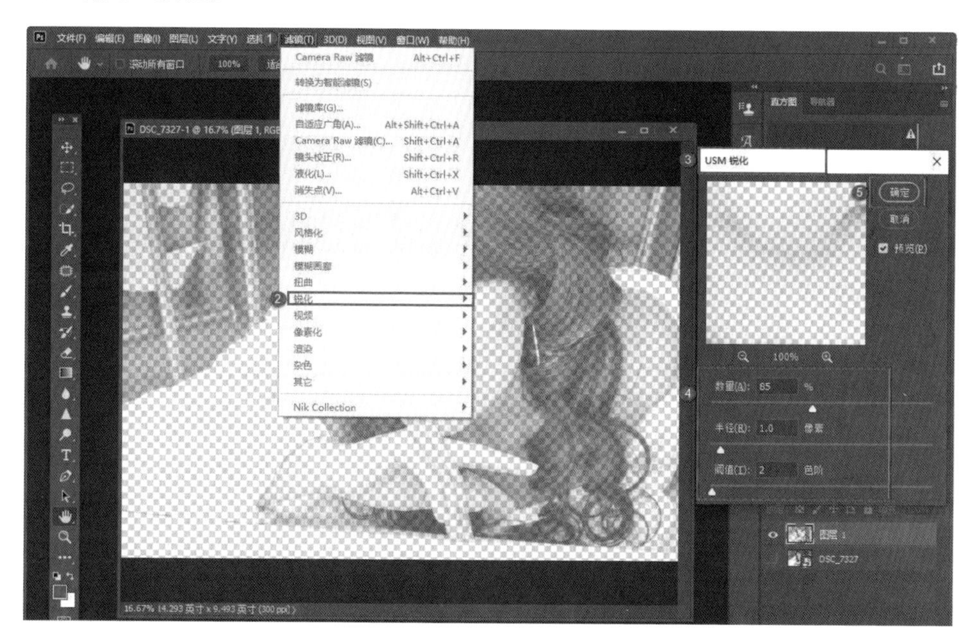

STEP3：如果锐化程度不够则可以继续按 3 次组合键 Alt+Ctrl+F，再进行 3 次锐化。锐化后选中的暗部区域（即头发、睫毛、眉毛）会变得非常清晰，相当于把照片质量提高了一个档次。大家可以选中底部“背景”图层左侧的“小眼睛”图标，查看锐化后的效果。然后再通过取消选中和选中顶部图层左侧的“小眼睛”图标查看锐化前后的对比效果。

STEP4：如果觉得睫毛部分的锐化有点过度，则可以单击顶部的图层然后添加一个蒙版，接着将前景色设置为黑色，然后选择“画笔工具”，在图像上右击，选择“柔边圆”画笔笔刷和合适的画笔大小，在顶部的画笔属性中选择合适的流量值，然后涂抹睫毛部分，这样就能降低锐化程度，减少相应的噪点，也可以对嘴唇进行涂抹以降低锐化程度。锐化可以增加反差，但如果过度锐化照片，相应的噪点则会增多。因此我们在锐化的时候可以通过蒙版和画笔工具来对画面进行精确的控制。

如何快速锐化风光照片

将素材照片调入 PS。

锐化风光照片时最好是在 Lab 颜色模式下而不是在 RGB 颜色模式下，因为 Lab 颜色模式有 3 个通道，“明度”“a”“b”通道，“明度”通道用来调整黑白色调，“a”通道含品红和绿两个颜色，“b”通道含有黄和蓝两个颜色，也就是“明

度”通道和两个颜色通道是分开的。只针对“明度”通道进行锐化是不会影响其他两个颜色通道的，即使锐化过度，照片也不会产生噪点。很多摄影高手到最后的锐化步骤时都要转成 Lab 颜色模式来对照片进行锐化，这样能保证照片的良好质量。

STEP1：把照片转入 Lab 颜色模式，选择菜单栏中的“图像”→“模式”→“Lab 颜色”。单击选择“明度”通道，然后将其拖动到底部“+”号按钮处，对“明度”通道进行复制，复制得到的图层就成了一个蒙版（不能在原来的通道里直接进行锐化）。

STEP2：我们依次选择菜单栏中的“滤镜”→“风格化”→“查找边缘”，照片将变成铅笔画效果（此步操作是对整个画面的轮廓线创建一个选区）。然后按组合键 Ctrl+L 调出“色阶”对话框，把两边的滑块向中间拖动，让照片的颜色反差大一点，单击“确定”按钮。接着按组合键 Ctrl+I 进行反相操作，然后继续按组合键 Ctrl+L 调出“色阶”对话框，重复刚才的操作。我们进行两次色阶调整是为了进一步确定画面边缘轮廓的选区。

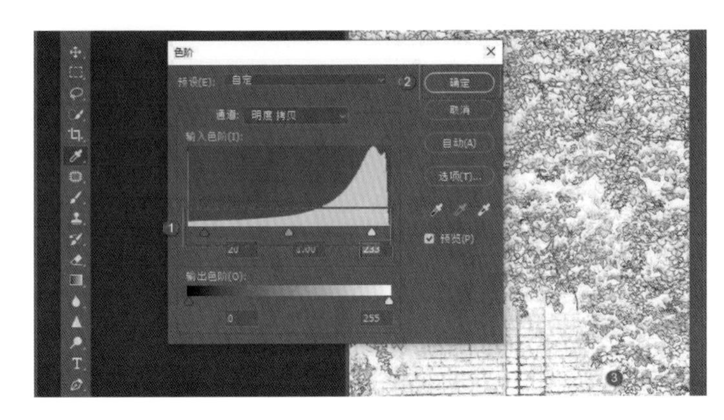

STEP3：选择菜单栏中的“滤镜”→“其他”→“最大值”，在弹出的对话框中将半径值设为4，单击“确定”按钮，再选择菜单栏中的“滤镜”→“杂色”→“中间值”，在弹出的对话框中将半径值设置为4，单击“确定”按钮；接着选择菜单栏中的“滤镜”→“模糊”→“高斯模糊”，在弹出的对话框中将半径值也设置为4，单击“确定”按钮。

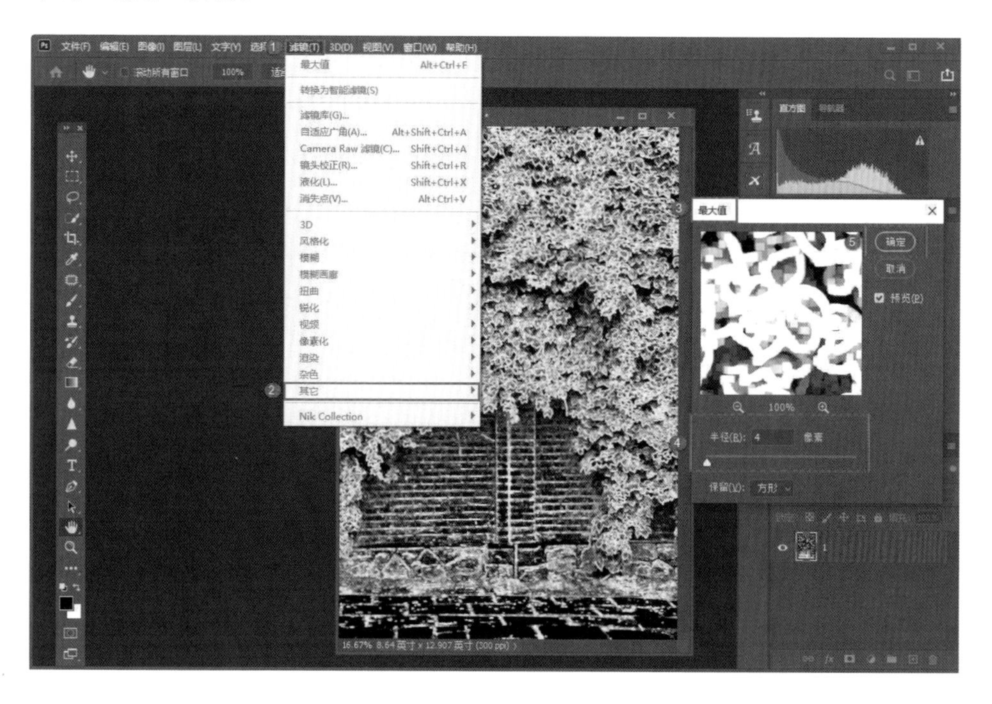

STEP4：按住Ctrl键的同时单击“明度拷贝”图层，这时画面中会出现“蚂蚁线”。

STEP5：选择“Lab”通道，即选中“Lab”图层左侧的“小眼睛”图标，同时取消选中“明度 拷贝”图层左侧的“小眼睛”图标，然后再回到“图层”面板。

STEP6：开始锐化。锐化的时候可以隐藏“蚂蚁线”，否则会干扰视线，隐藏的组合键是Ctrl+H（再按Ctrl+H可取消隐藏），这时依次选择菜单栏中的“滤镜”→“锐化”→“USM锐化”，参数设定如下：数量85，半径1.0，阈值2。单击“确定”按钮。然后重复锐化操作，按组合键Alt+Ctrl+F再进行1~2次锐化，即可完成调整。

把历史记录调出来查看锐化前后的照片。依次选择菜单栏中的“窗口”→“历史记录”，调出“历史记录”面板，查看原照片和锐化后的照片。

一开始进行的查找边缘其实已经把最暗和最亮的部分避开了，这种做法还有一个特点：实际上它是在明度（即反差）上进行锐化的，并没有在“a”和“b”两个颜色通道里进行锐化，所以这两个通道都没有受到干扰。因此这样做是最合理的。

技020 如何通过锐化来提升静物的质感

将素材照片调入ACR，这是一张静物照片。打开以后发现照片中的水平线稍微有些歪，先把它矫正。

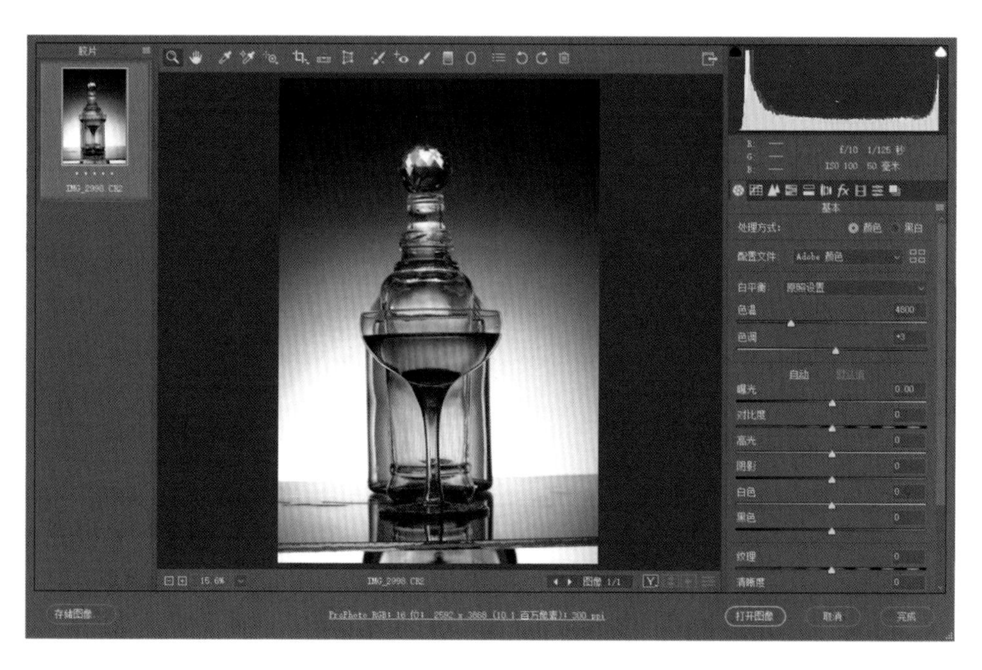

STEP1：选择工具栏中的“拉直工具”，然后沿着瓶子后方的水平线画一条直线，这时水平线就矫正好了。在直方图下方的 “镜头校正”选项卡中勾选“启用配置文件校正”，对镜头的畸变进行校正。

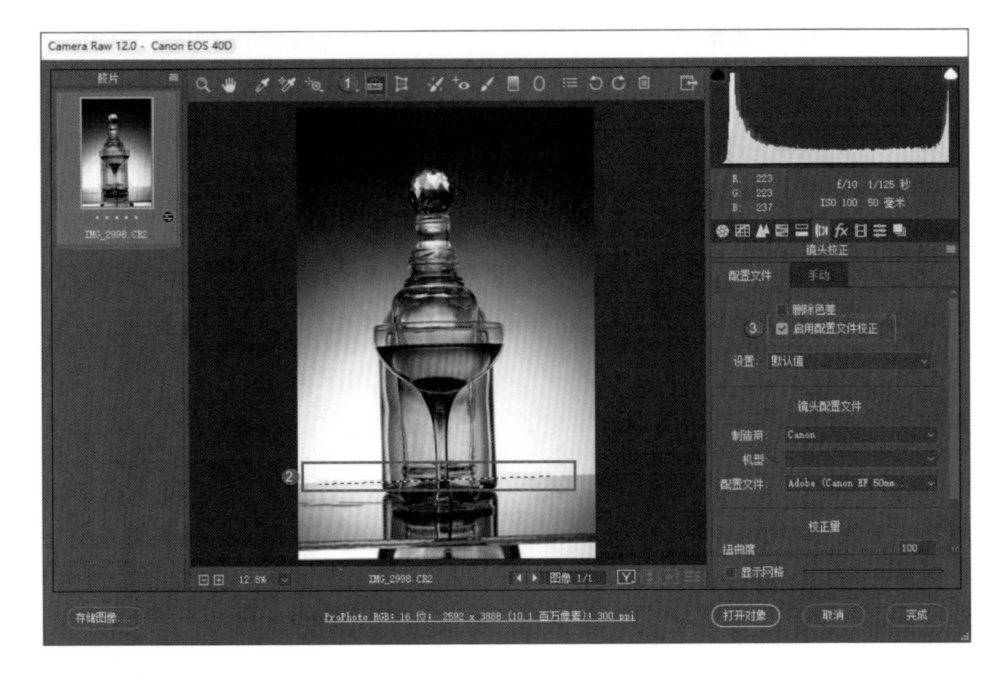

STEP2：选择“基本”选项卡对照片进行微调。定黑白场，增加阴影值、对比度、清晰度、白色值以及自然饱和度；降低高光值和黑色值。

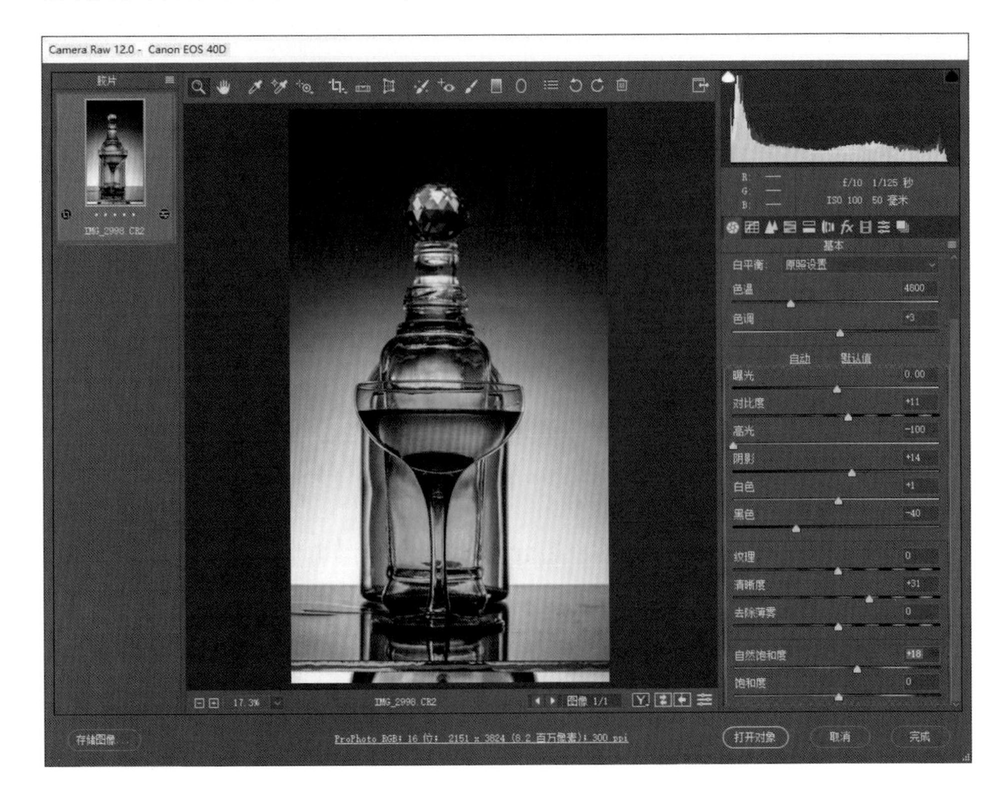

STEP3：单击“HSL 调整”选项卡，选择“饱和度”，增加红色、橙色和黄色的参数值；选择“明亮度”，增加红色、橙色和黄色的参数值，对蓝色的参数值做适当调整。

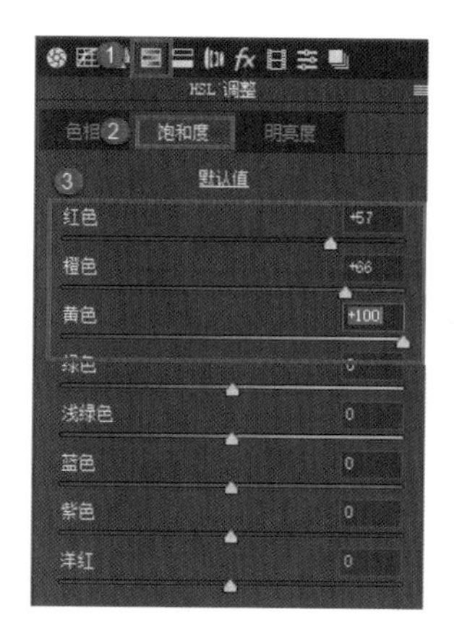

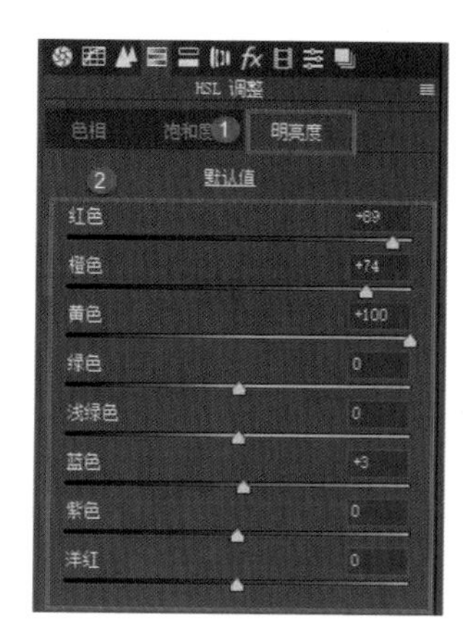

STEP4：选择工具栏中的“污点去除工具”，将照片中的瑕疵去除。可以通过在照片上右击来调整画笔的大小，通过拖动圆圈来调整替换的图像位置。纯修饰这张照片至少需要半个小时才能把照片中的一些瑕疵去掉，从而进入提高质感的环节，所以在这里我们就只做演示，不详细修图。

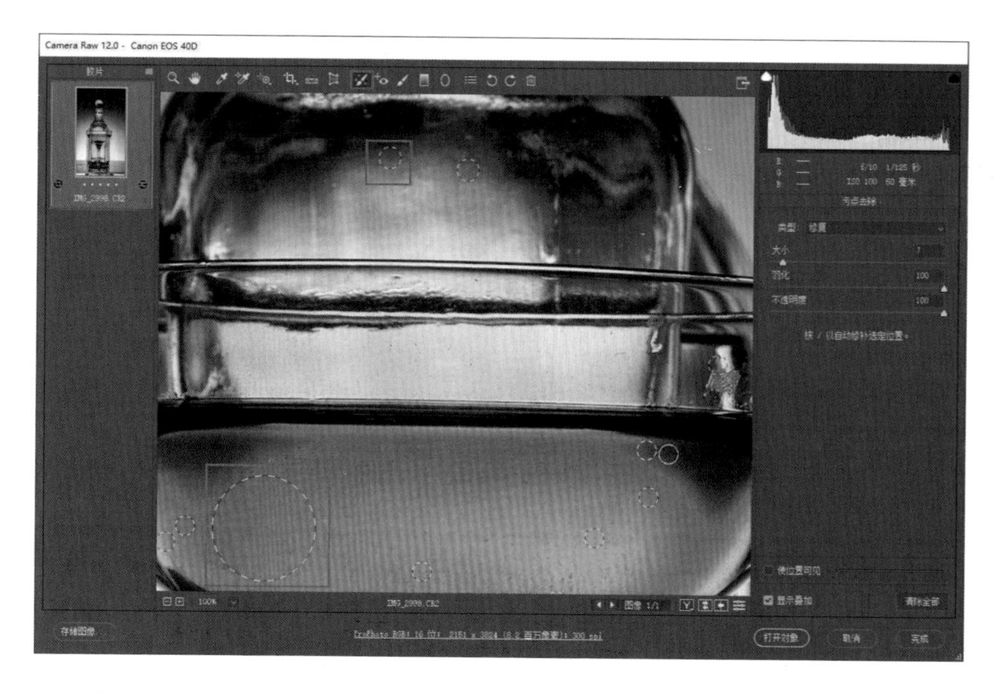

实际上在拍摄的时候这张照片的焦点在酒瓶下方，因为使用的是微距镜头，所以酒瓶上方有点离焦。

STEP5：选择工具栏中的“调整画笔工具”，单击直方图下方“调整画笔”旁的小方块，选择“重置局部校正设置”，将所有的参数归零，将清晰度设置为63，锐化程度设置为30，同时调整画笔的大小、羽化值和流动值，然后涂抹照片的主体进行区域锐化，不要锐化边缘，整个过程就是通过锐化来提升照片的质感。至此，我们已经达到调整的目的了。

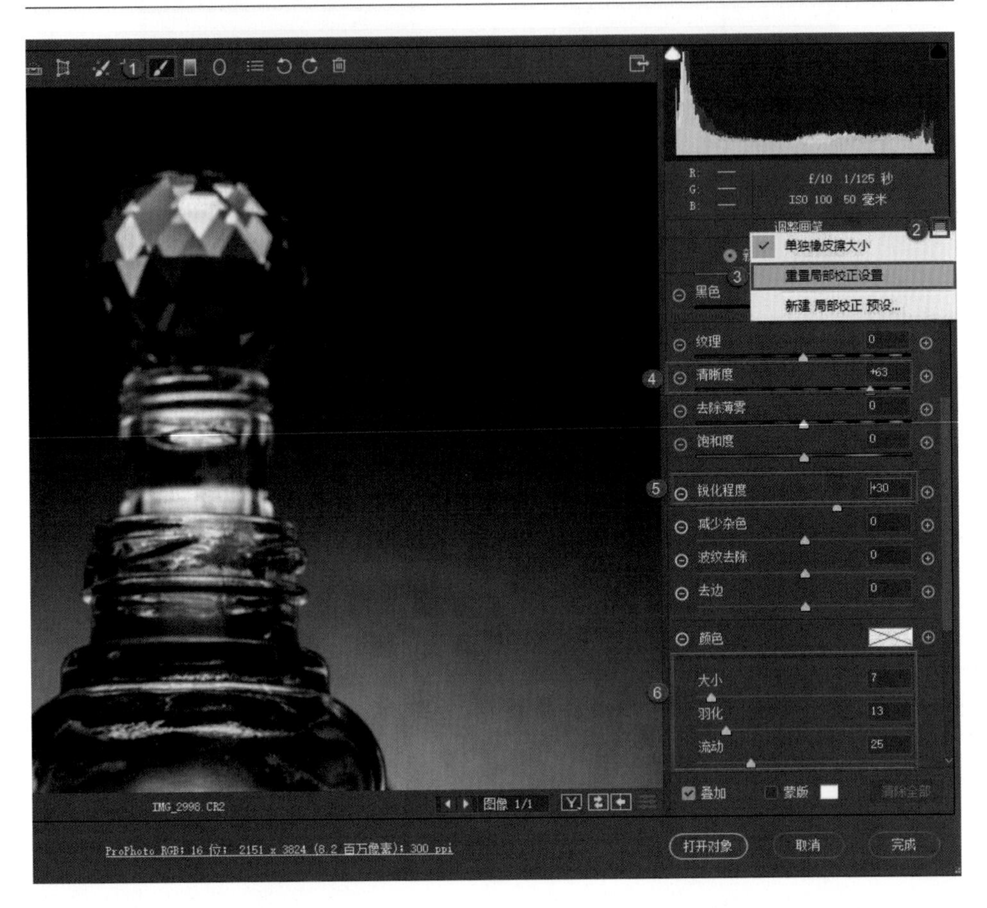

STEP6：把照片导入PS，按组合键Ctrl+J复制一个图层，然后按组合键Ctrl+T进行自由变换，拖动选框把照片底下多余的区域去掉。接着选择“移动工具”，将酒瓶移动到画面中间。

STEP7：选择“矩形选框工具”，在照片左边创建一个选区，然后按组合键Ctrl+T，向左拖动选区，覆盖边缘。

图层 通道 路径
正常
不透明度: 100%
填充: 100%
IMG_2998 拷贝
IMG_2998
16.67% 7.17 英寸 x 12.747 英寸 (300 ppi)

添加调整
图层 通道 路径
正常
不透明度: 100%
锁定:
填充: 100%
IMG_2998 拷贝
IMG_2998
16.67% 7.17 英寸 x 12.747 英寸 (300 ppi)

STEP8：按组合键 Ctrl+E 合并所有图层。按组合键 Ctrl+Shift+A 将照片调入 ACR，单击“效果”选项卡，调整数量、中点和羽化的数值来增加照片的神秘感，然后单击“基本”选项卡，微调自然饱和度，单击“确定”按钮，调整就完成了。

技021 如何把照片调成正片负冲的效果

什么是正片负冲（反转负冲）？说到正片负冲，还要追溯到胶片时代，彩色胶片有两种模式，即负片和正片，负片的冲洗模式是 C41，正片的冲洗模式是 E6。正片也就是过去民族画报、人民画报的记者们使用的胶片，这种胶片相当于幻灯片，能直接看到正向的照片。正片负冲的效果最早是一个婚纱摄影师发现的，他使用正片拍完之后将其误放到负片的冲洗机里冲洗，但是出来的效果却很不错。大家称这种方式为正片负冲，数码时代也可以模仿这种效果。

接下来我们将介绍如何把照片调成正片负冲的效果，首先将素材照片调入 PS。

STEP1：打开“通道”面板，选择“蓝”通道，记得把“蓝”通道上方的其他通道的“小眼睛”图标也打开。

STEP2：选择菜单栏中的“图像”→“应用图像”，这时照片已经泛黄了，因为选择的是“蓝”通道，在弹出的对话框中对应的也是“蓝”通道。这时若要强化它则选中“反相”，照片的色调便更加黄了。混合模式选择正片叠底，不透明度根据自己的偏好进行调整，单击“确定”按钮。至此，正片负冲的效果就调整好了。

022 技 色彩范围的功能及使用方法

将素材照片调入 PS。

STEP1: 选择菜单栏中的“选择”→“色彩范围”，在弹出的对话框中选中“选中范围”，将选区预览设为灰度。旁边有 3 个吸管工具，使用最左边的吸管工具吸取选择的照片中蓝天区域的颜色，如果没有选完整则可以选中第二个带“ + ”号的吸管工

具吸取蓝天中黑色区域的颜色，使其变白。同时降低颜色的容差值，让蓝天区域大部分变白，蓝天以外的区域变黑（白色代表选中，越白代表选中的比例越高，纯白色代表完全选中，纯黑色代表完全不选中，灰色处于两者之间），最后单击“确定”按钮。

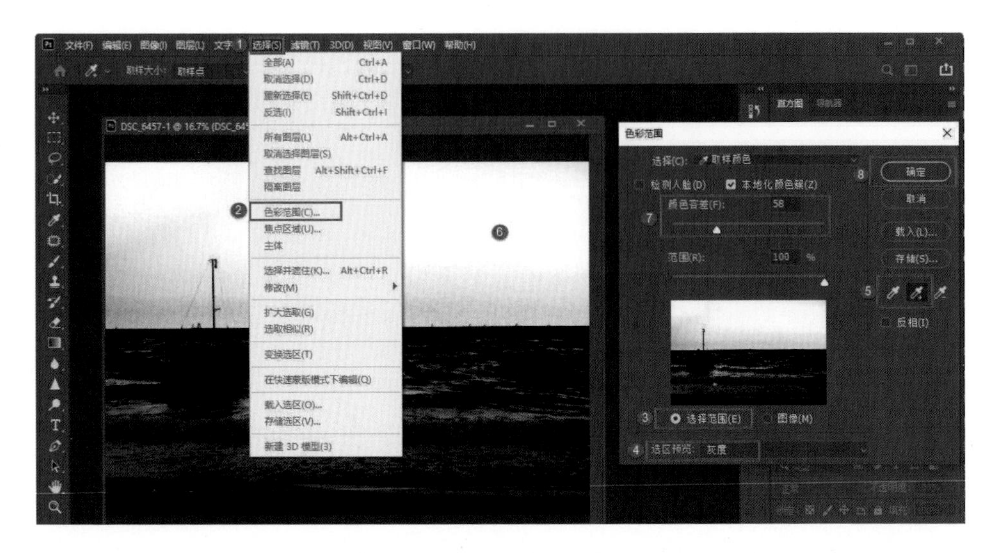

STEP2：回到“图层”面板，这时画面中会出现“蚂蚁线”，代表我们选中的区域。之后我们对照片进行任何调整都只作用于这个区域（蓝天区域）。接下来在右下角选择“创建新的填充或调整图层”→“色彩平衡”，在弹出的面板中增加蓝色和青色的参数值。

STEP3：我们还可以添加一个曲线调整图层。按住Ctrl键的同时单击“色彩平衡1”图层的黑白蒙版缩览图，这时蓝天区域将出现“蚂蚁线”，接着在右下角选择“创建新的填充或调整图层”→“曲线”，在弹出的面板中向右下方拖动曲线，将所选区域（蓝天）压暗，此时其他部分都没有受到干扰。如果海水部分被选上了也无妨，可以选择“画笔工具”，将前景色设置为黑色，选择“柔边圆”画笔笔刷，调整画笔的大小，同时为画笔的流量设置一个适当的值，涂抹不想被调整的海水部分，这样海水部分就不会受到影响了。

实际上我们在这张照片中用“色彩范围”功能创建了一个选区，然后在这个选区上添加了一个色彩平衡图层之后又添加了一个曲线调整图层。

STEP4：按组合键Ctrl+Shift+Alt+E盖印所有图层，重复与以上类似的操作对大海进行调整。选择菜单栏中的“选择”→“色彩范围”，在弹出的对话框中使用最左边的吸管工具吸取照片中大海区域的颜色，单击“确定”按钮。接着在右下角选择“创建新的填充或调整图层”→“色彩平衡”，在弹出的面板中增加青色和蓝色的参数值，注意颜色配比。

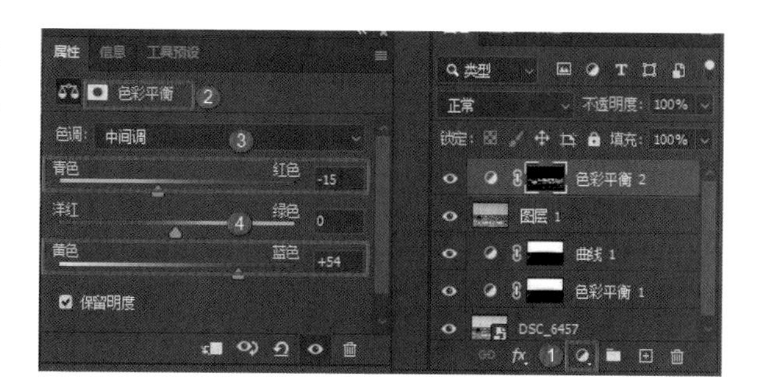

STEP5：如果海水的颜色太浅，可以在按住 Ctrl 键的同时单击“色彩平衡 2”图层的黑白蒙版缩览图，这样海水部分将出现“蚂蚁线”。接着在右下角选择“创建新的填充或调整图层”→“曲线”，在弹出的面板中向右下角拖动曲线，将所选区域（海水）压暗，此时其他部分都没有受到干扰。

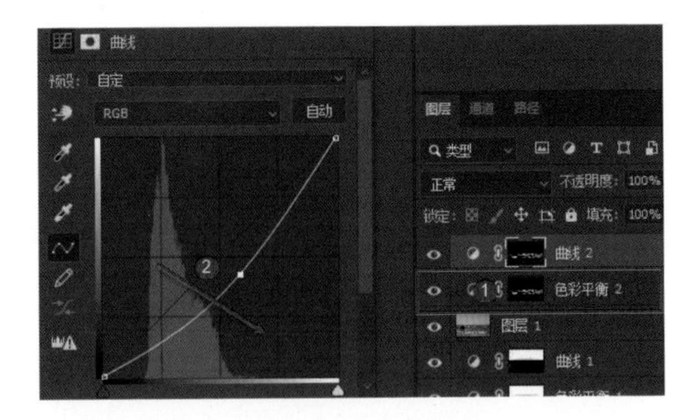

STEP6：按组合键 Ctrl+Shift+Alt+E 盖印所有图层，接下来对沙滩进行调整。与上面的操作类似，选择菜单栏中的“选择”→“色彩范围”，在弹出的对话框中使用最左边的吸管工具吸取照片中沙滩区域的颜色，单击“确定”按钮。在选择的沙滩区域上添加一个色彩平衡图层，适当增减颜色的比例即可。最后按组合键 Ctrl+Shift+Alt+E 盖印图层（记住每一步都要盖印图层）。这样就调整完毕了。

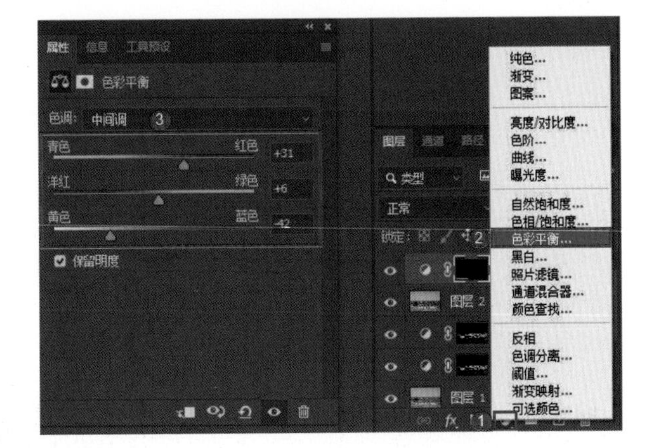

50% 叠加灰的使用方法

50% 叠加灰是指在照片上新建一个空白图层，填充 50% 的灰色，然后在新建图层中进行编辑。这样既不会破坏照片原有的像素，又可以改变照片的色调深浅。首先将素材照片调入 PS。

STEP1：单击“图层”面板底部的“创建新图层”按钮，新建一个空白图层。

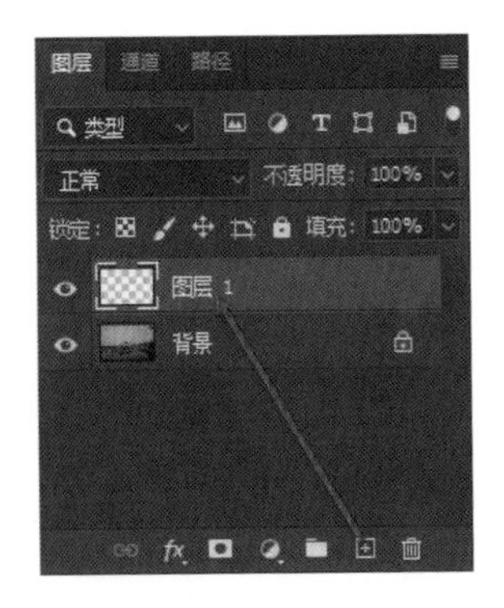

STEP2：选择菜单栏中的“编辑”→“填充”，在弹出的对话框中将内容设为50% 灰色，模式设为正常，不透明度设为 100%，单击“确定”按钮。

STEP3：照片立刻就被蒙上了一层 50% 的灰色。这时把图层混合模式改为“叠加”，底层的背景照片就显现出来了。

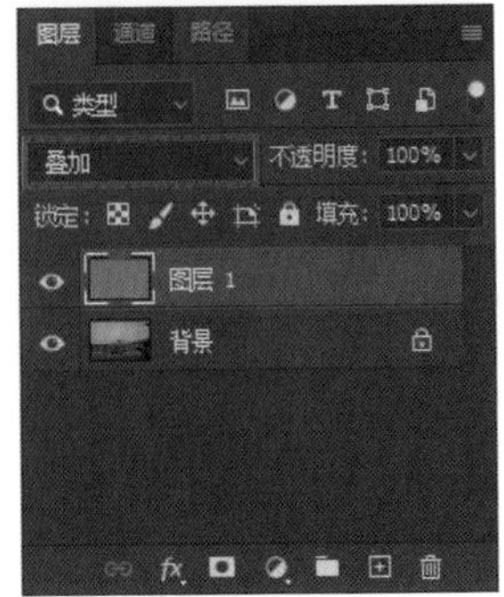

但是现在这张照片中的天空区域没有层次，颜色也非常浅，需要压暗才能体现出天空区域的层次和色彩。为了准确地把天空区域压暗还需要借助一个选区工具。

STEP4：单击“背景”图层，然后选择菜单栏中的“选择”→“色彩范围”。在打开的对话框底部将选区预览设为灰度，用左侧第一个吸管工具随机吸取天空区域的颜色。选中天空区域之后，单击中间的带“+”号的吸管工具再次吸取一部分天空区域的颜色，同时调整颜色容差和范围的参数值，直到天空区域显示出白色（白色代表选中，越白代表选中的比例程度越大）。单击“确定”按钮，选中的区域会以“蚂蚁线”的形式显示出来。

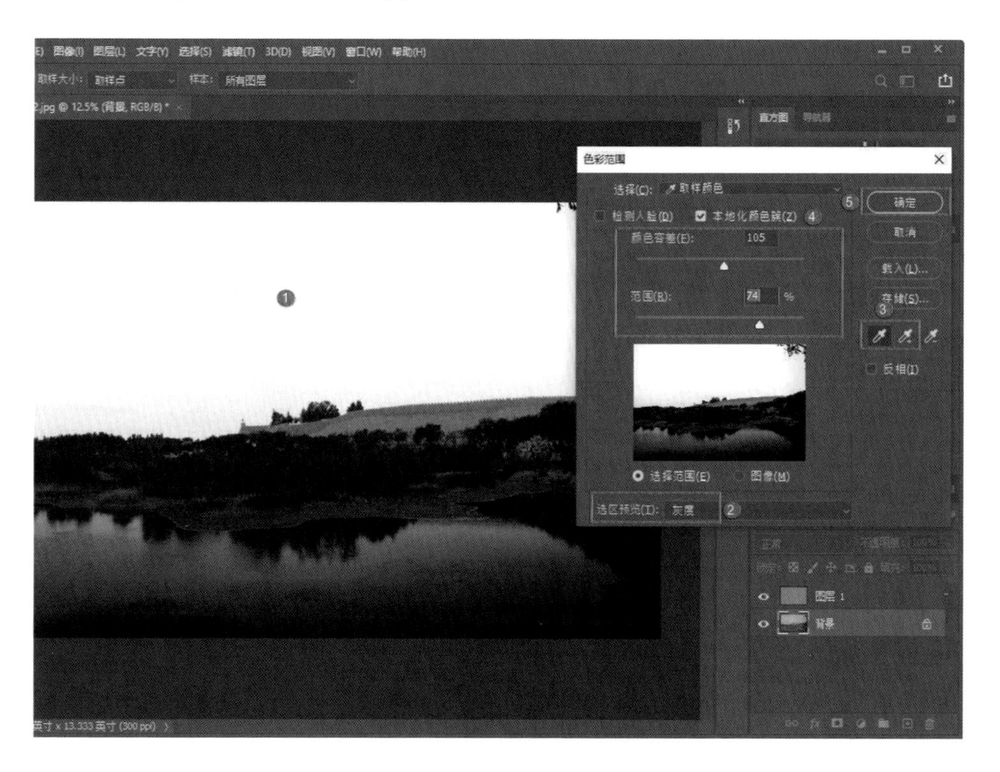

STEP5：可以使用颜色比较深的画笔来加深天空。将前景色设定为黑色，单击选择“画笔工具”，选择合适的画笔大小，将不透明度和流量都设置为 100%（也可以选择其他百分比，多次涂抹，逐步达到自己期待的效果），然后在 50% 灰的图层上涂抹天空，天空的颜色就加深了。因为带着选区，所以不会改变其他区域的效果。同时又因为是在 50% 灰的图层上进行涂抹的，所以不会破坏原始图像，等于在灰度蒙版上把天空的层次完全地呈现出来了。

STEP6：将沙漠和树提亮一点。按组合键 Ctrl+Shift+I 进行反选（也可以选择菜单栏中的“反选”菜单命令），将前景色设为白色，画笔的不透明度和流量设为 50%，选择“柔边圆”画笔笔刷和合适的画笔大小，涂抹沙漠和树的区域，这样沙漠和树就被提亮了。

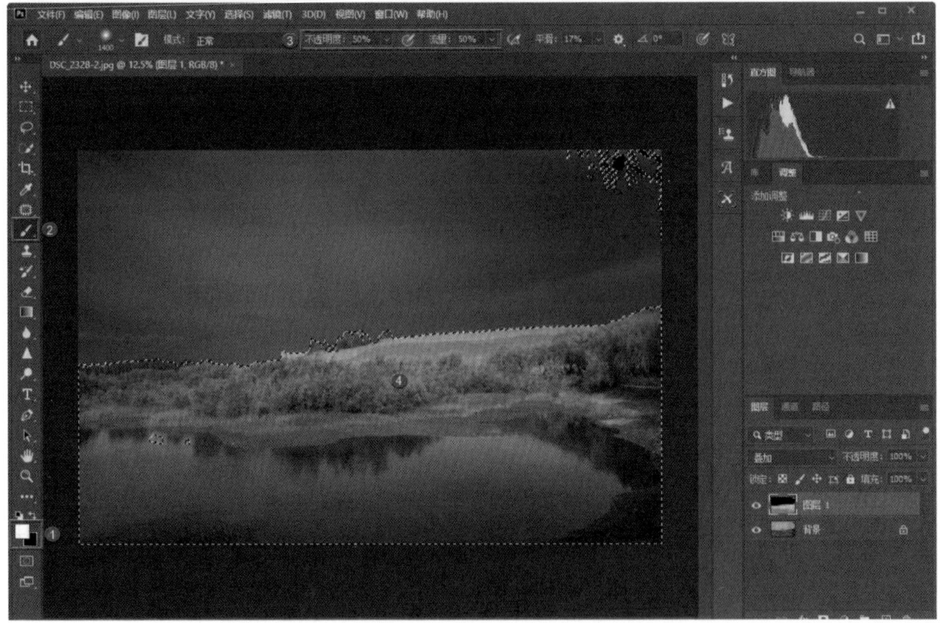

STEP7：在调整了天空、沙漠和树之后，还需要调整水面和天空使其相互呼应。这时我们按组合键 Ctrl+D 取消“蚂蚁线”，再重新创建选区。单击选中顶部图层，然后选择菜单栏中的“选择”→“色彩范围”，用吸管工具吸取水面区域的颜色，适当调整颜色容差和范围的参数值，尽量让水面区域变白（白色代表选中，越白代表选中的比例程度越大），单击“确定”按钮后水面区域中将会出现“蚂蚁线”。

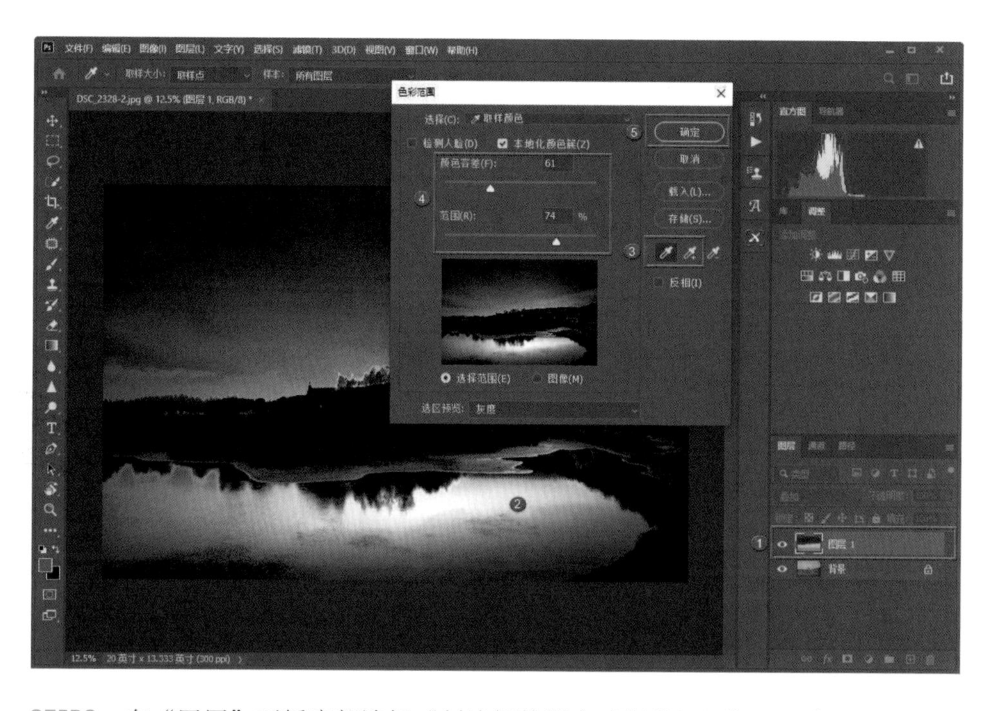

STEP8：在“图层”面板底部选择“创建新的填充或调整图层”→“色彩平衡”，在打开的“色彩平衡”面板中将色调设为中间调，调整青色和蓝色的参数值，直至水面的颜色与天空颜色相近。调整好后关闭“色彩平衡”面板。

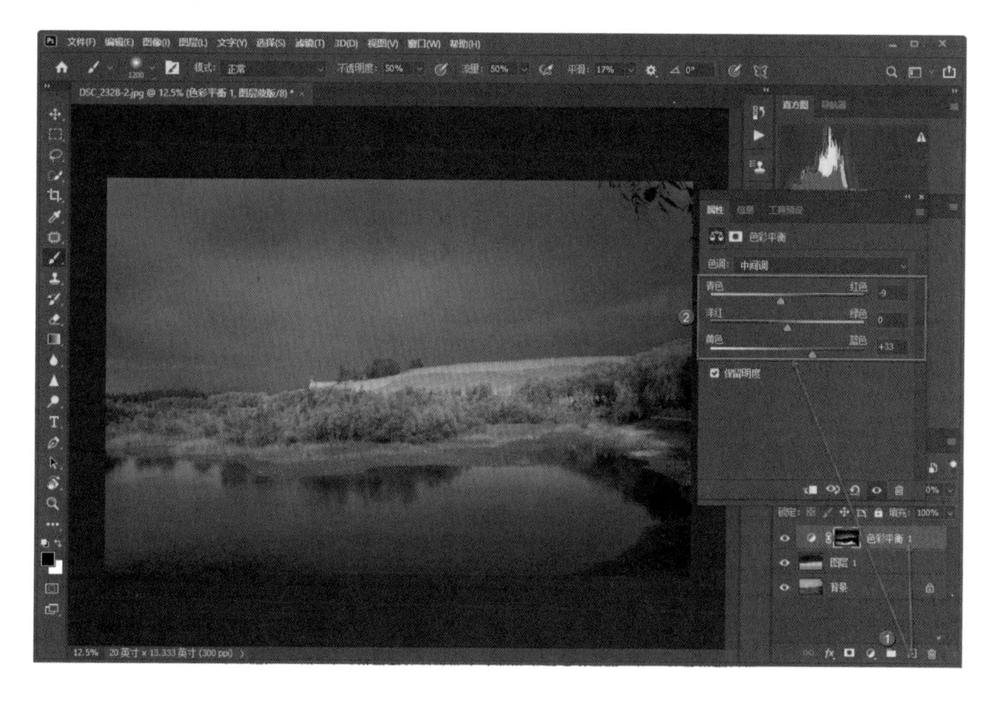

STEP9：若调整过程中天空区域的蓝色受到了本次调整的影响，此时可将前景色设为黑色，用“画笔工具”选择合适的不透明度和流量的参数值，然后涂抹受到影响的天空区域，就可以消除影响。这时只有水面区域的蓝色加深了，大家还可以根据情况降低不透明度来微调水面区域的蓝色，使之更加自然。之后再调整照片的对比度，在“图层”面板底部选择“创建新的填充或调整图层”→“色阶”，在打开的“色阶”面板中调整两端的滑块，也就是增大照片的反差，同时提高对比度。最后合并图层，保存照片即可。

使用 50% 叠加灰的优点是可以在不破坏原始图像的情况下改变它的色调，同时可以通过控制画笔的不透明度和流量，使画面具有层次感。

024 技

如何使用通道调色

将素材照片调入 PS。

STEP1：首先单击选择“通道”面板，这时会出现“红”“绿”“蓝”3 个通道。

若想要调整画面中的某种颜色，尽量去选择接近这种颜色的通道。例如，若想要把天空变得更蓝，就需要选择“蓝”通道。单击选中“蓝”通道，然后在按住 Ctrl 键的同时单击“蓝”通道的缩览图，画面中会出现“蚂蚁线”，这时就把照片中大面积的蓝色区域选中了。

STEP2：单击选中“RGB”通道，即单击“RGB”通道的缩览图（注意不要去单击“RGB”通道左侧的“小眼睛”图标），然后单击进入“图层”面板。

STEP3：按组合键 Ctrl+J 把刚才选中的区域复制到一个新的图层中，然后将图层混合模式调整为“正片叠底”，这时天空变得更蓝了。接着按组合键 Ctrl+Shift+Alt+E 盖印一个图层。

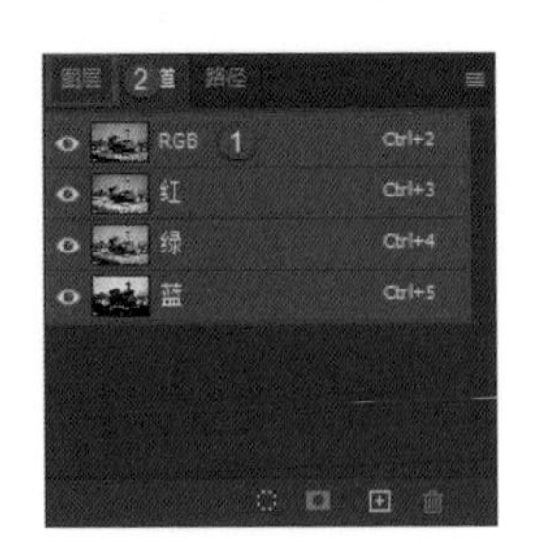

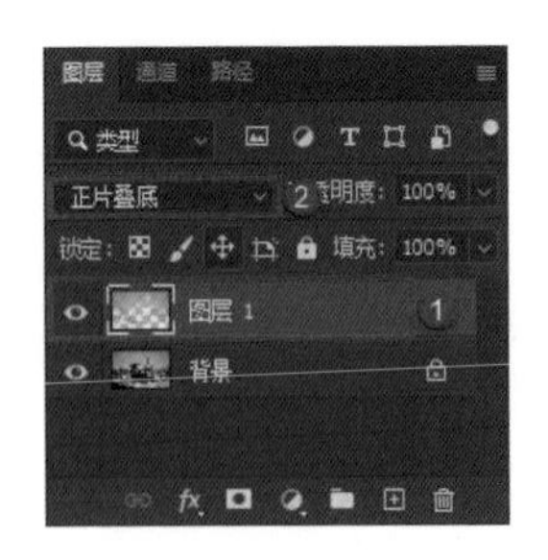

STEP4：对照片中的绿色进行修饰。打开“通道”面板，按住 Ctrl 键的同时单击“绿”通道的缩览图，这时画面中会出现“蚂蚁线”，所有的绿色区域将被选中，单击“RGB”通道的缩览图（注意不要去单击“RGB”通道左侧的“小眼睛”图标），然后单击进入“图层”面板。

STEP5：按组合键 Ctrl+J 把上一步选中的区域图像复制到一个新的图层中，将图层混合模式调整为“柔光”或者“叠加”，“叠加”模式的颜色稍微比“柔光”模式漂亮一点，继续按组合键 Ctrl+Shift+Alt+E 盖印图层。

STEP6：修饰照片中的红色区域。重复与之前类似的操作，按组合键 Ctrl+J 将红色区域复制到一个新图层中，照片中的黄色、橙色与红色比较接近所以也被复制了。将图层混合模式设为“叠加”。

接下来选择菜单栏中“窗口”→“历史记录”，查看修饰前后照片的对比效果。如果觉得调色过度，我们可以对每个复制出来的图层的不透明度进行微调。

STEP7：只让“背景”图层和刚才复制出来的 3 个通道的图层可见（即选中这四个图层左侧的“小眼睛”图标），其他两个图层则不可见（即取消选中“小眼睛”图标）。然后改变除“背景”图层以外的 3 个可见图层的不透明度来调整画面颜色。

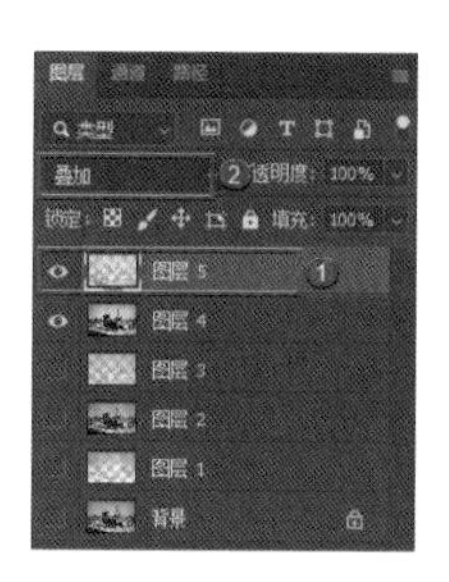

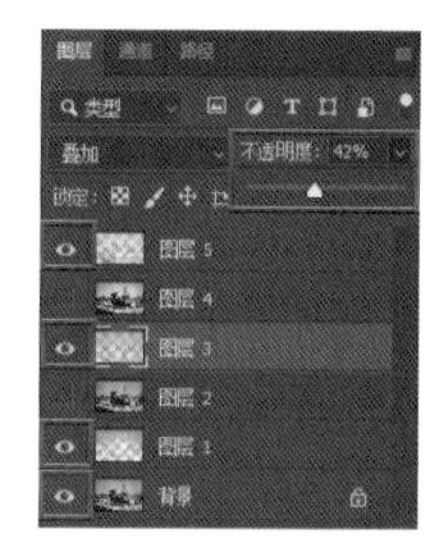

用颜色通道调色非常便捷，创建的选区也十分准确。它是计算机通过计算自动生成的选区，过渡自然，不像手动创建的选区过渡得那么生硬。然后我们可以利用不同的混合模式进行图层叠加混合，不断去寻找比较满意的效果，这就是通道调色的优势。

可选颜色的功能及使用方法

将素材照片调入 PS 中。这张照片色彩丰富，非常适合作为用来讲解可选颜色的功能及使用方法的素材。

首先选择“创建新的填充或调整图层”→“可选颜色”。这时会弹出“可选颜色”面板。

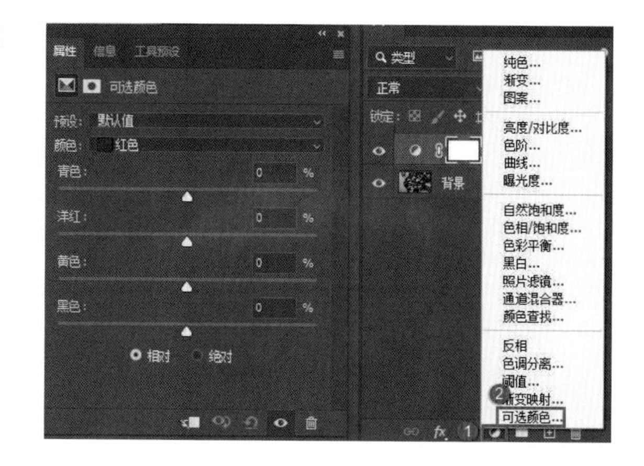

在这个面板中不仅可以调整红、绿、蓝，还可以调整红、绿、蓝的补色青、洋红、黄，并且又多出了白色、中性色和黑色，所以可以调整的色彩非常丰富。在面板底部有“相对”和“绝对”选项，调色的时候选中“绝对”选项会让颜色效果更明显。

这张照片中的红色比较多，在弹出的面板中先选择红色，在调红色之前发现这个可选颜色的调节模式就是印刷里经常使用的调色模式即CMYK模式。面板中白色、中性色和黑色这3种颜色作用很大，可以处理一些难以调节的微妙的颜色。

可以通过减少青色的参数值或增加洋红色的参数值来增加红色的参数值，在增减颜色参数值的整个调色的过程中每个颜色都有微妙的变化，不过每个通道都是独立的，不影响其他通道，大家可以尝试一下。同时也可以对白色、中性色和黑色进行调节。

调整“可选颜色”面板中的参数值一般都在最后微调时进行，有时候微调能使画面提升一个档次。在网上很多可选颜色的使用教程过于复杂，建议大家不要一开始就使用这个面板，到最后微调的时候使用，效果会非常好。因为它所包含的通道非常多，每个通道都可以单独地进行调色，不影响其他通道，这是它的优势。而且我们还可以在调整图层蒙版时通过画笔涂抹来进行选区控制。需要注意的是大家在调色之前尽量选中“绝对”选项，也可以选中“相对”选项但是调整后的效果不是特别明显。

如何快速修饰人物脸部

将素材照片调入 PS，我们发现人物的脸上长满了黑痣，需要对其进行修饰。

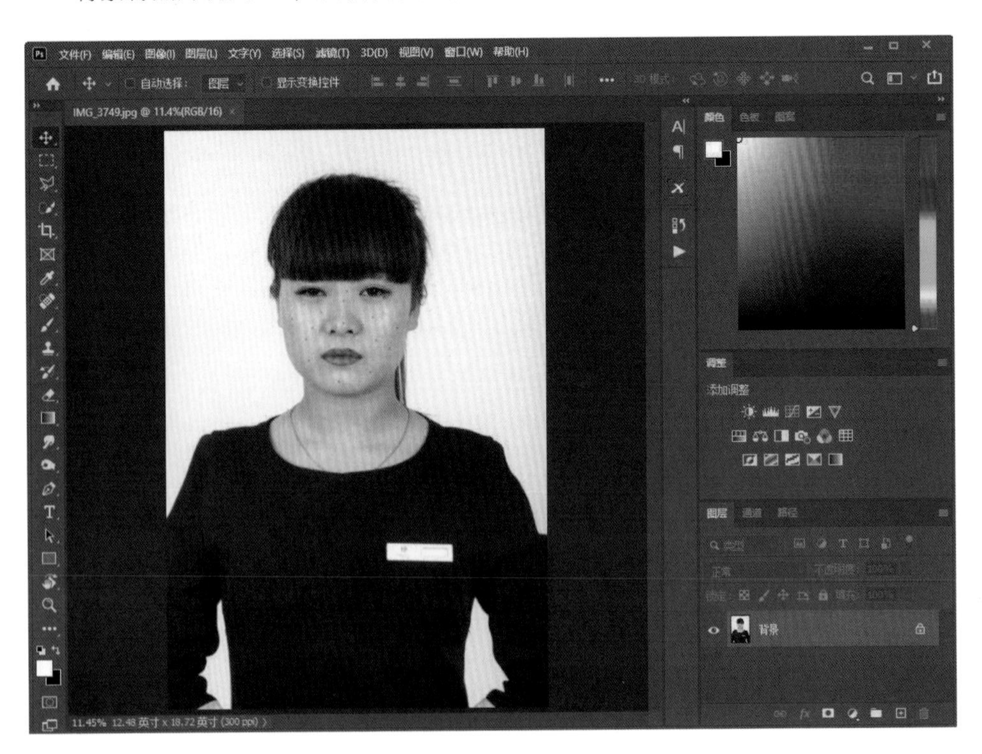

在工具栏中的“修补工具”上右击，出现四个可选择的工具。第一个是“污点修复画笔工具”，第二个是“修复画笔工具”，第三个是“修补工具”，第四个是“内容感知移动工具”。

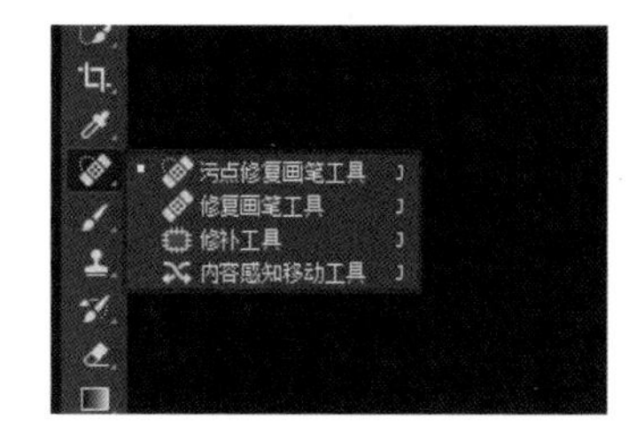

我们先讲解“污点修复画笔工具”。按组合键Ctrl+“+”放大图片到合适大小（按组合键Ctrl+“-”可以缩小图片），在照片中的任意位置右击，将出现画笔调整面板，把画笔的直径大小调整到正好能覆盖我们想要去除的黑痣即可，再将硬度调整为100%。然后在一颗黑痣上单击即可修复完成。除了单击我们还可以进行涂抹，比如，可以将一根头发涂抹至消失。

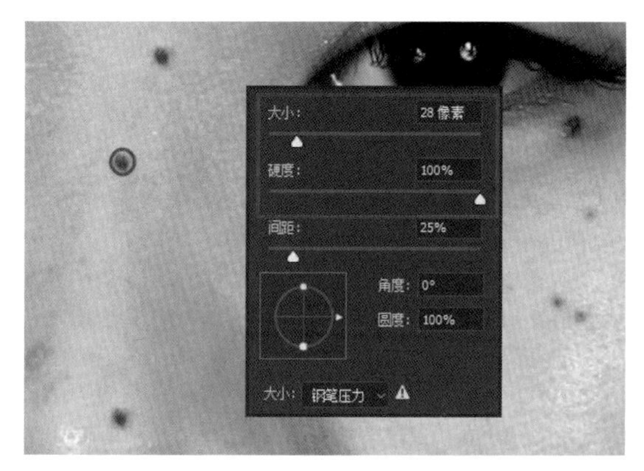

第二个工具为“修复画笔工具”，使用方法是在按住Alt键的同时先单击选择黑痣旁边完美的皮肤，然后单击想要覆盖的黑痣，黑痣就消失了。

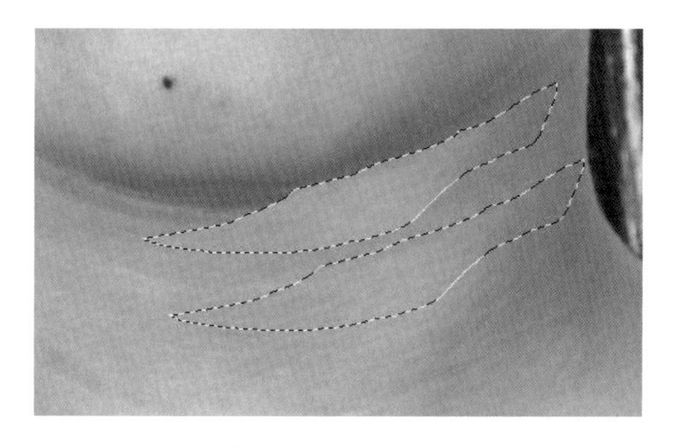

第三个工具为“修补工具”，使用方法是先圈选黑痣，然后在圈选的区域中按住鼠标左键并将其拖动到附近完美的皮肤处，黑痣就消失了。这个工具还有一个优点是它能修复褶皱，比如抬头纹和脖子上的纹路，先圈选褶皱，然后直接往旁边拖动就能将其修复好了，非常方便。但这个工具也有缺点，就是边缘有其他内容时修饰会变得非常难，它可能会渗到轮廓线的外边，所以修饰轮廓边缘部分时要慎重使用。修饰轮廓边缘部分时建议使用“仿制图章工具”。

第四个工具为“内容感知移动工具”，在什么时候使用这个工具呢？举个例子，假如拍摄了湖面上的几只水鸭子，照片中鸭子排列得有点紧凑，这时就可以用“内容感知移动工具”使它们分布得非常均匀。不但构图变好看了而且效果还很自然。我们还可以针对人物的脸部，圈选黑痣并将其挪动到脸部的其他位置，然后双击画面，黑痣就被挪走了。比如拍摄了天空中的飞鸟，也可以使用这个工具来使它们分布得很均匀。希望大家学好这4个修复工具，以便将来在修图的时候能够应用自如。

如何快速去除噪点

将素材照片调入 PS。

STEP1：对照片进行基础调整。放大照片后会发现人物面部的噪点非常多。

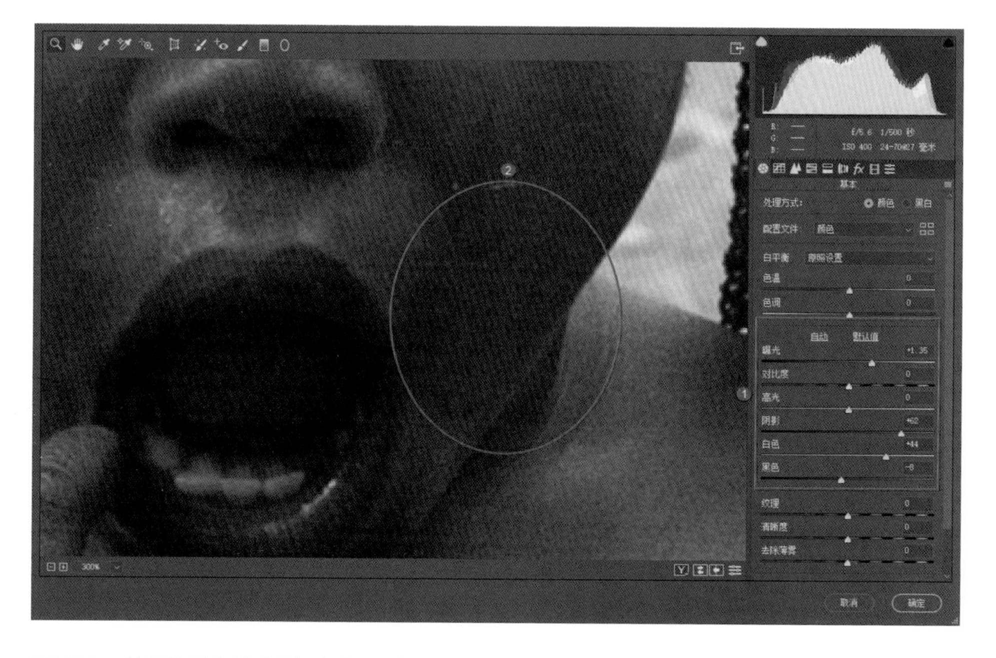

STEP2：想要迅速地去除这些噪点，只需单击“细节”选项卡，然后将明亮度设为50即可。如果再将颜色降到50，效果会更好。

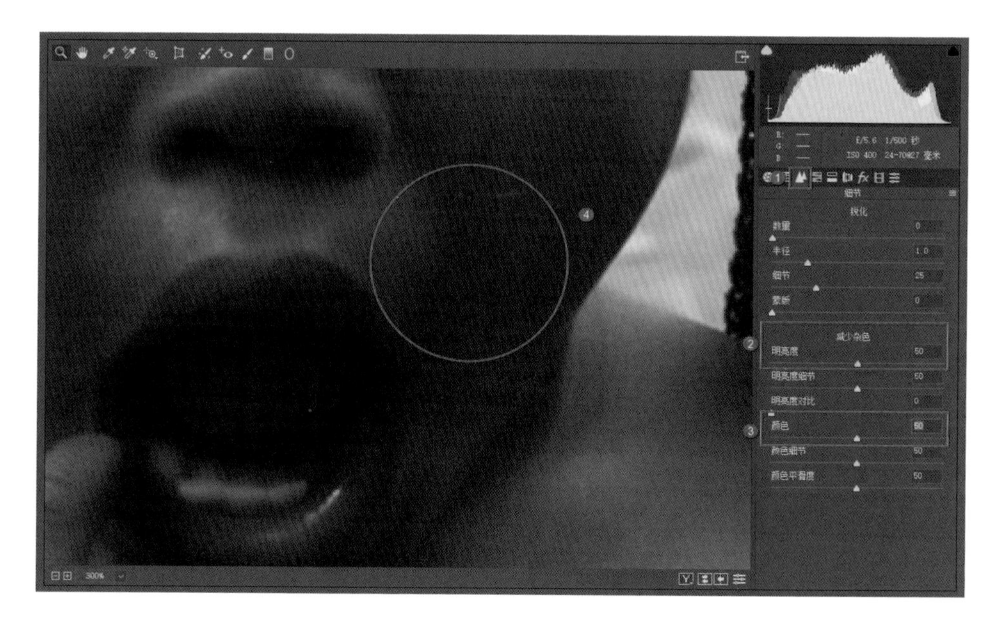

在“减少杂色”一栏中，“明亮度”一般用来修饰白天拍的有噪点的照片，“颜色”一般用来修饰夜晚拍的有噪点的照片，比如星空。但是我们不主张把明亮度增加到100，这样人物看起来会太塑料化，一定要适可而止，如设为50。像这张照片因为是白天拍的，所以颜色参数值不用增加也够用了。

如何制作带光晕的放射性光芒

将素材照片调入 ACR。

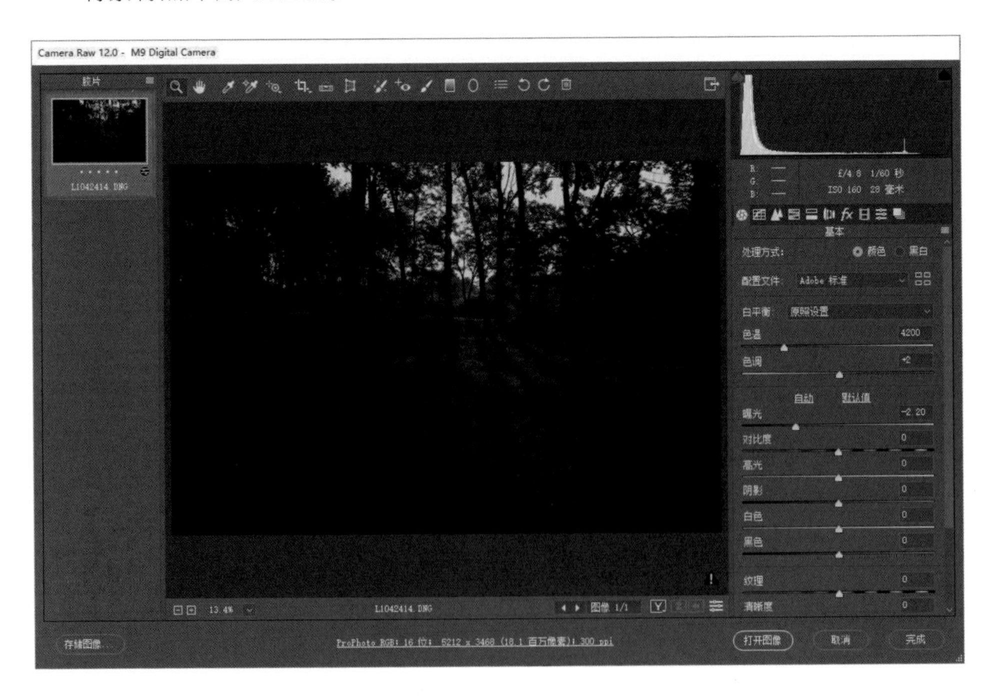

STEP1：对照片进行基础调整。首先单击“自动”进行调色，再微调其他参数，然后单击“打开对象”按钮将照片导入 PS。

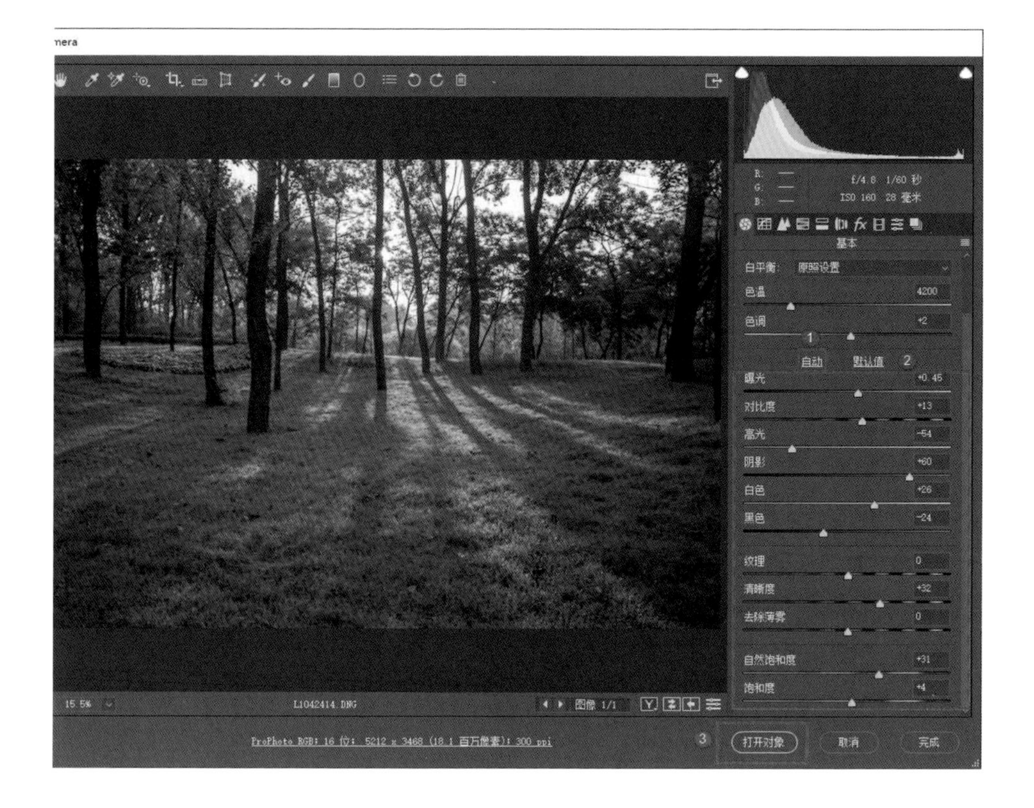

STEP2：打开“通道”面板，因为这张照片中的绿色较多，所以我们选中“绿”通道。单击“绿”通道，然后在按住 Ctrl 键的同时单击“绿”通道的缩览图，这时画面中会出现“蚂蚁线”，接着单击“RGB”通道的缩览图（千万别点错位置），4 个通道将全部被选中同时所有的“小眼睛”图标都会被打开，然后返回“图层”面板。

STEP3：按组合键 Ctrl+J 将上一步选中的绿色区域复制到一个新的图层中。

STEP4：依次选择菜单栏中的“滤镜”→“模糊”→“径向模糊”，在弹出的“径向模糊”对话框中，将模糊方法设为“缩放”，数量设置为 70 左右，然后调整缩览图中十字线中心的位置使其与照片中的太阳光源重合，最后单击“确定”按钮。

STEP5：按组合键 Ctrl+Alt+Shift+E 盖印一个图层。依次选择菜单栏中的“滤镜”→“渲染”→“镜头光晕”，在弹出的“镜头光晕”对话框中，将镜头类型设为“50-300 毫米变焦”，随后将光晕的十字移动到太阳所处的位置，最后单击“确定”按钮。

STEP6：这时如果感觉光线太强，可以依次选择菜单栏中的“编辑”→“渐隐镜头光晕”，在弹出的“渐隐”对话框中，通过调整不透明度来控制光线强弱，最后单击“确定”按钮。

STEP7：可以添加蒙版，同时将前景色设置为黑色，然后使用“画笔工具”将不透明度和流量均设置为100%，再涂抹地面，从而遮挡画面底部的光影。

STEP8：添加一个色阶调整图层来增大画面的反差，这样本次调整就完成了。

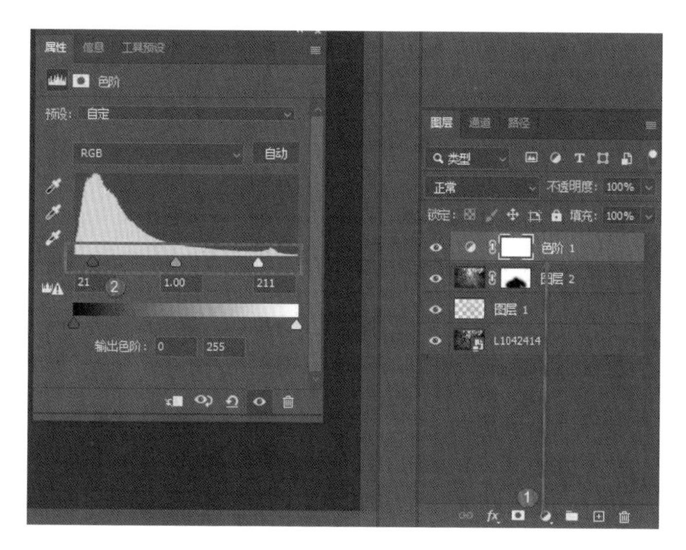

如何制作红外线效果的照片

将 RAW 格式的素材照片调入 ACR，我们可以看到这张照片呈现的是初秋的景色，柳树已经泛黄了，像这样的照片做成红外线效果是最好的。

STEP1：对照片进行基础调整，将处理方式设为“黑白”。

STEP2：单击“黑白混合”选项卡，对颜色进行调整。首先把蓝色、浅绿色的参数值降到最低，同时降低绿色的参数值，这样画面才有层次，然后提高黄色的参数值。由于橙色的参数值过高会影响画面的层次感，所以把它降到最低。

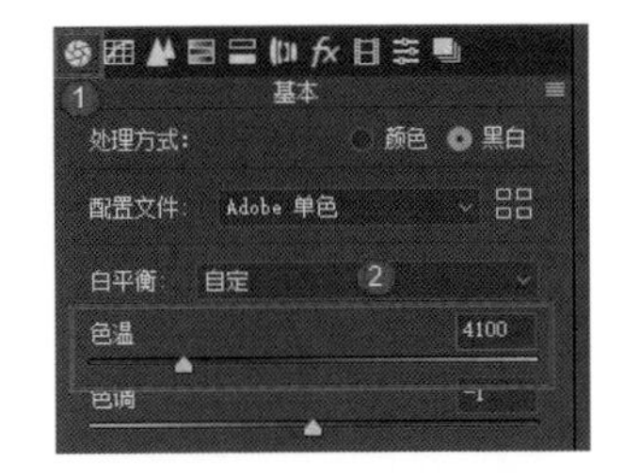

STEP3：回到“基本”选项卡，将色温值降低一点。因为上一步在“黑白混合”选项卡中已将蓝色的参数值降到最低了，但是天空还是比较亮。天空越亮则柳树越不显白，所以还要继续降低天空和水面的色温值来衬托柳树。色温值降到 4100，基本上可以达到要求，使照片保持这样的层次感即可。

STEP4：单击“细节”选项卡，对照片进行锐化，数量值不超过 55，细节值不超过 45，然后在按住 Alt 键的同时拖动“蒙版”滑块，带着蒙版进行锐化。这样只会锐化柳条，暗部、亮部区域都不会被锐化，因而这两个区域就不会产生噪点。

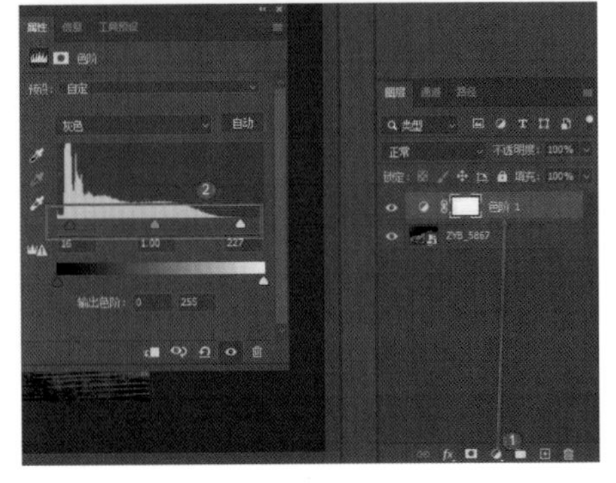

STEP5：单击“打开对象”按钮进入 PS，创建一个色阶调整图层，在弹出的面板中把直方图下方两端的滑块向中间拖动，增大画面反差，至此，这张红外线效果的照片就调整好了。原图是一张普通的照片，把它调整成红外线效果的黑白照片，就显得有艺术价值了。

如何制作铅笔画效果的照片

把素材照片调入 ACR。

STEP1：将处理方式设为“黑白”，接着单击“打开对象”按钮进入 PS。

STEP2：先按组合键 Ctrl+J 复制一个图层，然后依次选择菜单栏中的“滤镜”→“风格化”→“查找边缘”。

STEP3：按组合键 Ctrl+L 调出“色阶”对话框，将直方图下方的滑块从两边向中间拖动，然后单击“确定”按钮。

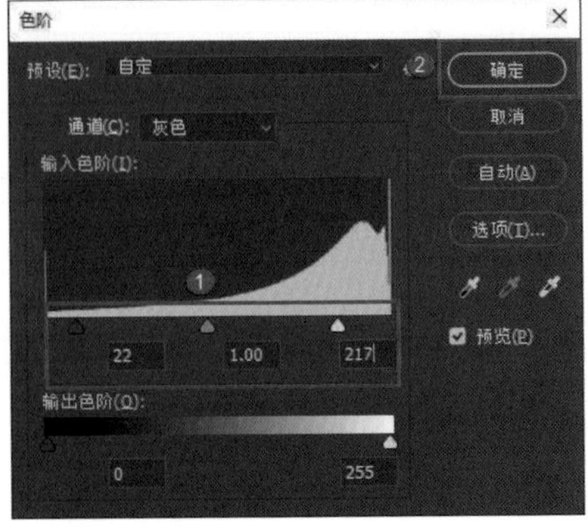

STEP4：双击“图层”面板中最上面的图层缩览图调出“图层样式”对话框，按住 Alt 键的同时适当调节“本图层”的滑块，然后单击“确定”按钮。

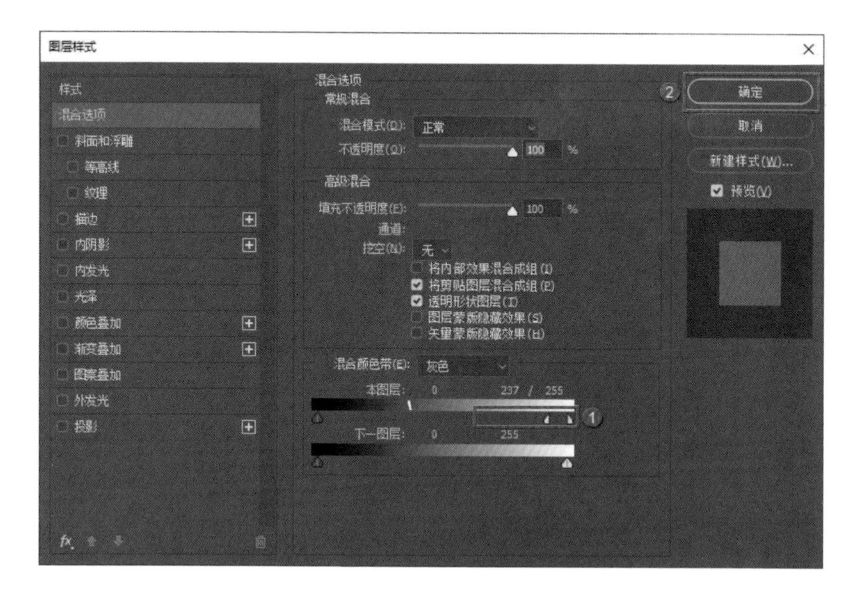

STEP5：按组合键 Ctrl+Shift+Alt+E 盖印图层，接着按组合键 Ctrl+J 再复制一个图层，然后将图层混合模式设为“叠加”来遮挡它的灰色。设置完毕之后按组合键 Ctrl+Shift+Alt+E 再盖印一个图层，然后按组合键 Ctrl+L，在弹出的对话框中，将直方图下方的滑块从两边向中间拖动，然后单击“确定”按钮。至此，铅笔画效果就出来了。

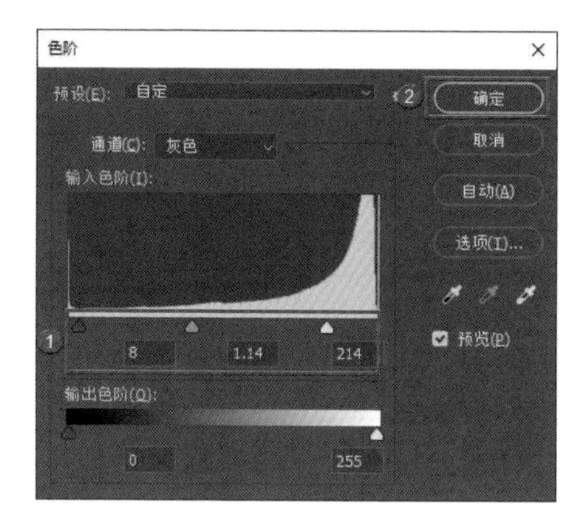

照片中有一些其他杂乱的元素可以用“污点修复画笔工具”将其去除，这样这张铅笔画效果的照片就制作完成了。

031 技 如何制作素描画效果的照片

将素材照片调到 PS。

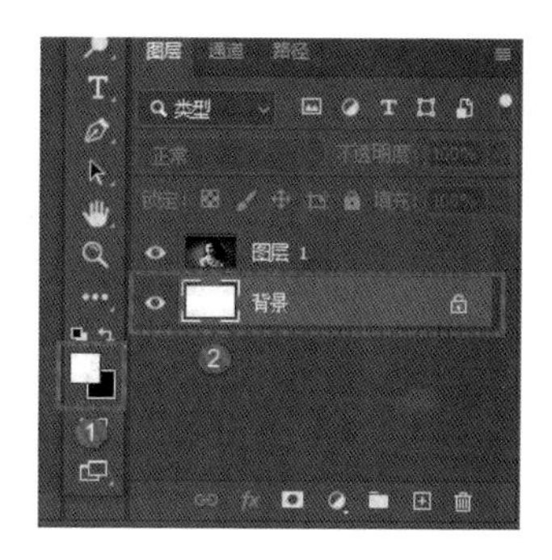

STEP1：导入照片以后按组合键 Ctrl+J 复制一个图层，然后将前景色设为白色。单击“背景”图层，按组合键 Alt+Delete 将“背景”图层快速填充为白色（前景色）。

STEP2：把光标移到最上面的图层，按住 Alt 键的同时单击“添加图层蒙版”按钮，创建一个反相蒙版。这时最上面图层的画面被蒙版遮盖住了（用黑色遮挡）。

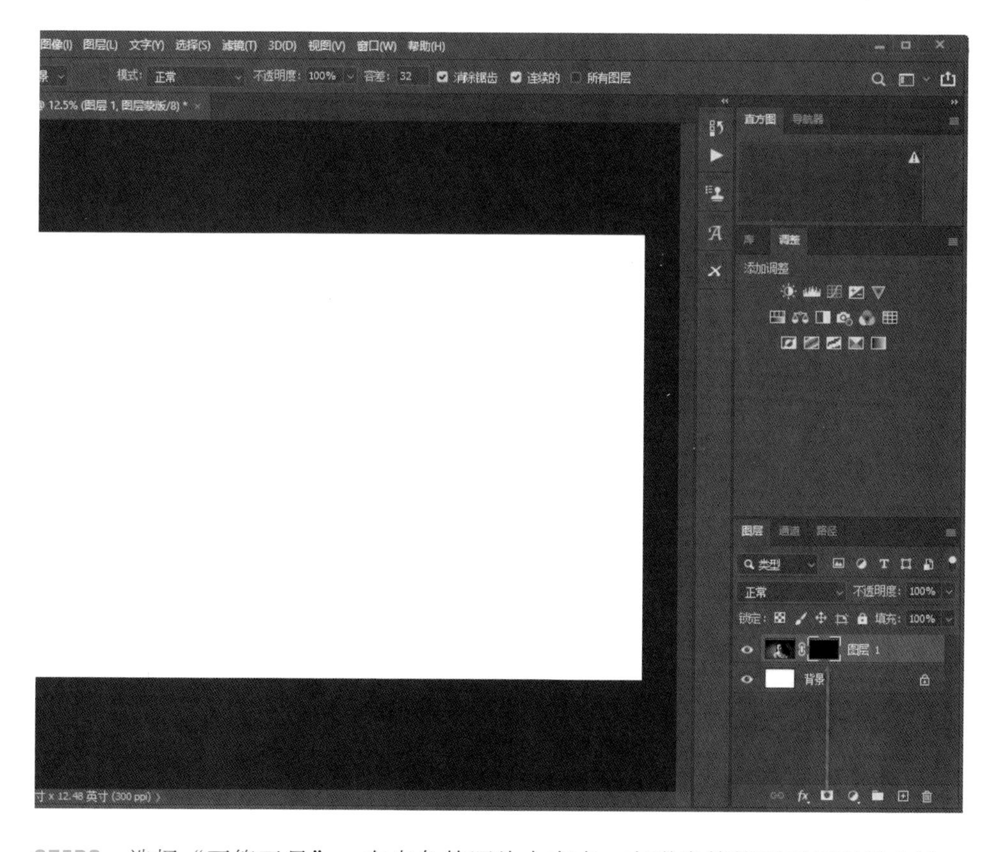

STEP3：选择“画笔工具”，在白色的照片上右击，在弹出的笔刷工具面板中找一个零散形状的笔刷，同时设置合适的笔刷大小，再把画笔的不透明度设为 25%，流量设为 50%，然后在图层上涂抹（记住需要将前景色设置成白色）。涂抹的时候可以像画画一样大面积涂抹，线条随意。有条件的话可以用手绘板进行涂抹，效果会好一些。涂抹的方向可以是不同的，这样能呈现出素描画的效果。

本节所用技巧的原理实际上是把人物用黑色蒙版百分之百地遮盖起来，然后通过使用白色的笔刷和特殊形状的画笔涂抹蒙版来去除遮盖的部分。蒙版的基本原理是通过黑白的浓度来控制遮盖的程度，全黑代表完全遮盖，全白代表完全显示，介于纯白和纯黑之间的灰色代表部分显示。我们可以通过控制笔刷的不透明度和流量来控制显示的程度。我们还需要尝试使用不同的笔刷形状，找一些形状比较零散的笔刷来对照片进行涂抹，这样出来的素描画效果会更好。

如何给人物换眼睛

将素材照片导入 PS，这张照片中人物的一只眼睛没睁开，我们后期可以复制一只睁开的眼睛然后将其放到没睁开的那只眼睛上，让两只眼睛都睁开。

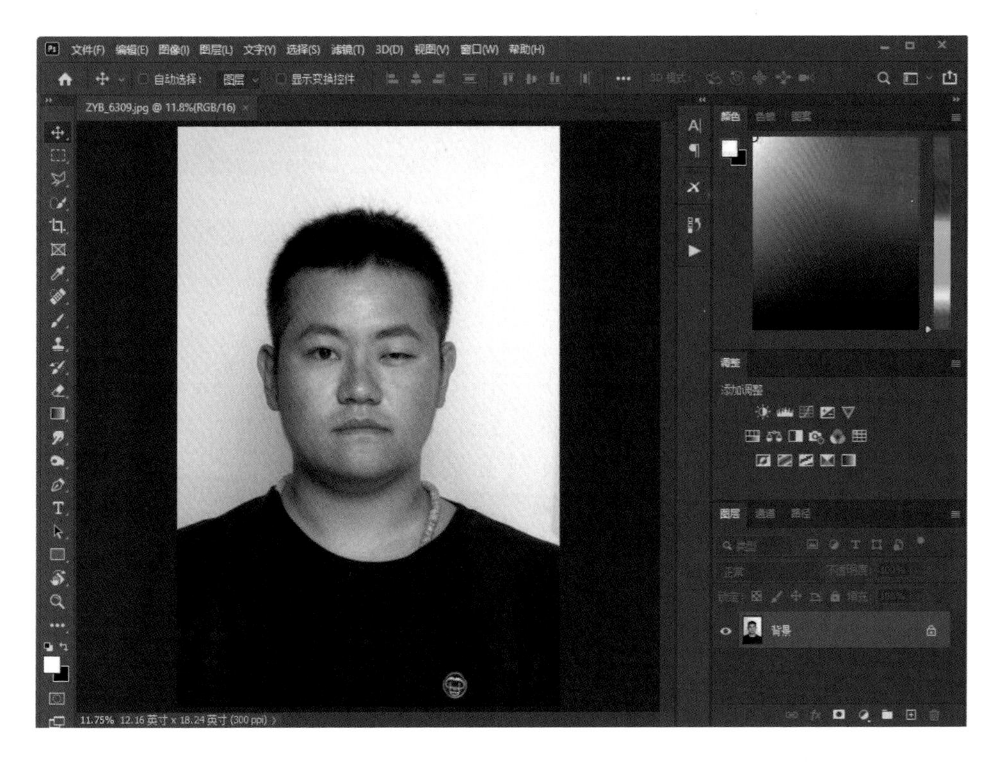

STEP1: 按组合键Ctrl+“+”把照片放大到合适的大小。单击工具栏中的“套索工具”，圈选左边睁开的眼睛。

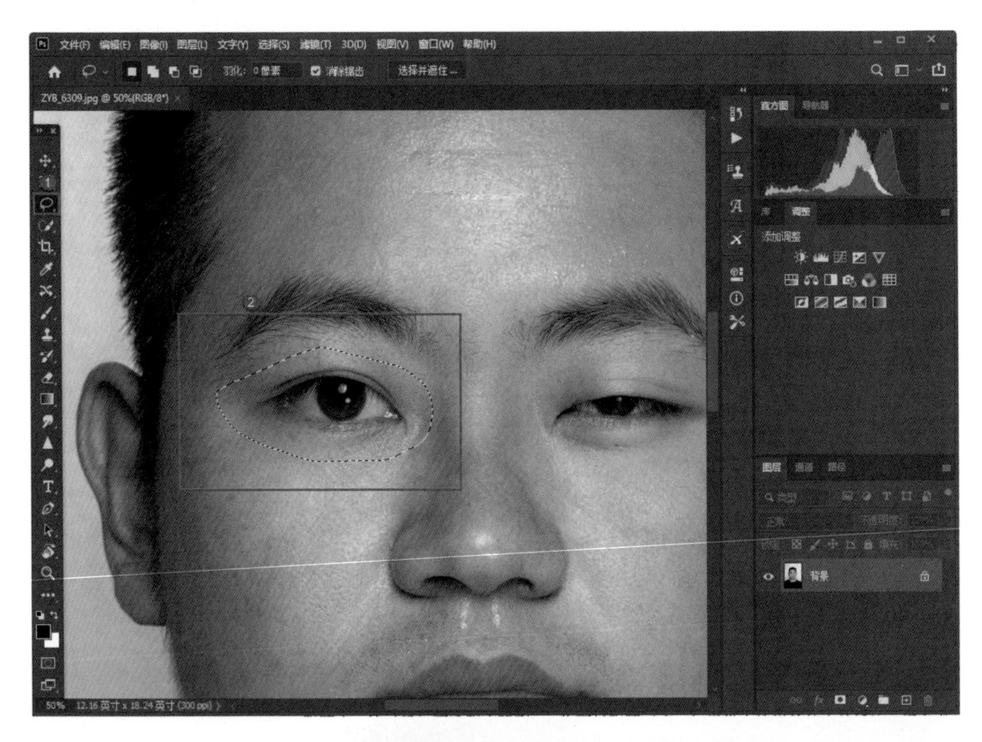

STEP2：按组合键Shift+F6调出“羽化选区”对话框，将羽化半径设为1，然后单击“确定”按钮。按组合键Ctrl+J将选中的眼睛复制到新的图层中。

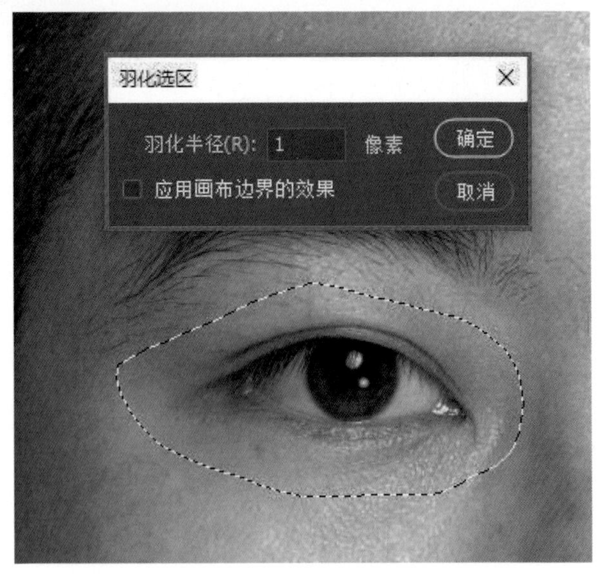

STEP3：按组合键Ctrl+T对这只眼睛做自由变换，在选框的中间位置右击，然后选择“水平翻转”。

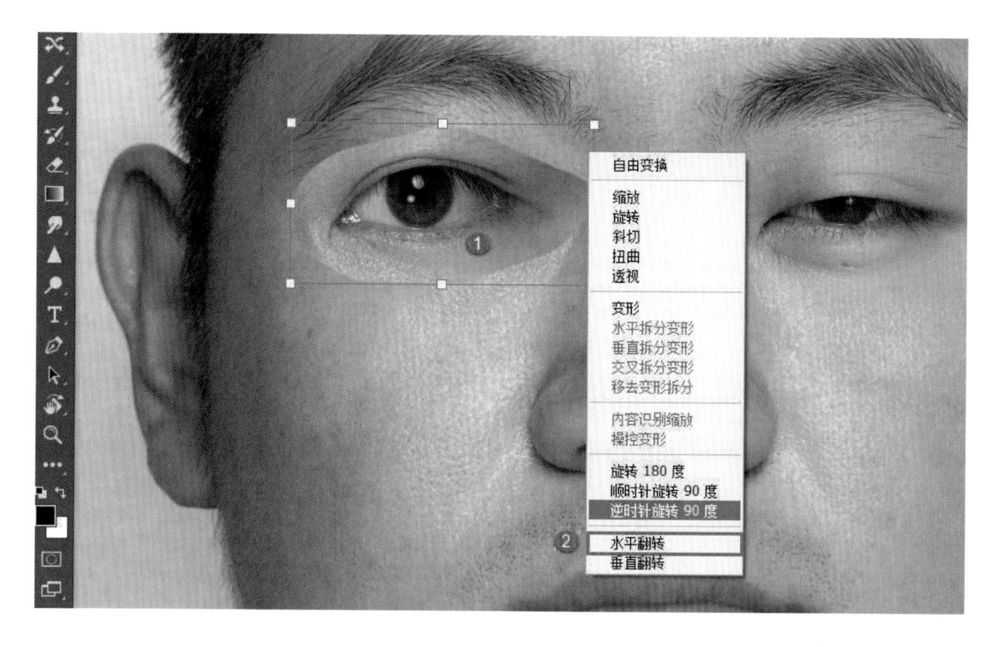

STEP4：把水平翻转后的眼睛移动到右边的眼睛上，这时将“图层 1”的不透明度设为 50%。先把眼角对齐，然后按组合键 Ctrl+R 调出标尺，接着按住鼠标左键从顶部标尺的边缘往下拉一根参考线到下眼睑的位置，再调整眼睛的位置使其左右对称，最后双击画面。

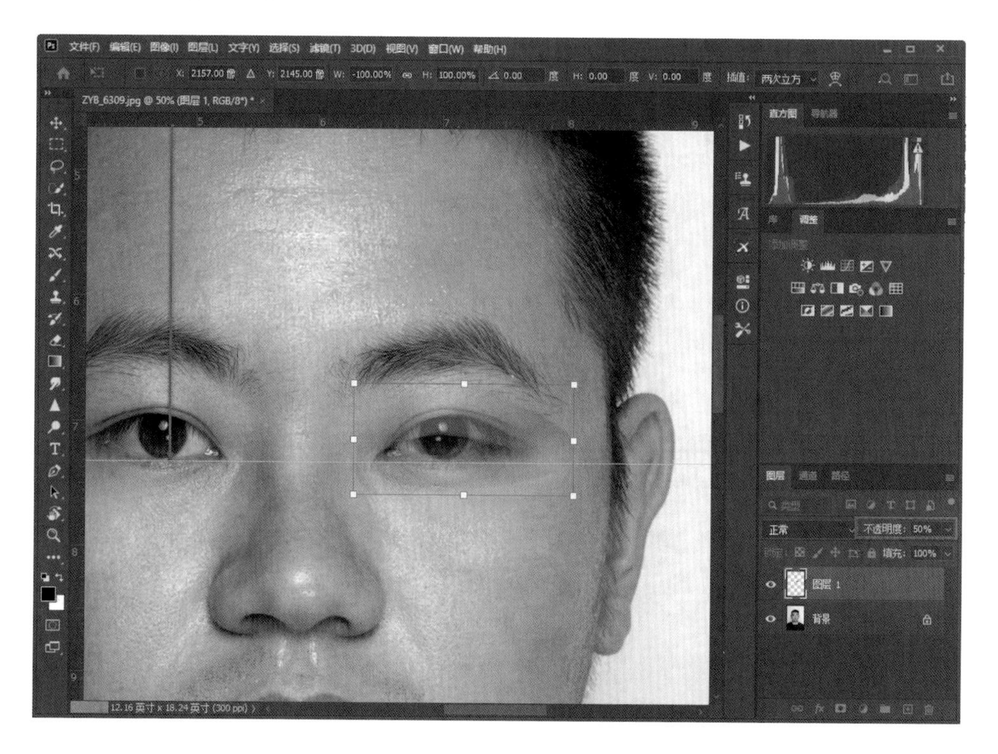

STEP5：参考线使用完之后单击“移动工具”，向上移动参考线到标尺处将其取消，然后将不透明度恢复到 100%。

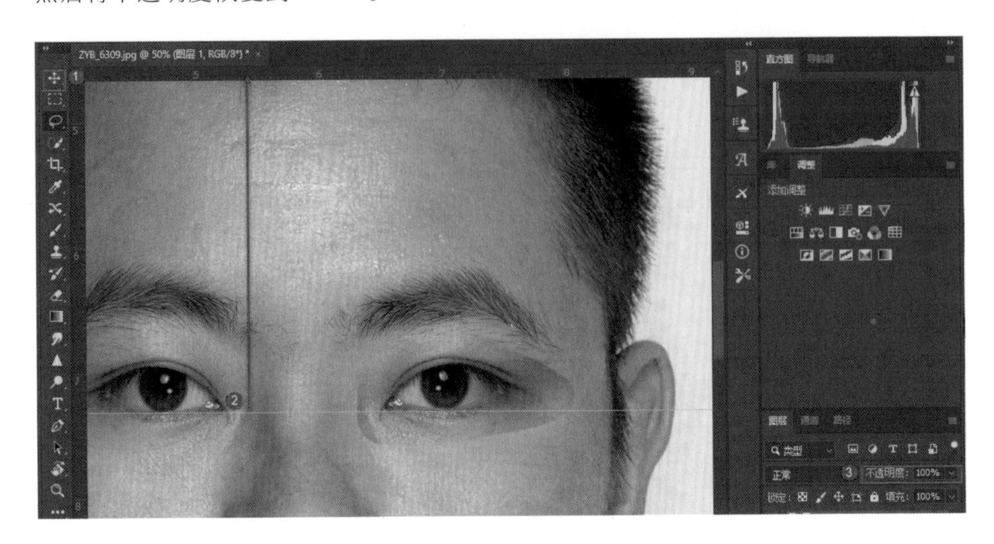

STEP6：这时右边眼睛的边缘有点痕迹，所以需要在“图层 1”上添加一个蒙版，将前景色设为黑色，选择“画笔工具”，在不透明度和流量都是 100% 的情况下，在画面上右击，然后选择“柔边圆”画笔笔刷，接着对眼睛的边缘进行涂抹，直到右边眼睛的边缘痕迹消失。

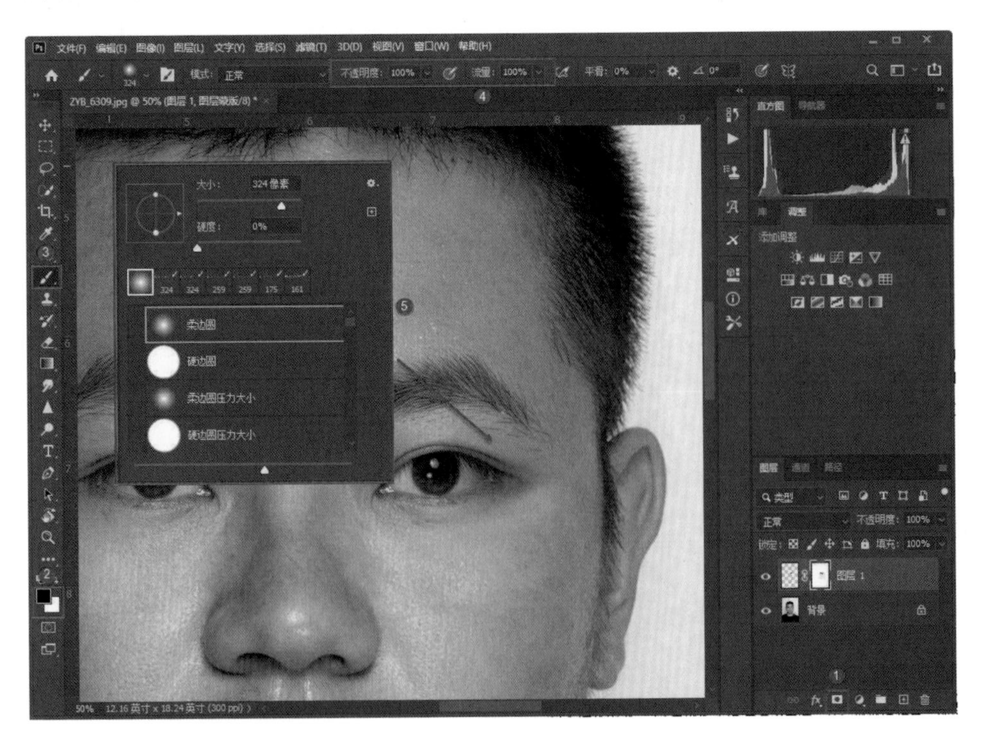

STEP7：如果觉得这两只眼睛大小一样，可以使用“矩形选框工具”在右边的眼睛上创建一个选区，然后按组合键 Ctrl+Shift+X 调出“液化”对话框，然后对它的大小进行改动，目的是让右边眼睛跟左边眼睛不一样，从而让人们不容易看出右边眼睛是后期修过的。最后单击“确定”按钮完成人物眼睛的替换。

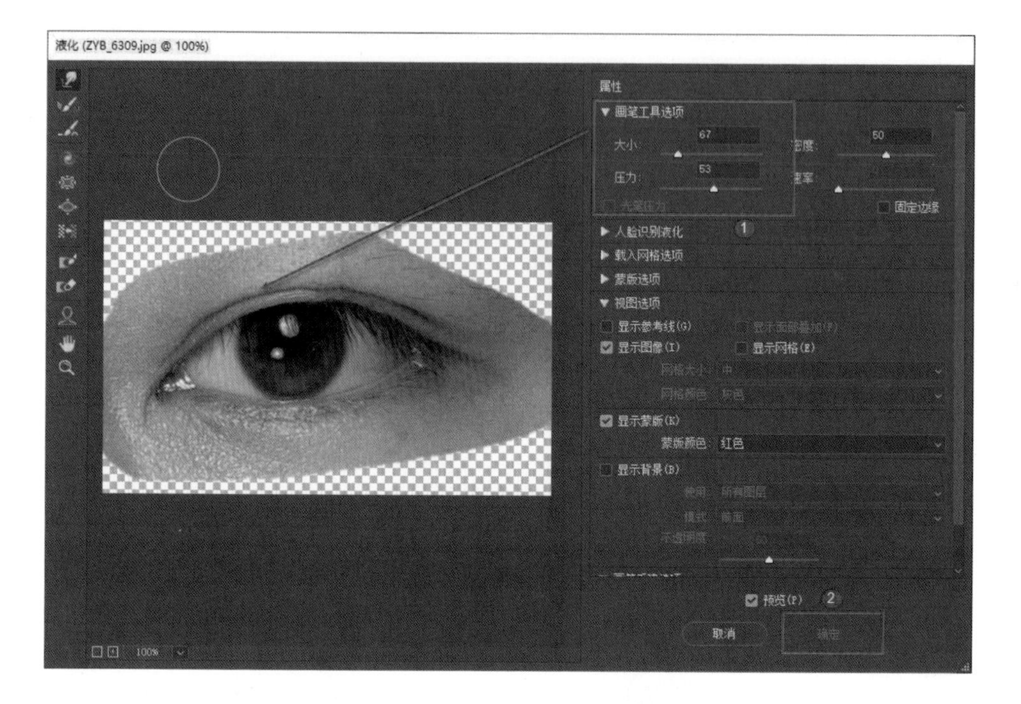

如何快速调整人的五官

先将素材照片调入 PS。

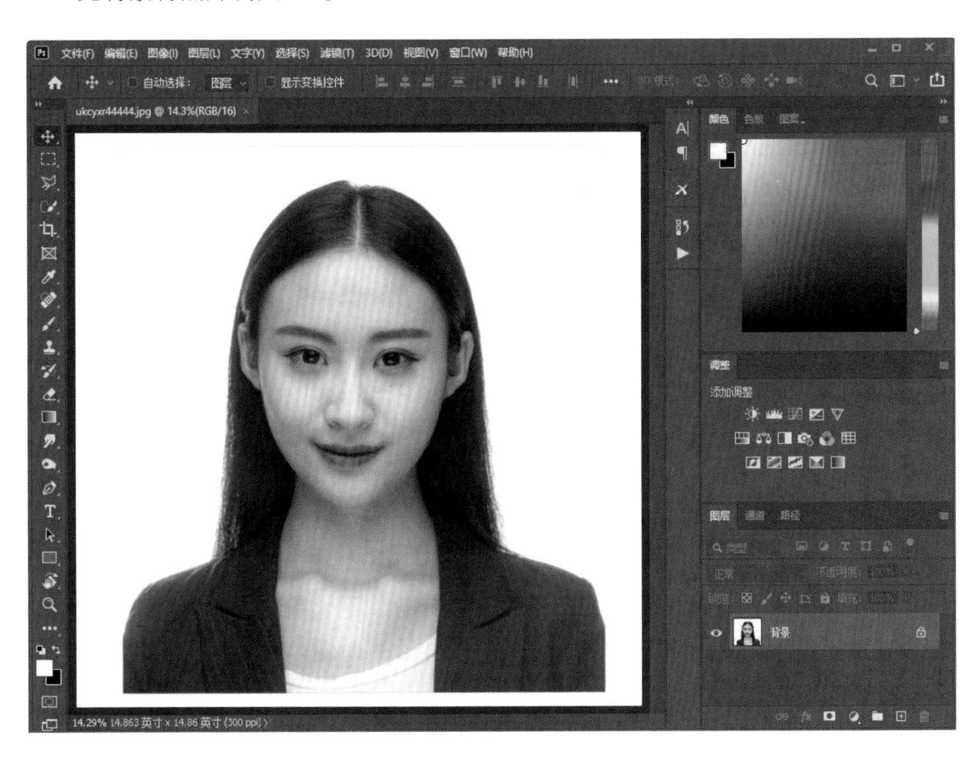

STEP1：对照片进行液化之前，要先单击工具栏中的“矩形选框工具”，框选人物

的头部。这样做的好处是不占内存，也就是所有的智能化修改都只针对这块选区，系统运算会稍微快一些。

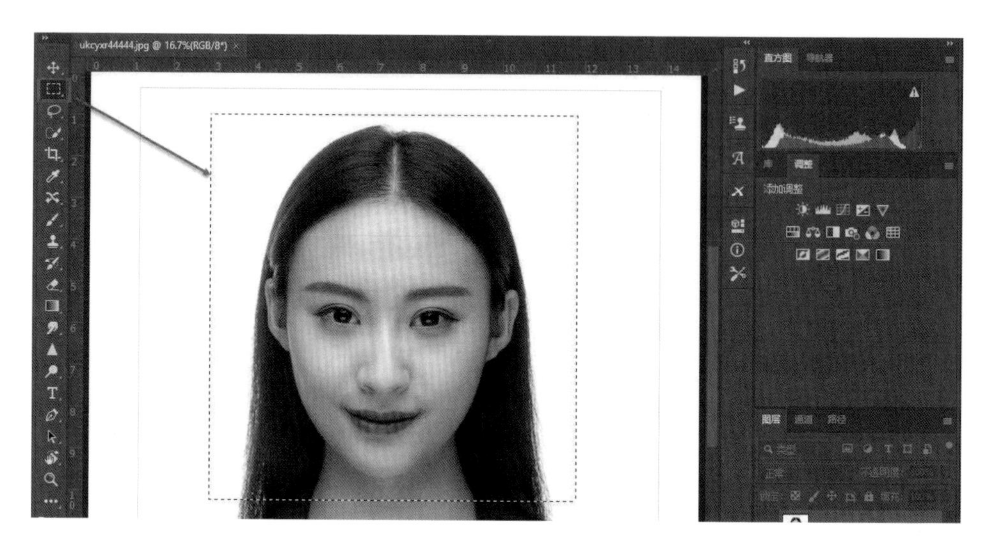

STEP2：按组合键 Ctrl+Shift+X 打开“液化”对话框，打开之后系统自动选择了“脸部工具”，我们可以直接调整人物的五官，比如调整眼睛、鼻子、嘴巴的大小，而且可以在不破坏整体的情况下进行调整，此外，其瘦脸功能也非常强大。对话框右边的选项也可以用来调整五官大小，选项分得非常细，如眼睛的高度或者左右眼的大小都可以调整，非常明确和智能化，大家可以自行尝试。

如何制作版画效果的照片

将素材照片调入 PS，这是一张在故宫拍摄的照片。

STEP1：先按组合键 Ctrl+J 复制一个图层，接着依次选择菜单栏中的“滤镜”→“其它”→“高反差保留”。

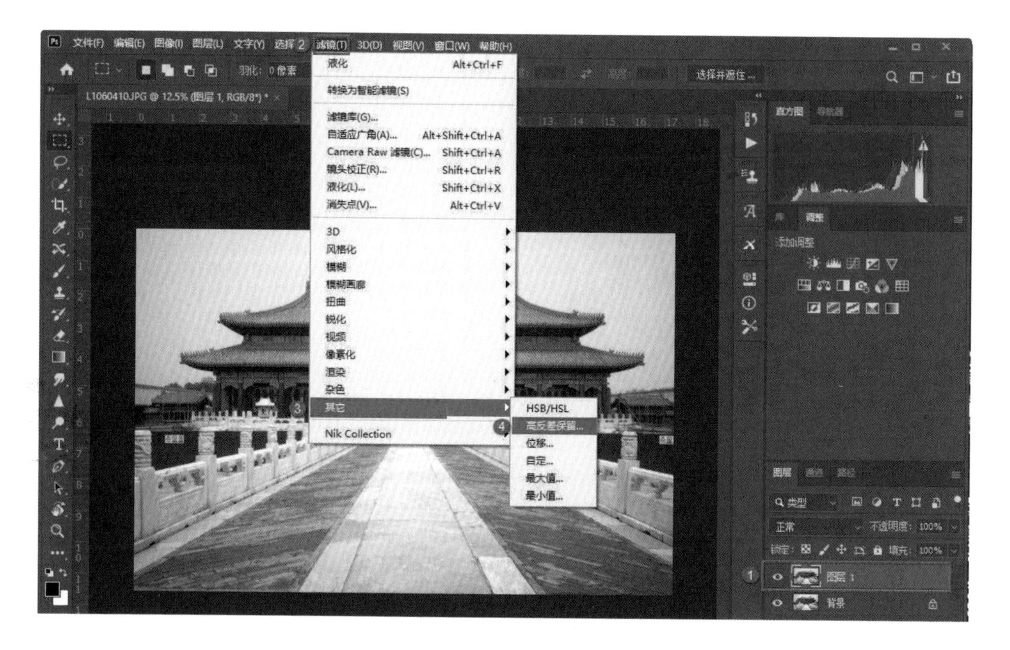

STEP2：在弹出的对话框中，将半径值设置为 14.8，然后单击“确定”按钮。

STEP3：在“图层”面板右下角选择“创建新的填充或调整图层”→“阈值”，调整阈值色阶为 134。至此，版画效果的照片就制作完成了。

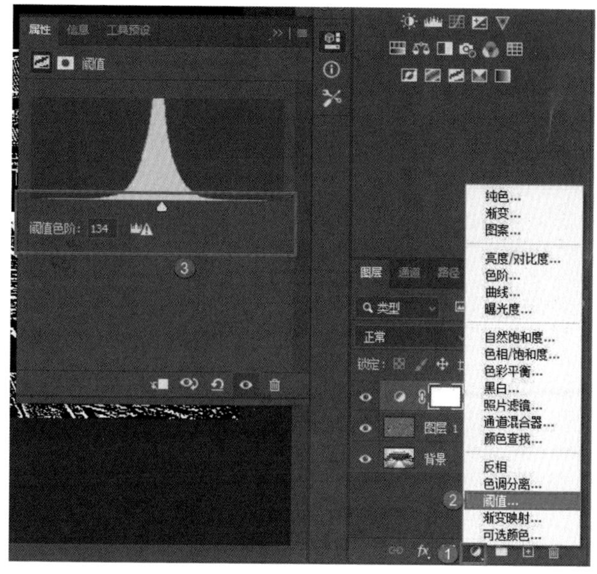

在“阈值”面板中调整时要尽可能让天空呈现暗色、画面呈现白色、旧建筑物呈现黑白效果，当然还可以把它变成其他效果，但是一定不要让天空留下痕迹，只需在天空的痕迹刚要出现的时候，改变阈值把它屏蔽掉即可。

如何把照片调成油画效果

将素材照片调入 ACR。

STEP1：对照片进行基础调整。放大照片查看是否有噪点，如果有噪点则需要进行降噪处理。

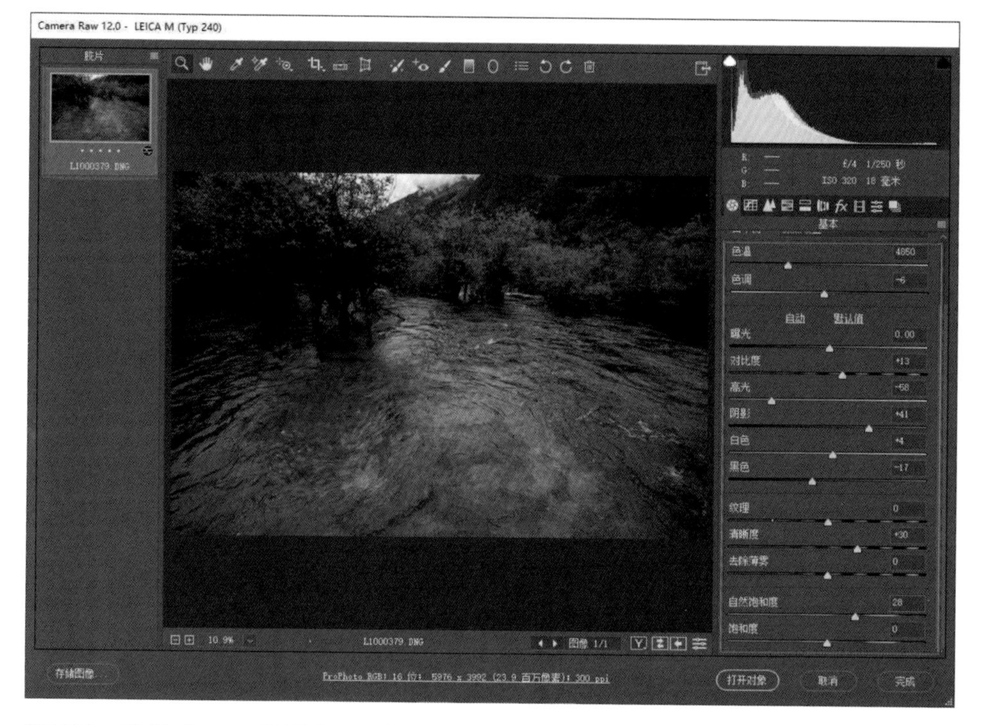

STEP2：选择“HSL 调整”→“饱和度”，增加橙色、黄色、绿色、浅绿色、蓝色和紫色的参数值。

STEP3：选择“明亮度”，增加橙色，黄色、绿色、浅绿色和蓝色的参数值，现在我们观察到水的颜色还没有达到想要的效果，于是回到“基本”选项卡把色温值降到 4250，使水呈现油绿色。

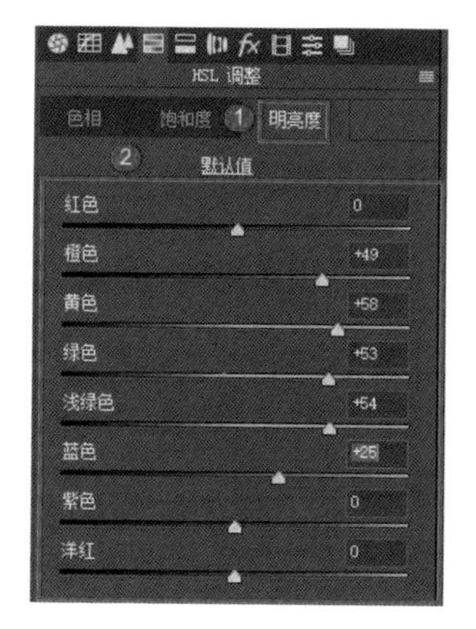

STEP4：选择“HSL 调整”→“色相”，把黄色和绿色的参数值大幅降低，树就变黄了。

STEP5：选择“明亮度”，把红色、橙色、黄色的参数值提高。

STEP6：现在有一个问题是水的黄色较深，回到“色相”，把“黄色”和“绿色”滑块稍微向右拖动一点，水的黄色就变浅了。

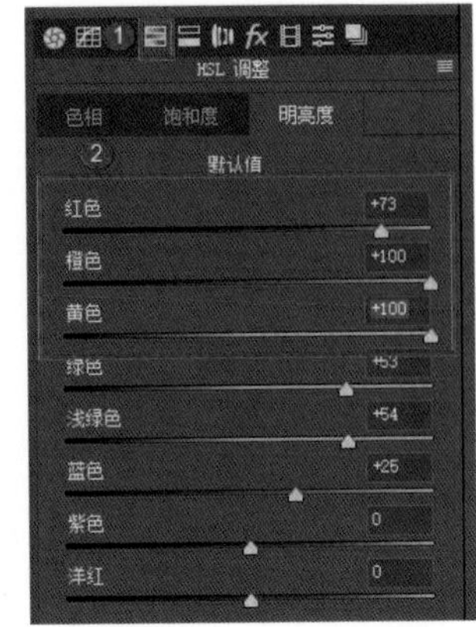

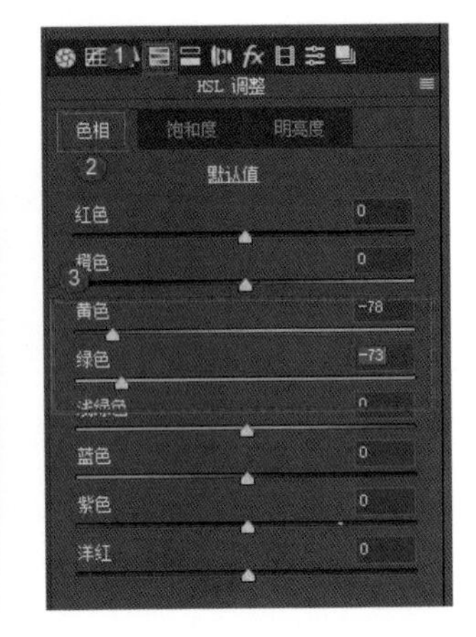

STEP7：单击工具栏中的“调整画笔”，然后单击直方图下方“调整画笔”旁的小方块，选择“重置局部校正设置”，勾选下方的“自动蒙版”和“蒙版”，对需要调整的黄色区域进行涂抹，接着取消勾选“自动蒙版”和“蒙版”，同时将色温值降低，如果没有涂抹干净则可以重复上述操作。水里有黄色会让画面显得很脏，应尽量调整去除。

STEP8：选中“新建”，增加色温值和曝光值，然后对画面上方的树进行涂抹，这样照片就有了秋天的感觉。接着单击“打开对象”按钮，将照片导入 PS。

STEP9：正好这时的图层是智能对象模式，接下来对它进行完善。依次选择菜单栏中的“滤镜”→“风格化”→“油画”，在弹出的对话框中适当地调整参数，然后单击“确定”按钮。这样油画效果就出来了。

把照片放大查看细节，这张照片有点像梵高的油画，非常漂亮。现在还是带着蒙版制作的，如果关闭蒙版左侧的“小眼睛”图标效果就消失了，所以带着蒙版操作还可以通过画笔及时地对其进行修正。

如何使用加深和减淡工具

将素材照片调入 ACR。

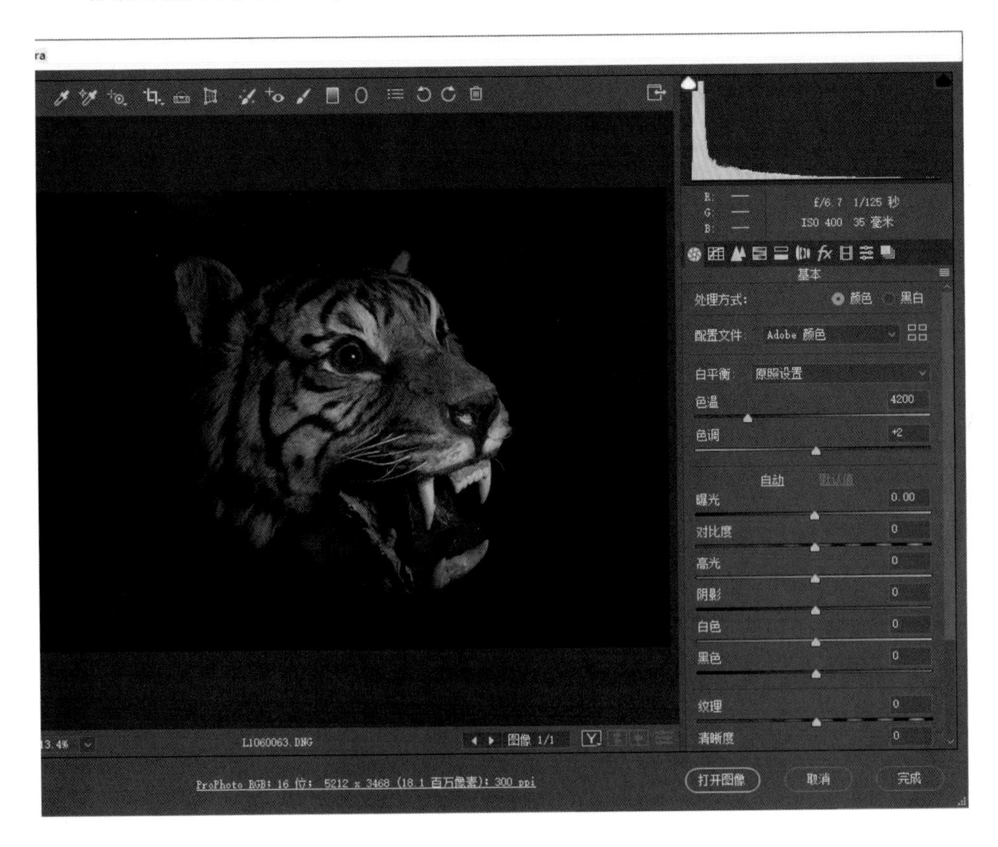

STEP1：对照片进行基础调整。

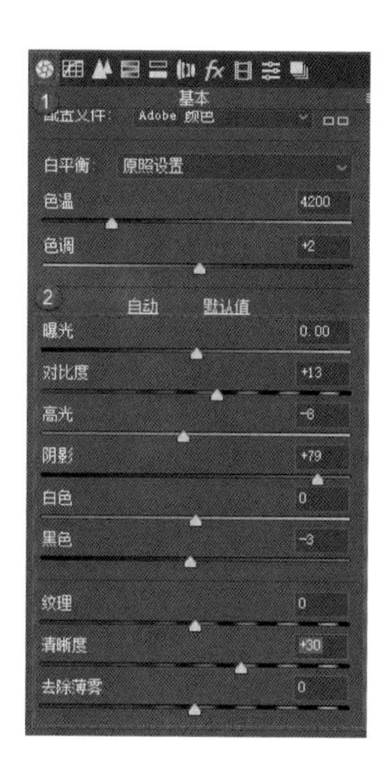

STEP2：调入 PS 之前先把照片转成黑白色调，即将处理方式设为“黑白”。我们发现直方图有点偏左，可以稍微增加一点曝光值，控制好度，不要让头部毛发的高光部分失去层次。单击“打开对象”按钮进入 PS。

STEP3：现在的图层处于智能对象模式，需要栅格化图层后才能进行加深或减淡的编辑操作。先在 PS 界面右下角的“图层”面板中右击图层的名称（注意，不是右

击图层缩览图，而是右击图层缩览图右边的名称），然后选择“栅格化图层”，这时就可以对图层进行加深或减淡操作了。因为加深或减淡工具会直接破坏像素，所以要先按组合键Ctrl+J复制一个图层作为备份。

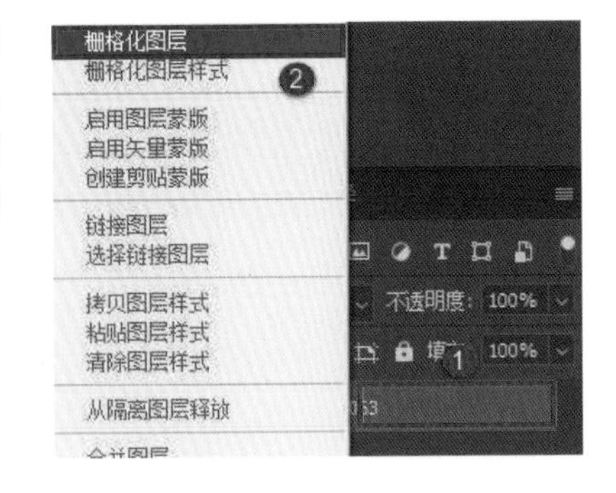

STEP4：单击工具栏中的“加深工具”，将前景色设置为黑色，把状态栏中的范围设为中间调，曝光度调到25%。接着在照片上右击，选择“柔边圆”画笔笔刷，同时设置合适的画笔大小，然后对老虎头部周围的区域进行涂抹，照片就会开始逐渐变暗。刚开始没有把握的时候曝光度尽量不要调整得太高，如果觉得加深得不明显可以逐步调高状态栏中的曝光度。

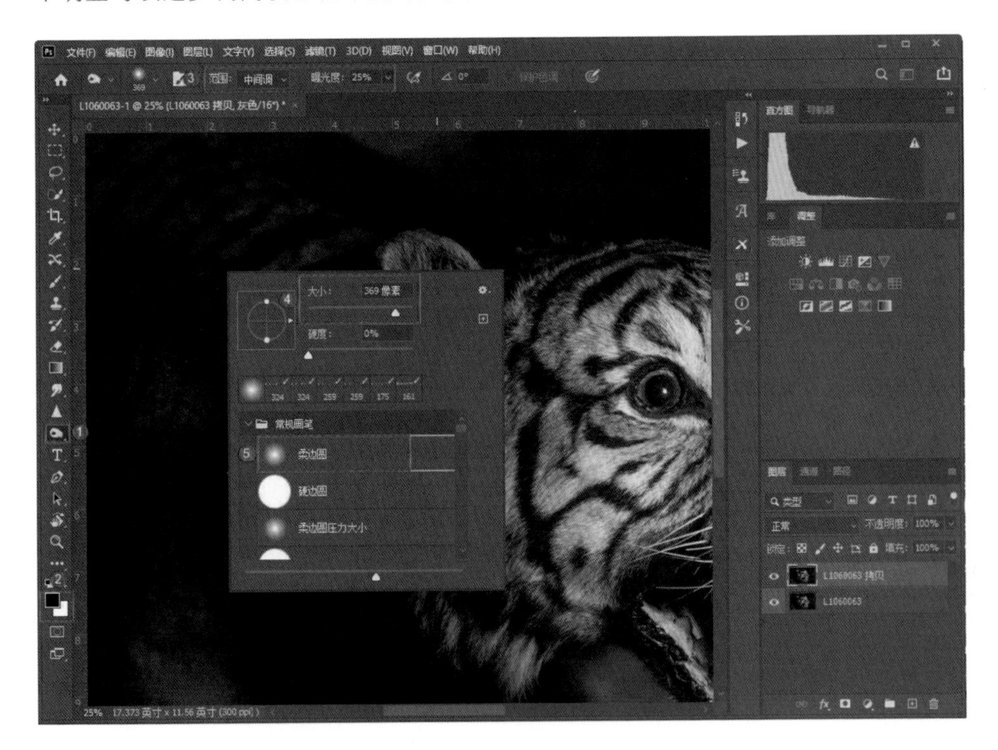

STEP5：对老虎的脸部进行加深。一定要掌握好度，先把曝光度调低一点，如果它眼睛周围很亮，那就需要加深，从而让眼部具有层次感，此外，不要让虎牙的高光部分显得特别突出。老虎头的结构实际上是立体的，老虎的头顶、牙齿、下巴、耳朵都是由几何体组成的，因此我们需要对背光面进行加深（压暗），然后选择工具栏中的“减淡工具”，对老虎面部的受光面进行减淡（提亮）。

还有一种方法可以在不破坏像素的情况下进行加深或减淡，那就是填充50%灰色。新建一个空白图层，然后依次选择菜单栏中的“编辑”→“填充”，在弹出的对话框中将内容设置为“50% 灰色”，单击“确定”按钮。

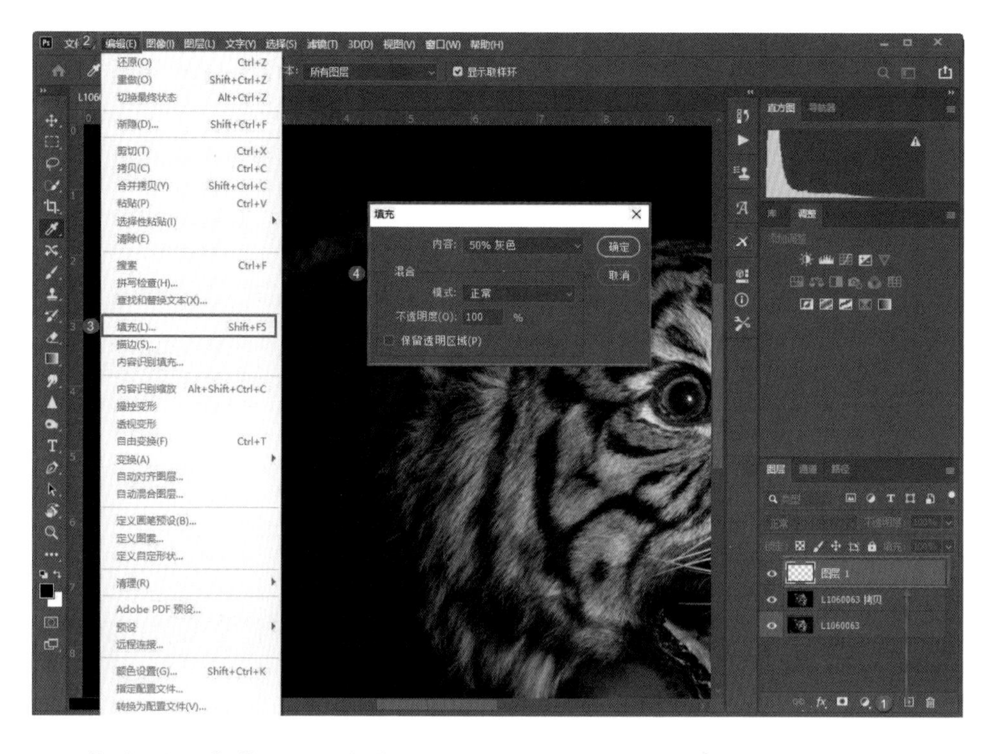

将“图层 1”的图层混合模式设为“叠加”，前景色设为黑色，把不透明度和流量调低一些对虎头的周围进行涂抹，参数值不能一下增加太多，应逐步调整。涂抹的方式和前文提到的是一样的，在面部的背光面涂抹黑色，在受光面涂抹白色（将前景色设置为白色）。

本节用虎头的照片讲解了加深和减淡工具的使用方法，如果没有掌握则建议使用第二种方法。因为第二种方法是带着蒙版的，没有在原始照片上进行破坏像素的编辑，而且在灰色蒙版上，可以随时修复失误。第一种方法是直接在原始照片上进行编辑，对照片具有破坏性。使用第一种方法时，一定要复制一个新图层，然后在新图层中进行编辑。

如何快速拼接全景照片

将两张素材照片一并调入 ACR。

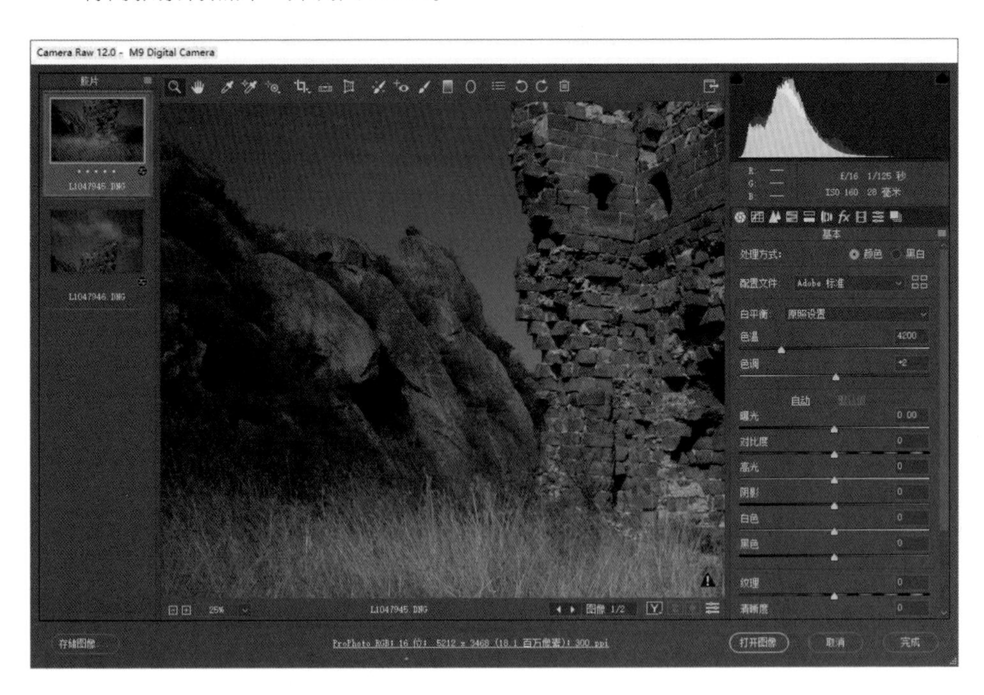

STEP1：在界面左上角单击第一张小框照片右上角的小方块，选择“全选”；再次单击这个小方块，选择“合并到全景图”。

STEP2：在“全景合并预览”对话框中的“投影”下有3个选项，第一个是“球面”，选择后会发现画面变得比较矮；第二个是“圆柱”，选择后会发现画面变得比较高；第三个是“透视”，选择后会发现画面看起来比较合理。接着选中“自动裁剪”选项，ACR会自动裁剪照片的边缘。然后调整“边界变形”滑块，调整到100以后发现云彩好像变多了，图中的建筑残片基本不变形，这就是想要的效果，再单击“合并”按钮即可。最后在弹出的对话框中将拼接好的照片存到计算机里。

如何换天空

我们在拍照片的时候经常会遇到没有云彩的天空，这样的天空虽然很蓝但是没有层次感，这时我们可以考虑将另外一张有云彩的天空照片植入进来。首先将素材照片导入 PS。

STEP1：单击进入“通道”面板，分别选中 3 个通道观察照片的不同效果，发现“蓝”通道的反差最大，“红”通道或“绿”通道的反差较小。我们选择通道作为蒙版的时候要选择反差比较大的通道，于是在“蓝”通道上右击，选择“复制通道”。

STEP2：单击复制出来的“蓝 拷贝”通道，然后按组合键 Ctrl+L，在弹出的“色阶”对话框中把直方图下方的滑块由两边向中间拖动，直到天空变为纯白、树叶变为纯黑。

STEP3：按住 Ctrl 键的同时鼠标单击“蓝 拷贝”通道的缩览图获得选区，此时画面中会出现“蚂蚁线”。接着单击“RGB”通道，再单击进入“图层”面板。

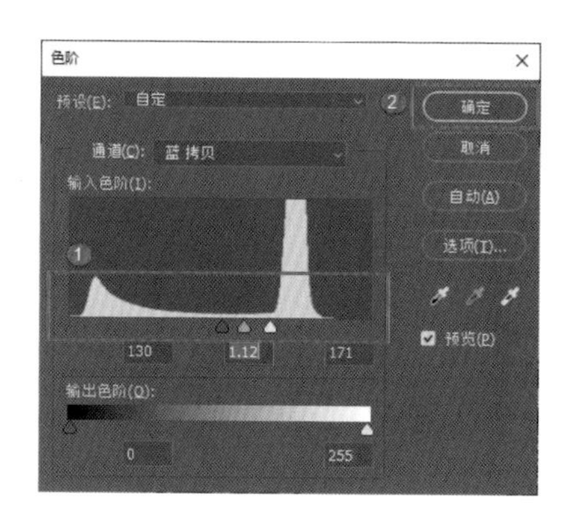

STEP4：将天空中有云彩的素材照片导入 PS，它是以智能对象模式打开的。右击这张照片缩览图右侧的名称（文字 “14”），选择“栅格化图层”。

STEP5：按组合键 Ctrl+A 全选，然后按组合键 Ctrl+C 复制，单击选中要换天空的那张照片，接着依次选择菜单栏中的“编辑”→“选择性粘贴”→“贴入”，这样有云彩的照片就会进入要换天空的这张照片中。贴入的这张照片比较小，需要按组合键 Ctrl+T 进行自由变换，按住 Shift 键的同时拖动边框使天空部分填满画面（注意不要让海面出现在画面中），最后双击画面即可。

这时有一个问题出现了，照片中鸟肚子的区域被去掉了。

STEP6：单击“图层 1”中的蒙版缩览图， 选择“画笔工具”，同时将前景色设为黑色，在画面上右击，选择“柔边圆”画笔笔刷和大小合适的画笔直径，在不透明度和流量都是 100% 的情况下涂抹鸟肚子即可。

STEP7：如果觉得云看起来不真实，还可以通过调整“图层 1”的不透明度来优化天空的细节。至此，这张照片就调整好了。

如何快速去除薄雾和雾霾

将素材照片调入 ACR（若直接进入 PS 则可以按组合键 Shift+Ctrl+A 进入 ACR 界面），这张照片中雾气弥漫，所以我们接下来对其进行去雾处理。

STEP1：对这张照片进行黑白场定位。将对比度调到 47，清晰度调到 30，去除薄雾的参数值调到 53，去除薄雾的原理是通过屏蔽灰色来使照片变得通透。调整色

温值给照片稍微添加一些蓝色，减少一点曝光值，同时将高光值降到最低以保持天空的层次感。在调色的时候除非照片中的薄雾或雾霾特别浓时才调整去除薄雾的参数值，一般情况下调整清晰度即可。

STEP2：单击“打开对象”按钮进入 PS，对照片进行简单调整，添加一个色阶调整图层，稍微调一下反差即可，尽量别让天空失去层次感。至此，这张照片就调整好了。

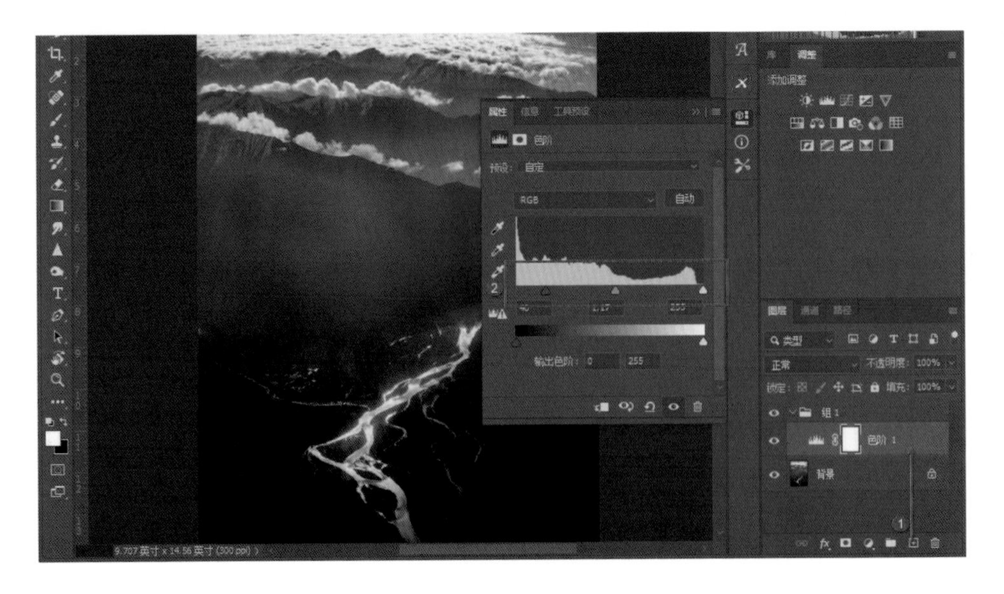

040 技

如何快速校正地平线

将素材照片调入 ACR，打开以后发现这座大楼稍微有点倾斜。

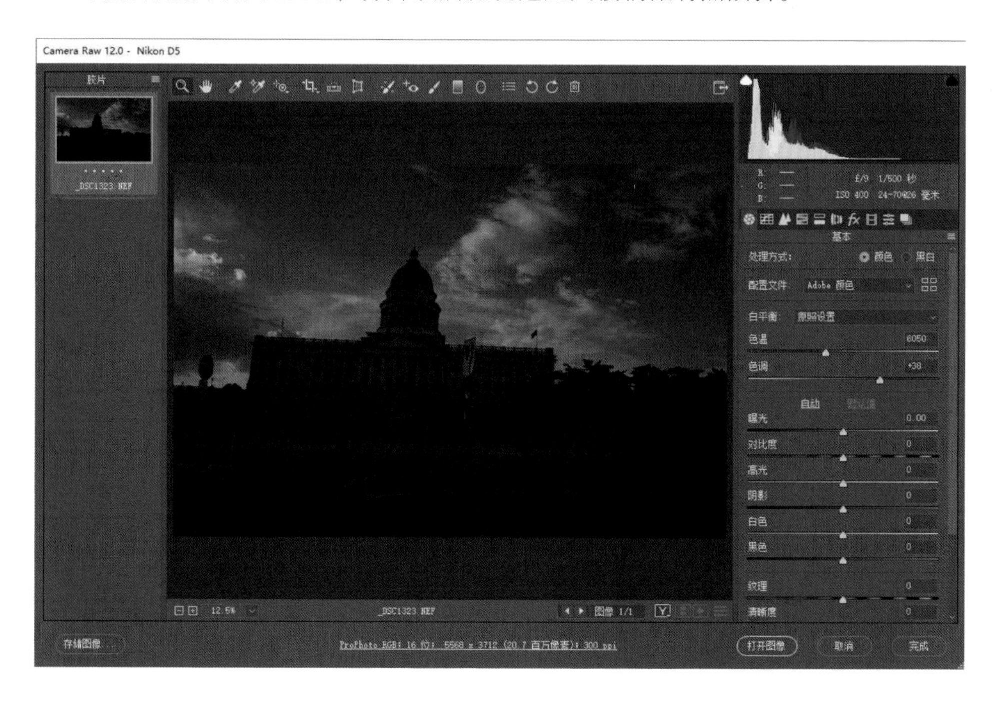

STEP1：先单击右边的“自动”选项，然后检查一下黑白场是否需要调整。接着单击工具栏中的“拉直工具”，沿着照片中大楼的屋檐画一条水平线，然后双击画面即可。

我们发现照片还是存在畸变，效果不够理想。

STEP2：我们可以选择工具栏中的“变换工具”，单击右边的“A”，即“自动：应用平衡透视校正”，第二个选项是“水平：仅应用水平校正”，第三个选项是“纵向：应用水平和纵向透视校正”，第四个选项是“完全：应用水平、横向和纵向透视校正”。大家可以分别尝试一下，寻找满意的效果，这里我们选择“自动：应用平衡透视校正”。

STEP3：如果还没有完全达到想要的效果，可以选中右下角的“网格”复选框，打开后可以调整上方的各个滑块来对照片进行进一步校正。

通过几步简单的操作我们就能够“拯救”这些畸变或者拍摄角度不太理想的照片。

如何巧用色相改变基调

色相在照片调色的过程中起到了关键的作用，本节我们来学习一下如何使用色相来改变照片的基调。首先将素材照片调入 ACR。

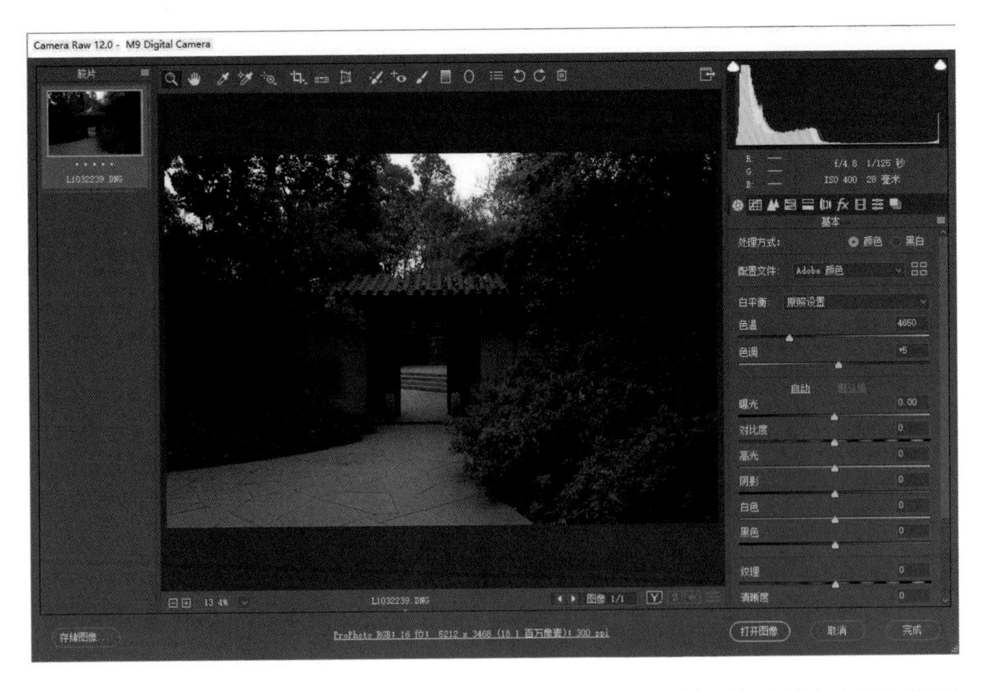

STEP1：对照片进行自动校正，即单击工具栏中的“变换工具”，接着单击右边的“A”来进行自动校正。

STEP2：回到“基本”选项卡，选择“自动”，对照片的各项参数进行自动调整。接着对照片进行黑白场定位，因为这是风光照片，所以需要稍微增加一点对比度、清晰度。这时会发现直方图向左边跌落，所以需要适当增加曝光值。

STEP3：单击“HSL 调整”选项卡，选择“饱和度”，把除“洋红”外的其他所有颜色的滑块都向右拖动；切换到“明亮度”把除“红色”“紫色”“洋红”外的其他所有颜色的滑块都向右拖动。

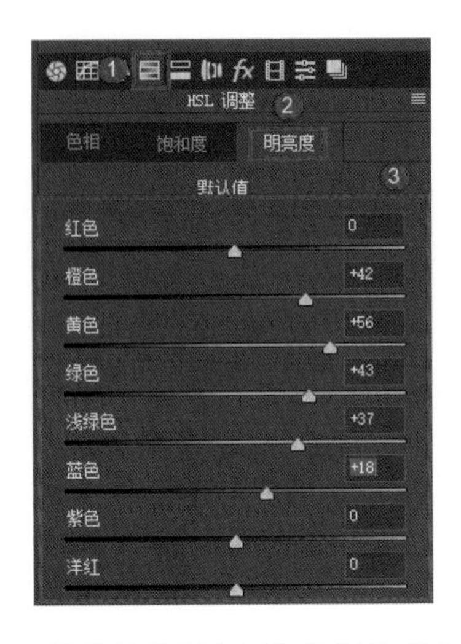

STEP 4：切换到“色相”，将除“红色”“洋红”外的其他所有颜色的滑块都向右拖动。

STEP5：单击“基本”选项卡，调整“色温”“色调”滑块到合适的位置，尤其是色温要拿捏有度。

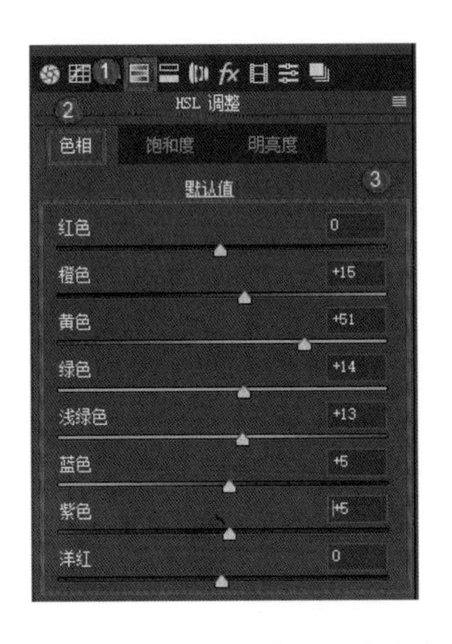

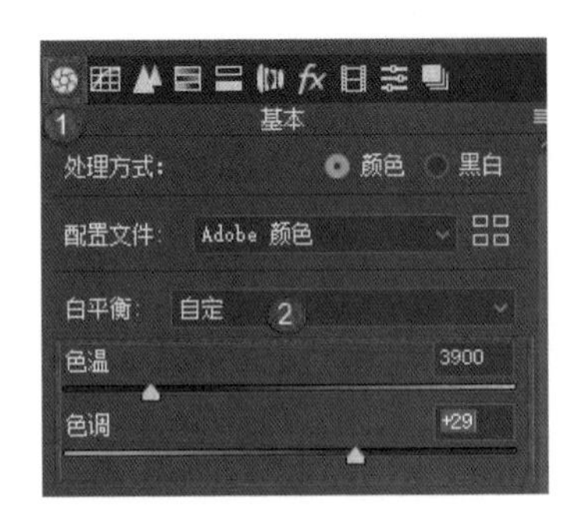

STEP6：现在照片中的地面反光太亮，选择“调整画笔工具”，首先选择“重置局部校正设置”，然后选中下方的“自动蒙版”和“蒙版”，在地面上创建一个选区，选好后取消选中“自动蒙版”和“蒙版”。

STEP7：降低曝光值，将“色温”滑块稍微往右拖动，“色调”滑块向左拖动。然后对没有涂抹到位的地方再次进行涂抹。不对天空部分进行调整，一般情况下墙在阴影下都是偏青的，符合现实情况。修饰好的照片中的植被显得郁郁葱葱的，里面掺杂着一点黄叶，从而使植被具有层次感。

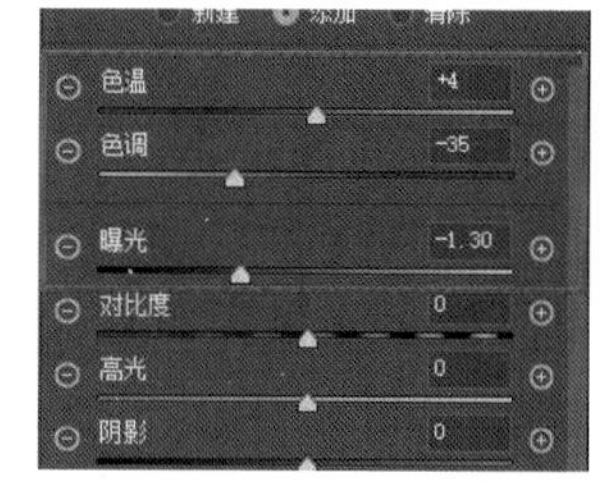

我们发现调整色相能使照片的色彩非常丰富，巧用色相改变基调，整个画面的层次将变得更加丰富。调整后的照片中有粉色、红色、紫色、翠绿色，还穿插着一些黄色。地面的反光也被压暗了，使整张照片中的场景变得幽静。

STEP8：我们将照片导入PS，创建一个“曲线调整1”图层，再做一条S型曲线增加一点对比度即可。

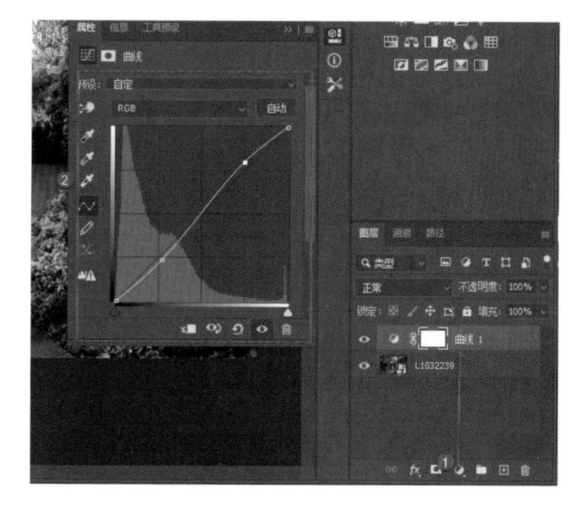

如何快速磨皮

将素材照片调入 ACR（如果直接进入 PS 则可以按组合键 Shift+ Ctrl+A 进入 ACR）。

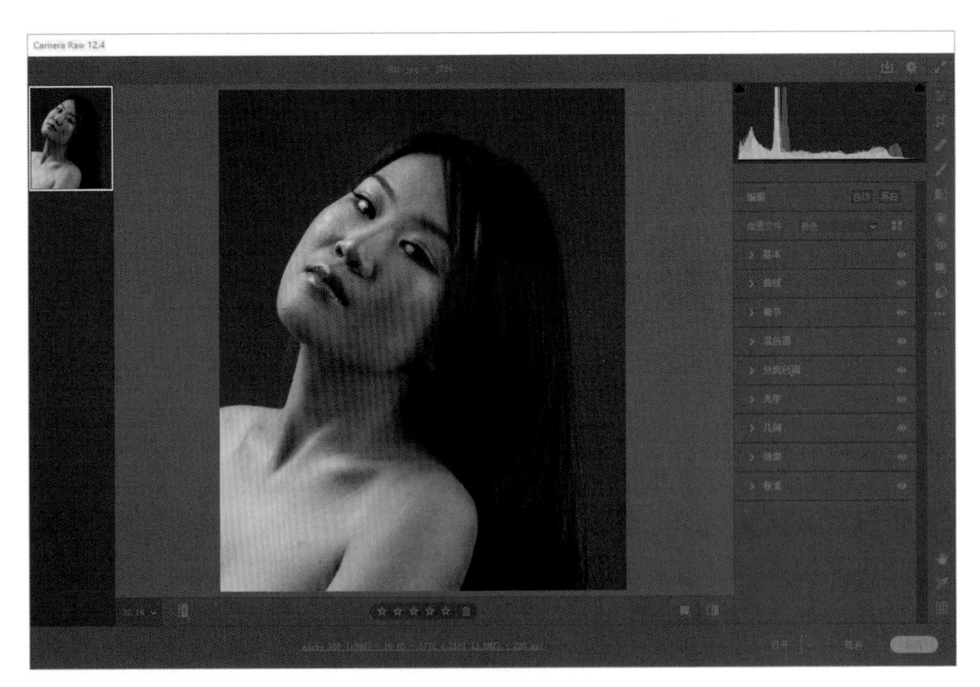

STEP1：照片打开后，简单定好黑白场，同时增加阴影值。

STEP2：单击工具栏中的“污点去除工具”，对人物的皮肤进行简单的修饰。因为人物的脸上有斑，而且毛孔比较粗，所以需要先简单地修饰脸上的一些瑕疵。

STEP3：磨皮一般需要使用高低频、双曲线、高级灰等功能，以及一些插件，本节改变一下思路，使用 ACR 可以非常迅速地获得磨皮效果。修饰完面部瑕疵后按快捷键 V 隐藏类似小棒棒糖的图标。接下来单击“基本”选项卡，将清晰度降到 50，这是最低值。

STEP4：单击“细节”选项卡，将明亮度降到 50，然后进行锐化。按住 Alt 键的同时移动“蒙版”滑块，确保只对眼睛和轮廓进行锐化（即蒙版显示的白色部分）。

STEP5：单击“混合器”选项卡，选择“明亮度”，将橙色的参数值提高到 23。

STEP6：这时再回到“基本”选项卡稍微增加一点曝光值。照片中人物的脸变白净了。

STEP7：单击“色调曲线”选项卡，稍微移动曲线，增大照片的反差。

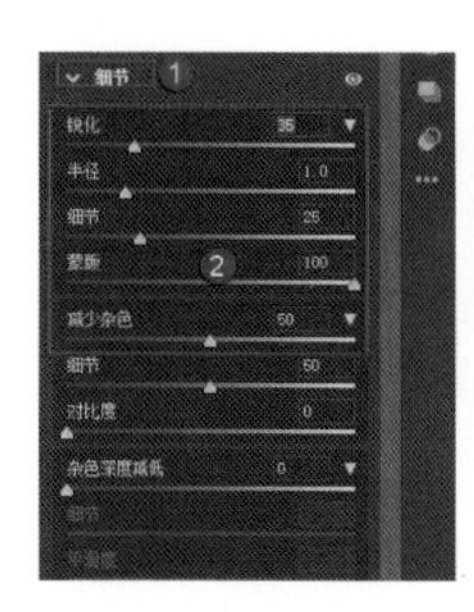

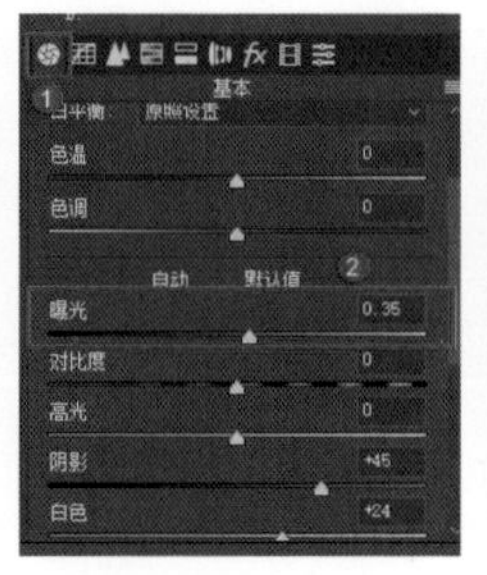
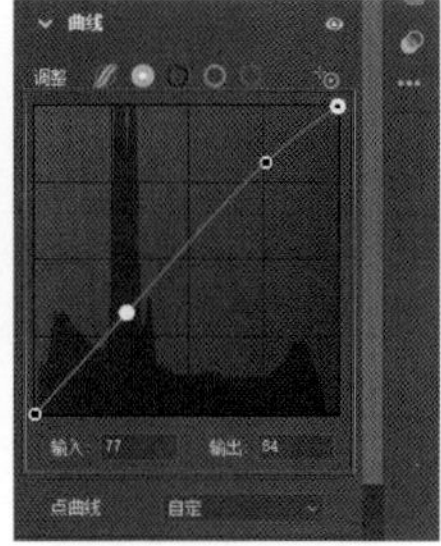

STEP8：在“基本”选项卡中适当降低纹理与情绪度的参数值，再增加自然饱和度，使人物的脸部更加红润，从而让照片的效果更好。我们可以选择“在‘原图 / 效果图’视图之间切换”选项，对修饰前后的照片进行对比。

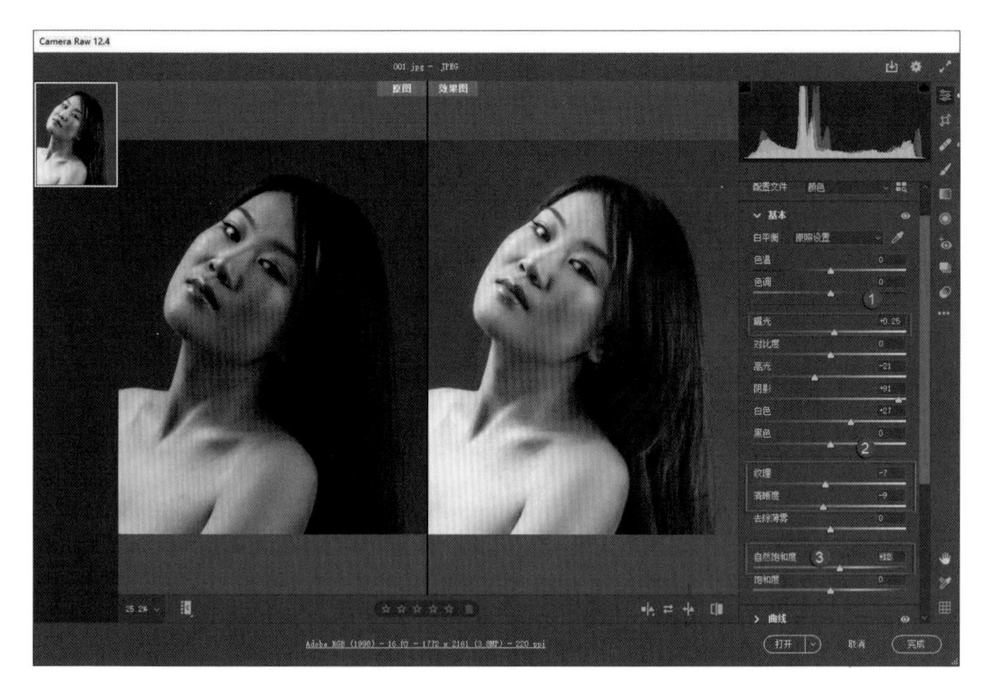

如何快速制作寸照

将一张寸照调入PS，这是用数码相机拍完且没有裁剪的照片，我们要为其设定标准寸照的尺寸。

STEP1：按组合键 Ctrl+N，在弹出的对话框中，将宽度设置为 2.54，高度设置为 3.6，单位一定要设置为厘米，分辨率设置为 300，分辨率的单位设置为像素 / 英寸；然后单击“创建”按钮，标准寸照的尺寸就设定完毕。

STEP2：单击工具栏中的“移动工具”，打开素材照片并将其移进标准寸照的尺寸范围里。按组合键 Ctrl+T 启动自由变换（若照片太大，可按组合键 Ctrl+“–”缩小画面），接着在按住 Shift 键的同时选择矩形框的四角进行缩放，否则照片会变形，然后移动照片使其居中对齐即可。最后按组合键 Ctrl+E 合并图层。

STEP3：做一个 5 寸的底板，然后把这张寸照镶嵌入进去再输出，这样就可以直接得到八张一寸照片了。首先设定一个 5 寸的模板，按组合键 Ctrl+N 新建文档，将单位设置为厘米，宽度设置为 12.9，高度设置为 8.7，分辨率设置为 300，然后单击“创建”按钮。

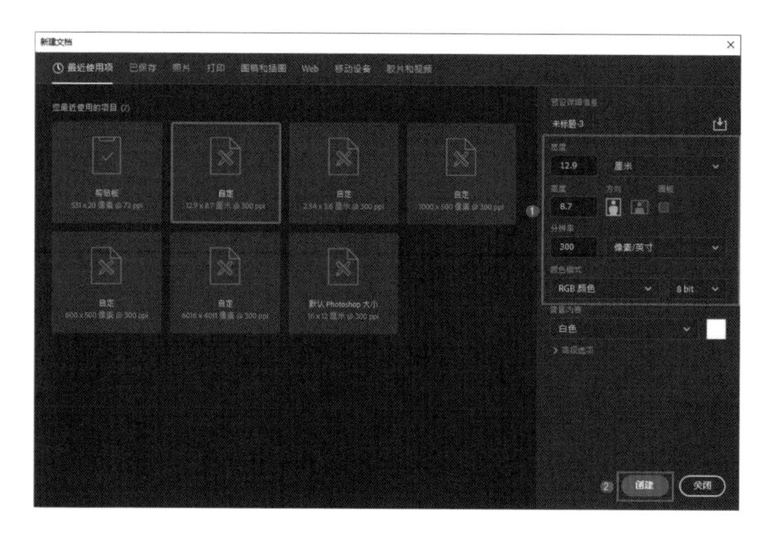

STEP4：从顶部的标尺处拉一根参考线到底板上部作为基准（若顶部没有标尺则按组合键 Ctrl+R 调出标尺），然后把寸照直接移动到 5 寸底板的左上方贴着参考线摆正。

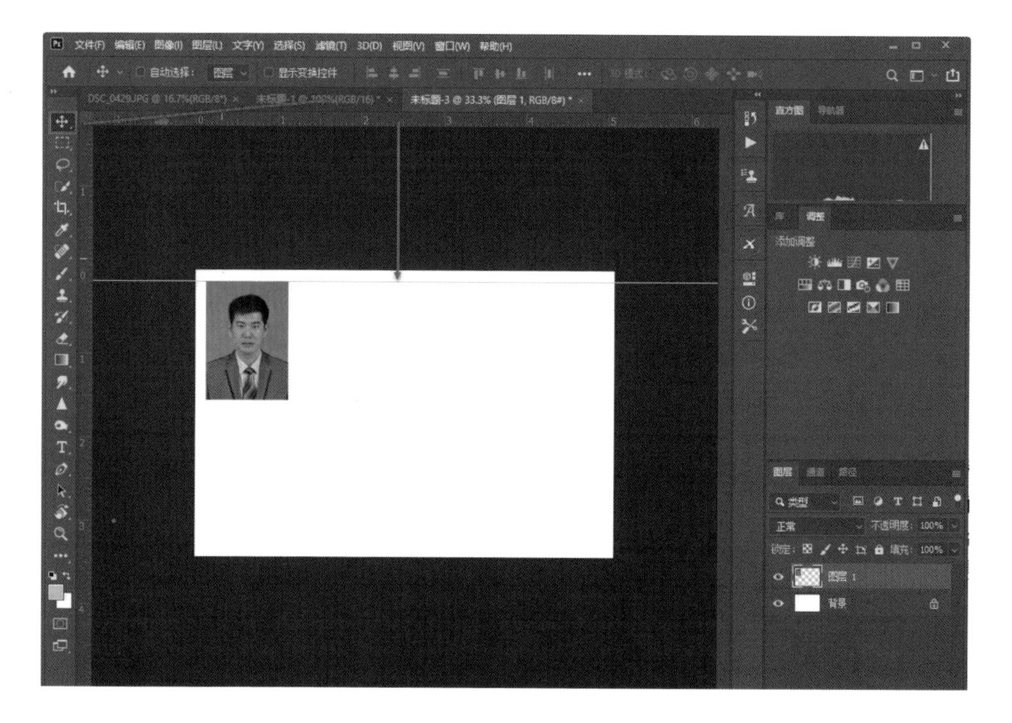

STEP5：同时按住 Alt 键和 Shift 键（Alt 键是快速复制的快捷键，Shift 键是平衡的快捷键），然后向右拖动底部左上方的那张照片，一张接着一张拖动，第一排放 4 张照片。如果没有对齐，则在每一张照片上右击选择对应的图层（或者在右下角“图层”面板中单击选择对应的图层），再使用“移动工具”，尽量使四张照片对称排列。将光标放在“图层”面板里最顶部的图层上，按 3 次组合键 Ctrl+E 将 4 张照片放入一个图层中。

STEP6：还是同时按住 Alt 键和 Shift 键，只需将照片往下拖动，八张一寸照片就做好了，最后再按组合键 Ctrl+Shift+E 合并所有可见图层。

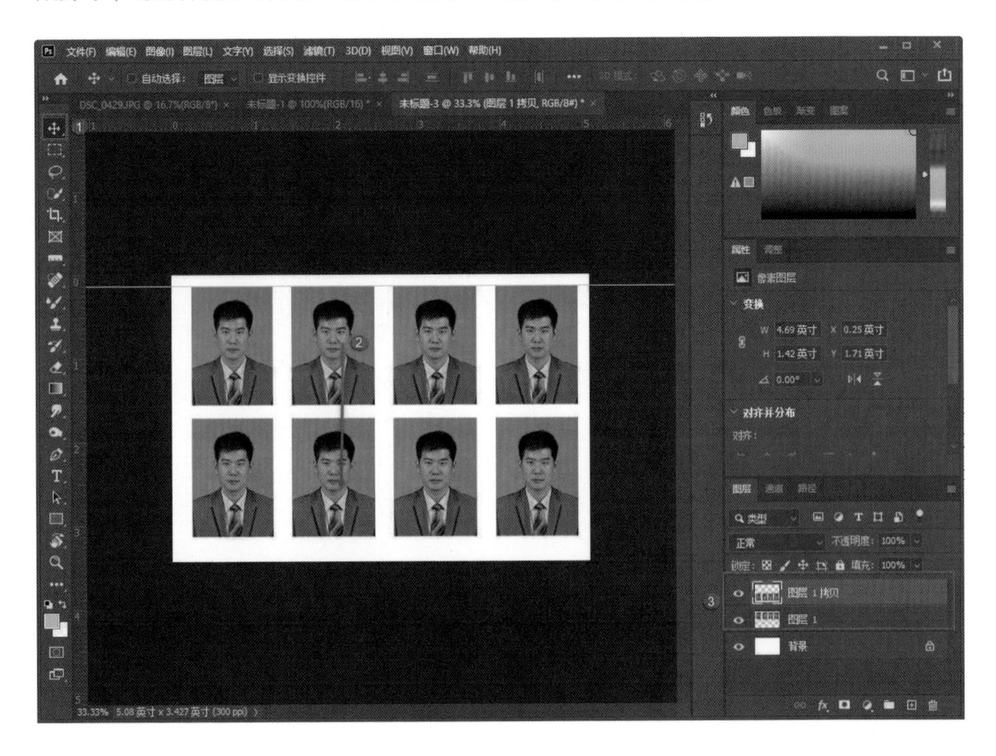

如何快速拼接创意照片

将两张素材照片调入 PS，迅速地把它们拼接成一个正方形来用作背景。

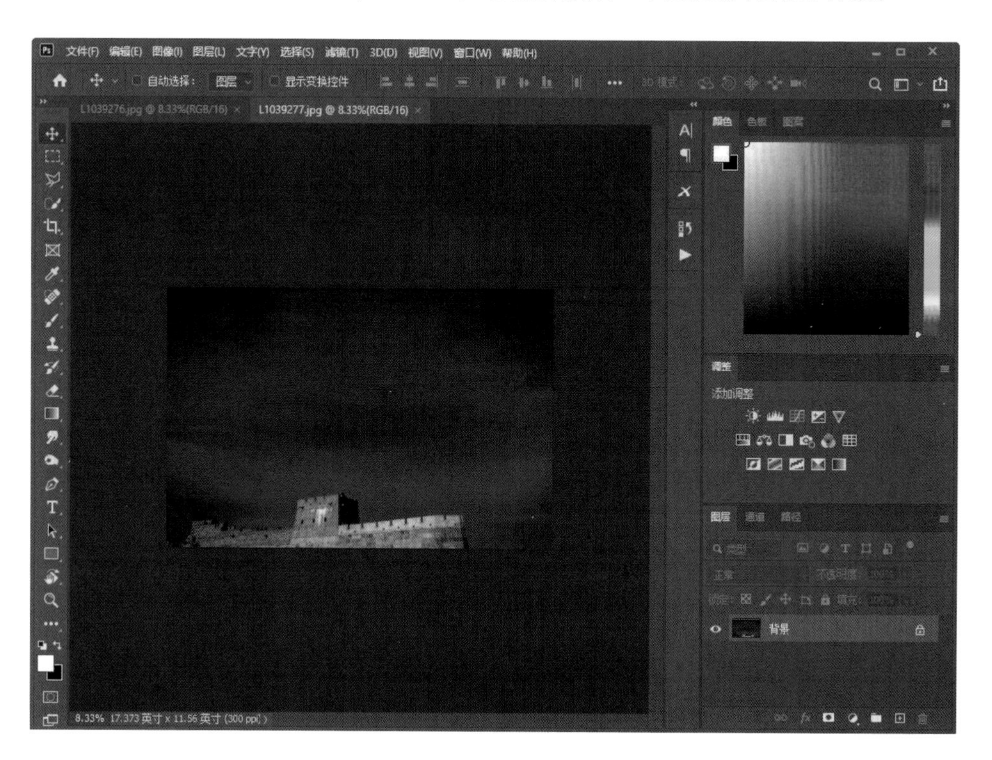

STEP1：依次选择菜单栏中的“文件”→“自动”→“Photomerge”。

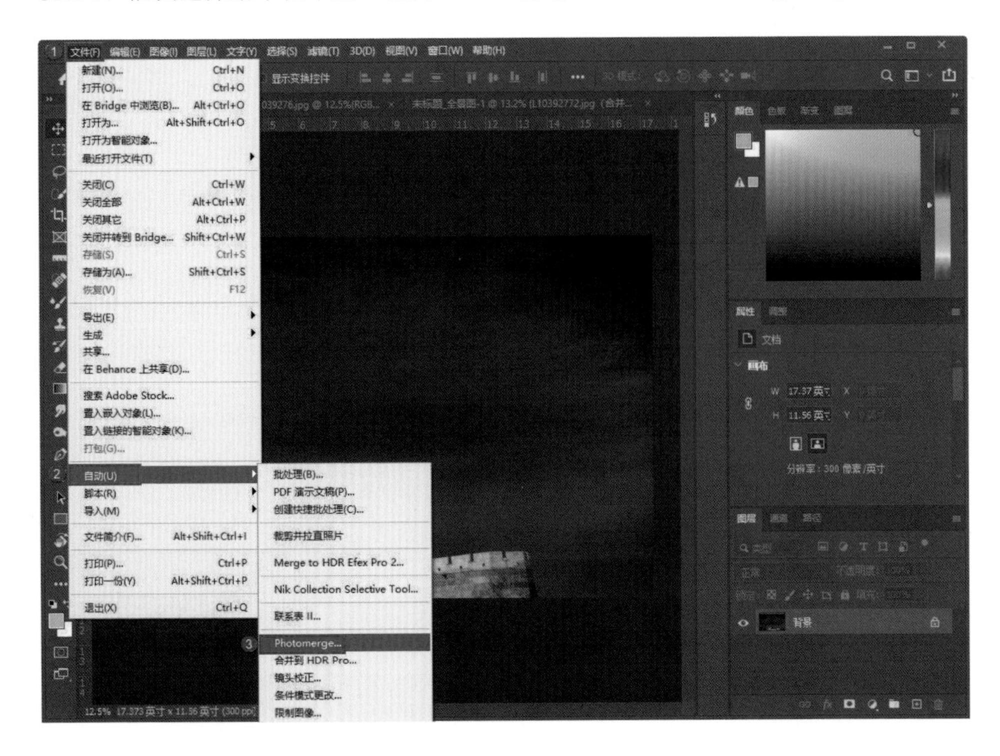

STEP2：在弹出的对话框中选中“调整位置”和“内容识别填充透明区域”，然后单击“添加打开的文件”，最后单击“确定”按钮。这时弹出的对话框中将显示“色彩空间不匹配是否需要转换为目标空间”，单击“确定”按钮即可。按组合键 Ctrl+D 取消“蚂蚁线”，至此，这两张照片就拼接好了。

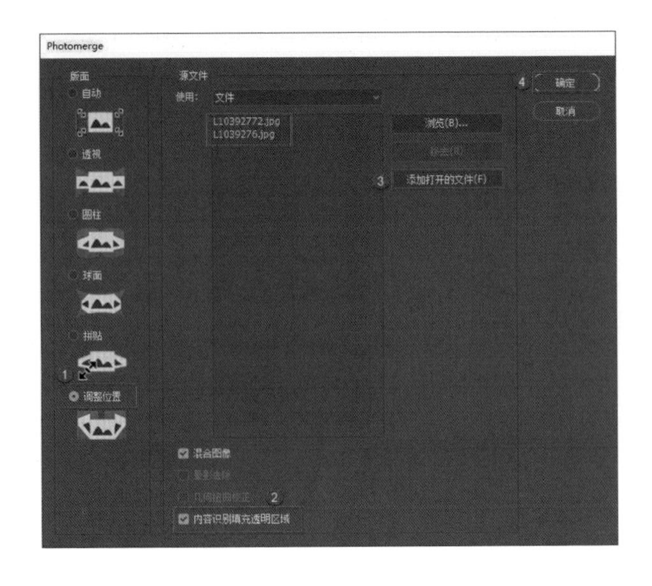

STEP3：将人物素材照片调入 PS，已经对这张人物照片进行过抠图。单击顶部的图层，然后选择工具栏中的“移动工具”（快捷键 V），直接把人物移动到拼好的照片上。移动后发现人物偏大，按组合键 Ctrl+T 把人物缩放到合适的大小（缩放的时候按住 Shift 键，调整为合适的大小后双击画面即可）。然后移动人物到拼好的照片的右下角。

STEP4：要把抠图留下的痕迹处理掉，按组合键 Ctrl+J 复制得到“图层 1 拷贝”，然后使其不可见，即取消选中“图层 1 拷贝”的“小眼睛”图标。这时选择“图层 1”并把图层混合模式改成“正片叠底”。

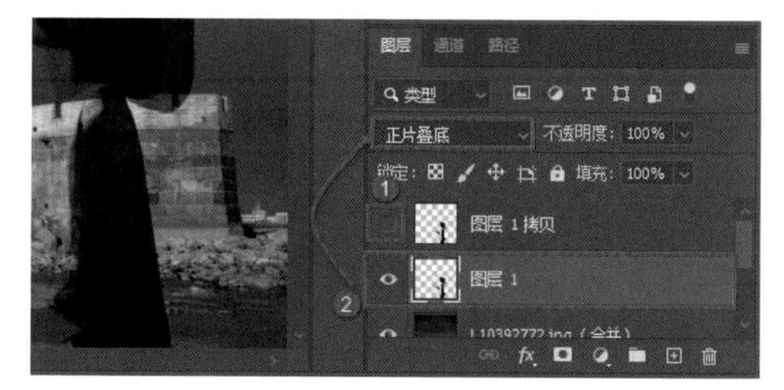

STEP5：按组合键 Ctrl+M 调出“曲线”对话框，向上适当拖动曲线，然后单击“确定”按钮。

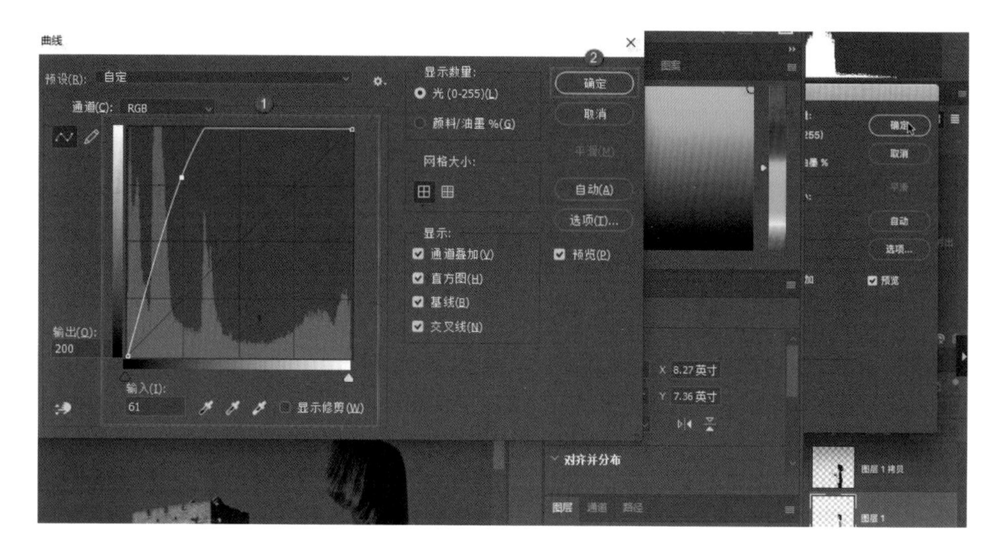

STEP6：使“图层 1 拷贝”可见，即选中“图层 1 拷贝”的“小眼睛”图标。单击选中“图层 1 拷贝”，给它添加一个图层蒙版，然后选择“画笔工具”（快捷键 B），在不透明度和流量都为 100% 的情况下，调整画笔直径大小，选择“柔边圆”画笔笔刷，同时将前景色设置成黑色，再对多出来的部分进行涂抹即可。涂抹的时候可以按组合键 Ctrl+“+”放大照片，便于操作。

STEP7：按组合键 Ctrl+Shift+Alt+E 盖印图层，再按组合键 Ctrl+Shift+A 把照片调进 ACR 界面。单击选中“效果”选项卡，将“裁剪后晕影”的数量值降低，同时将中点值降到最低，然后单击“确定”按钮，这样可以增加照片的神秘感。至此，这张创意照片就做好了。

有时候在制作创意照片的时候，建议大家尽量先拍风景后拍人物。本节用到的照片是先拍的人物后拍的风景，以后在制作这样的创意照片的时候尽量先拍好自然风景，然后模拟自然风景的方位再拍人物，从而使其与风景相吻合。在透视关系、虚实关系、远近关系、镜头的焦距段、机位的高低关系上都尽量做到完美。

如何快速制作小清新风格的照片

首先将素材照片调入 ACR。

STEP1：照片打开以后先做基础调整，再定黑白场，降高光提阴影，同时降低清晰度。

STEP2：单击“细节”选项卡，减少照片中的噪点。

STEP3：单击“HSL 调整”选项卡，选择“明亮度”，将所有颜色的滑块均向左拖动。

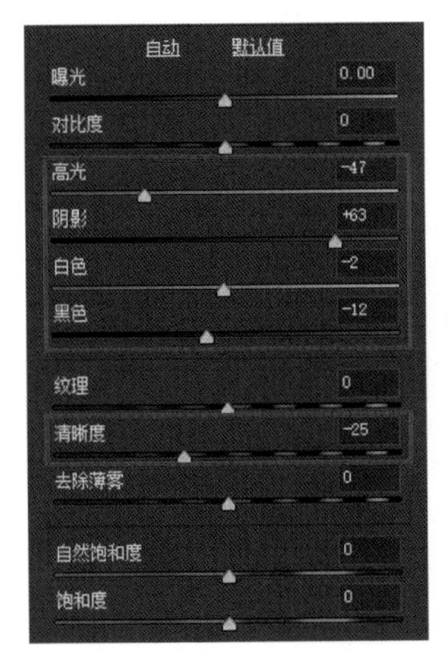

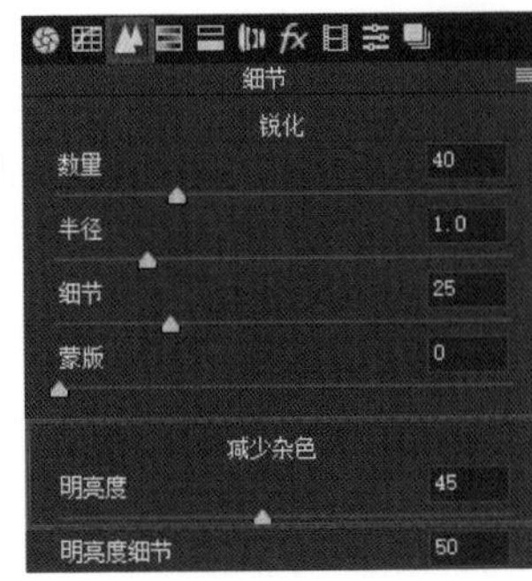

小清新风格的照片的特点是高饱和度、高明度、反差小。

STEP4：选择“饱和度”，将橙色、黄色、绿色、浅绿色的滑块稍微向右拖动，同时向左拖动蓝色的滑块。如果过度增加会使照片过于艳丽，并不好看。

STEP5：单击“打开对象”按钮进入 PS。我们发现照片目前处于智能对象模式，因此首先右击图层名称（注意不要右击缩览图，应右击名称），选择“栅格化图层”。

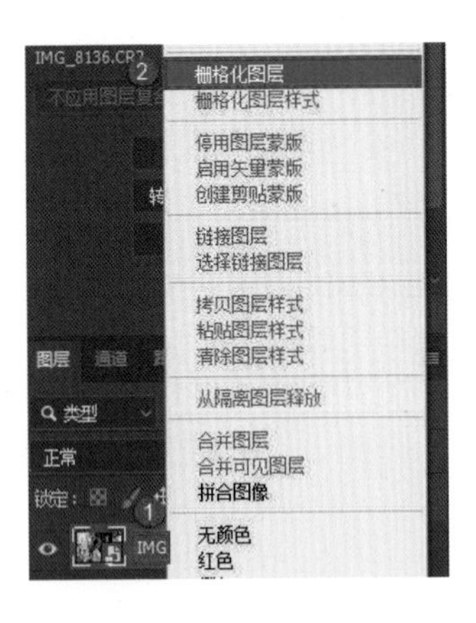

STEP6：单击工具栏中的“污点修复画笔工具”，按组合键 Ctrl+“+”放大脸部，选择合适的画笔直径，简单地修饰人物脸上的黑痣等瑕疵。

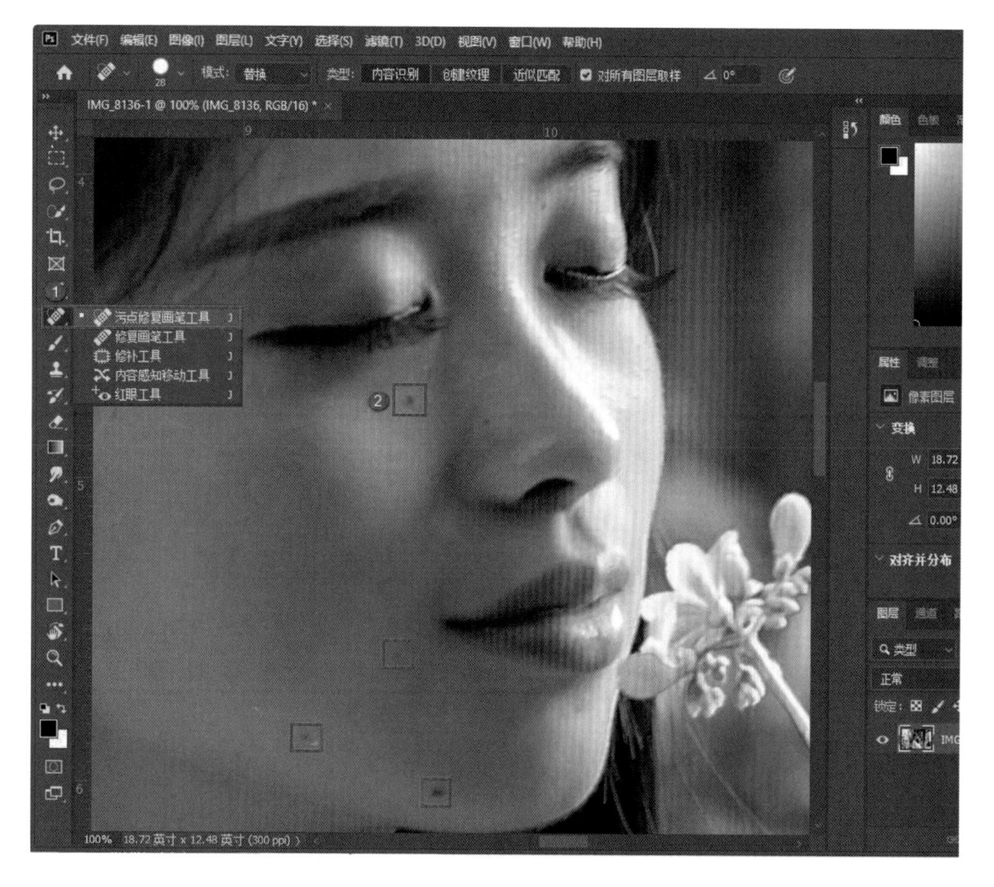

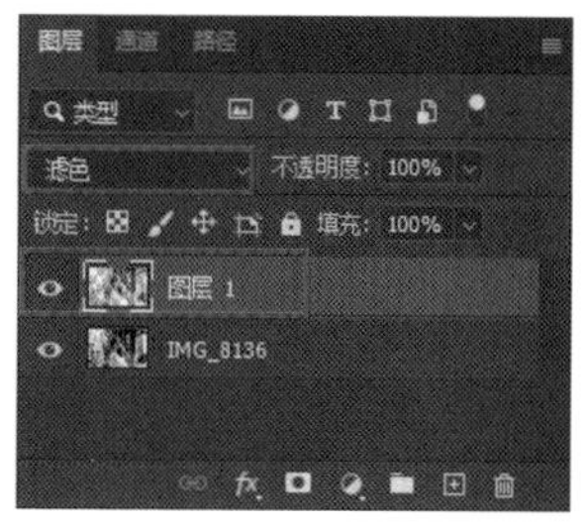

STEP7：现在还没有完全达到要求，我们发现照片的阴影部分和人物头发有点偏暗，小清新风格的照片需要明亮的色调，因此我们还需要对阴影进行提亮。刚才在ACR界面里把阴影过分提高后的效果不是特别理想。最快的找阴影的方法是借助高光来找阴影，按快速选取高光部分的组合键Ctrl+Shift+Alt+@，接下来快速反选即按组合键Ctrl+Shift+I，再按组合键Ctrl+J将选中的阴影部分复制到新的图层中（“图层1”），这样就迅速地把阴影部分找出来了。最后只需把图层混合模式改成“滤色”即可。

SETP8：我们发现高光部分溢出来了，但是不要紧，只需加一个蒙版。将前景色设为黑色，选择“画笔工具”，在不透明度和流量都是100%的情况下选择“柔边圆”画笔笔刷和合适的画笔直径，然后涂抹人物的脸部、颈部和手背。人物右脸其实是背光的，涂抹之后感觉人物的脸部偏暗是正常的，符合现实视觉要求，如果脸部太亮了反而显得不真实，衣服也可以稍微涂抹一点，否则过多的白色会让画面没有层次感。这样既保证了皮肤的正常曝光，同时也把整体的色调调亮了。

STEP9：创建一个曲线调整图层，有一个曲线调整人像的口诀叫“红压绿蓝提”，即选择“红”通道把曲线往下压一点，选择“绿”“蓝”通道则把曲线往上提一点。调整完毕后，照片的色调已经接近小清新风格了。接下来按组合键Ctrl+Shift+Alt+E盖印图层（得到“图层2”）。

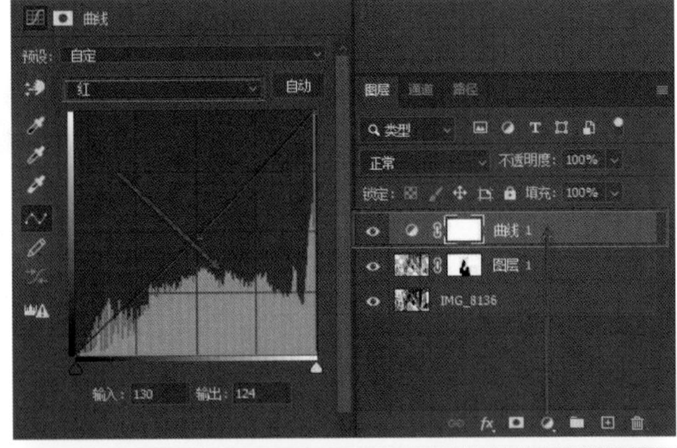

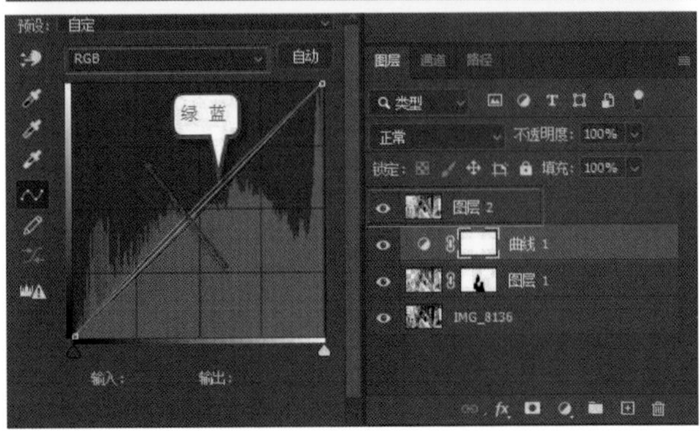

STEP10：盖印完以后，按组合键 Ctrl+Shift+Alt+@ 选取高光区域，接着创建一个色阶调整图层，在弹出的面板中选择“红”通道，向左拖动直方图下方右边的滑块，将人物脸上的冷色去掉，添加暖色。按组合键 Ctrl+Shift+Alt+E 盖印图层（得到“图层 3”）。

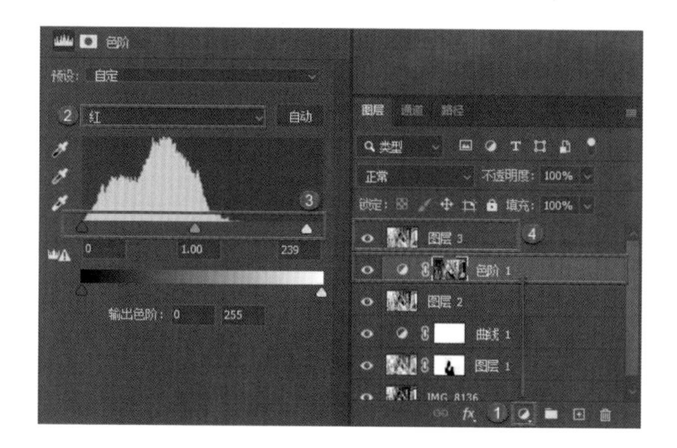

STEP11：选取照片的低光区域并为其添加暖色。按组合键 Ctrl+Shift+Alt+@ 选取高光区域，然后按 Ctrl+Shift+I 反选低光区域。给选取的低光区域再添加一个色阶调整图层。在弹出的面板中仍然选择“红”通道，然后向左拖动直方图下方右边的滑块。至此，小清新风格的照片就做好了。

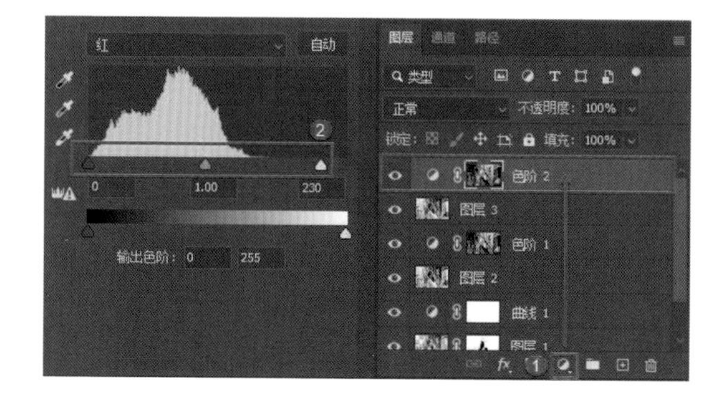

如何快速制作 LOMO 效果的照片

早期有一种相机，它不带光圈，体积非常小，拍摄出来的照片一般都是中间亮四周暗，因为它没有光圈，所以给它定性为 LOMO 相机。随着相机的发展，照片中有暗角的问题基本得到了解决，ACR 里也有暗角去除功能。不过最近的复古情怀使人们对这种 LOMO 效果产生了兴趣，有很多人还特意将照片的四角加暗一点。本节我们就来讲一下如何把照片快速做成 LOMO 效果。把素材照片调入 ACR 中，然后进行基础调整。

STEP1：首先定好黑白场，增加阴影值，降低高光值，将对比度设为 13，清晰度设为 30，同时增加自然饱和度。这张照片最终需要调整成黑白照片，画面的色调现在有点偏冷，因此把色温值调到 5200。最后将处理方式设为“黑白”。

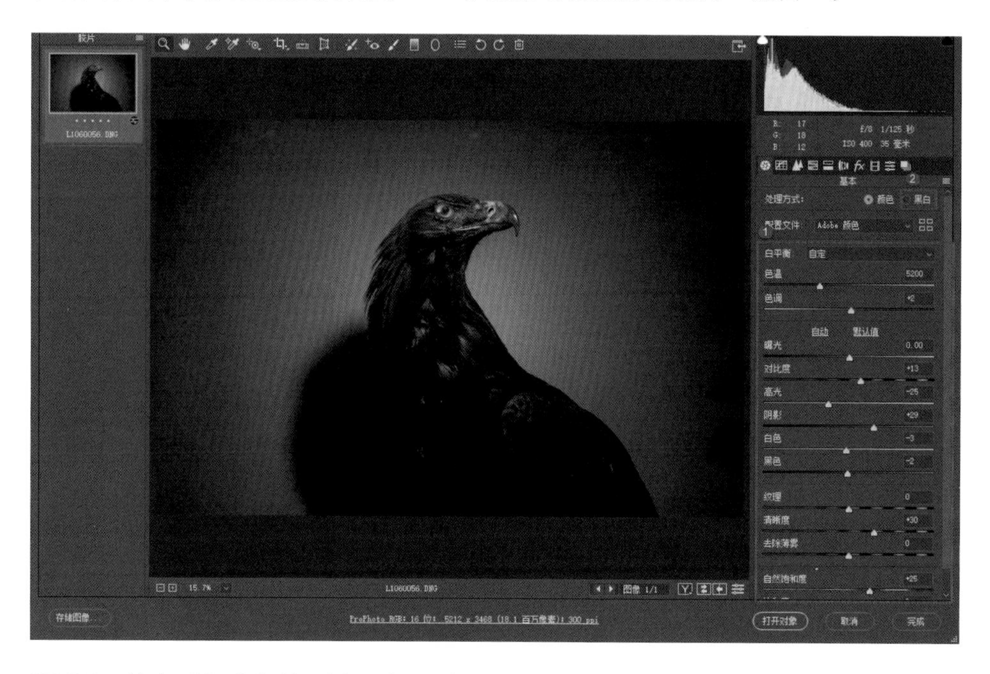

STEP2：单击“细节”选项卡，把照片放大看看有无噪点，这张照片有噪点，因此先降噪，再将照片锐化（锐化时可以在按住 Alt 键的同时拖动“蒙版”滑块，确保只有白色的边缘轮廓区域被锐化）。

STEP3：单击“黑白混合”选项卡，把蓝色和橙色的参数值稍微降低一点，增加黄色的参数值，降低绿色和浅绿色的参数值，从而让老鹰的羽毛有层次感。

STEP4：单击“效果”选项卡，“裁剪后晕影”实际就是 LOMO 效果，将数量值降低，适当增加中点值。

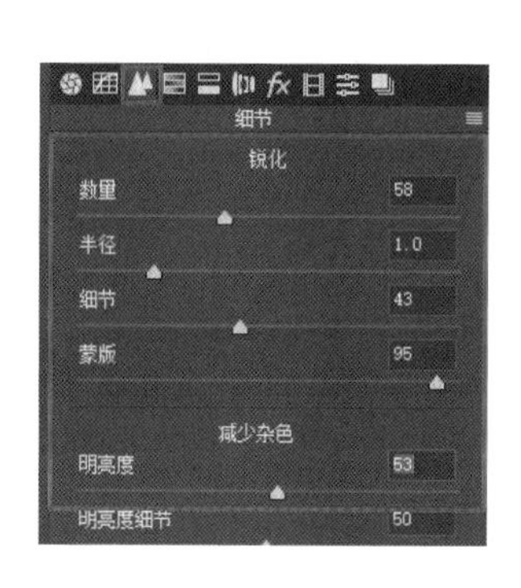

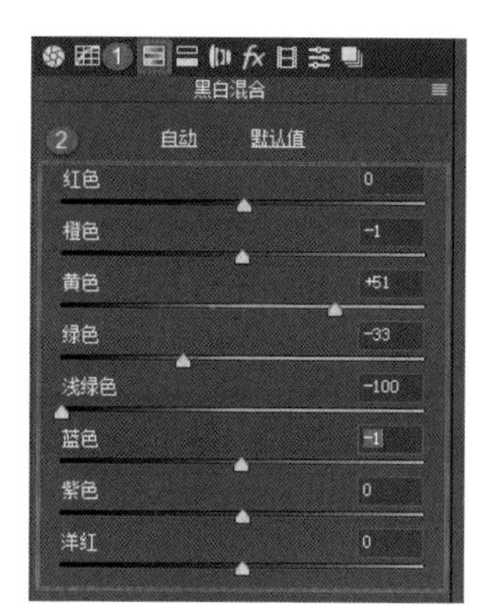

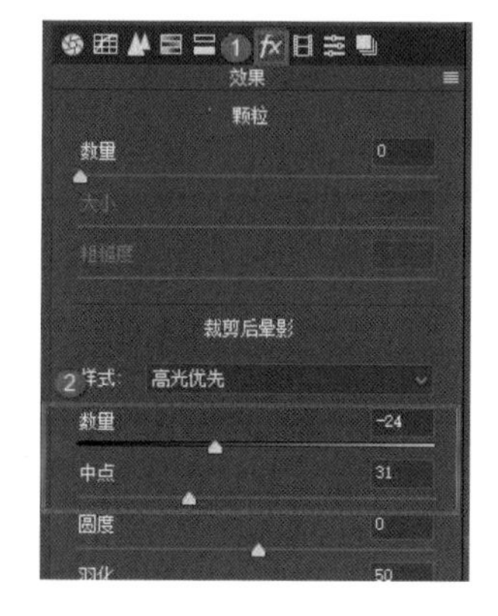

STEP5：单击“污点去除工具”把照片上的污点去掉（大家使用这个工具的时候可以选中界面底部的“使位置可见”）。

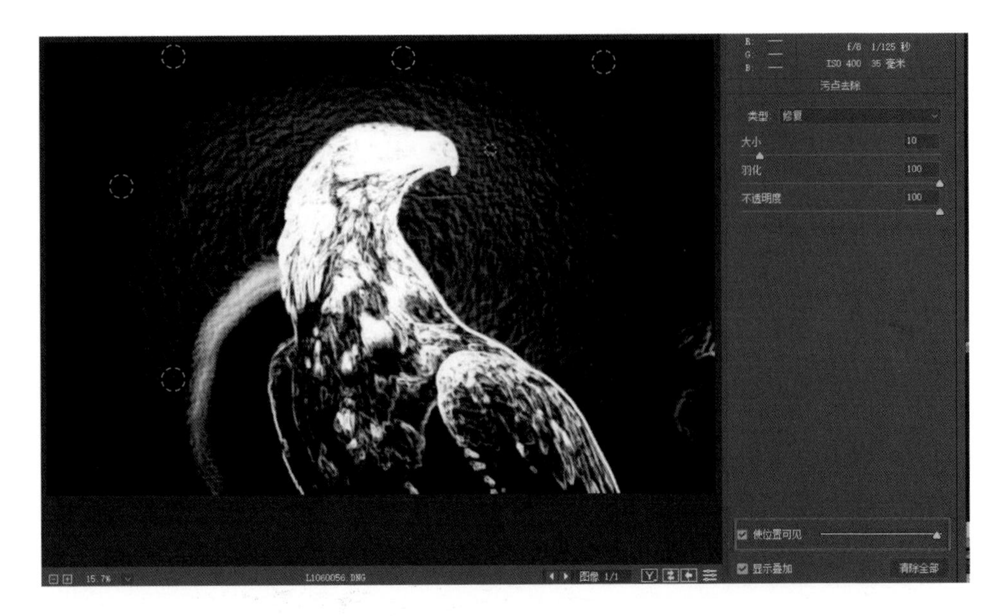

STEP6：单击“打开对象”按钮进入PS。如果对效果不满意还可以添加一个空白图层，先将前景色设为选择黑色，再按组合键 Alt+Delete 为空白图层填充前景色（即黑色）。然后在按住 Alt 键的同时单击“添加蒙版”，添加一个反相蒙版。

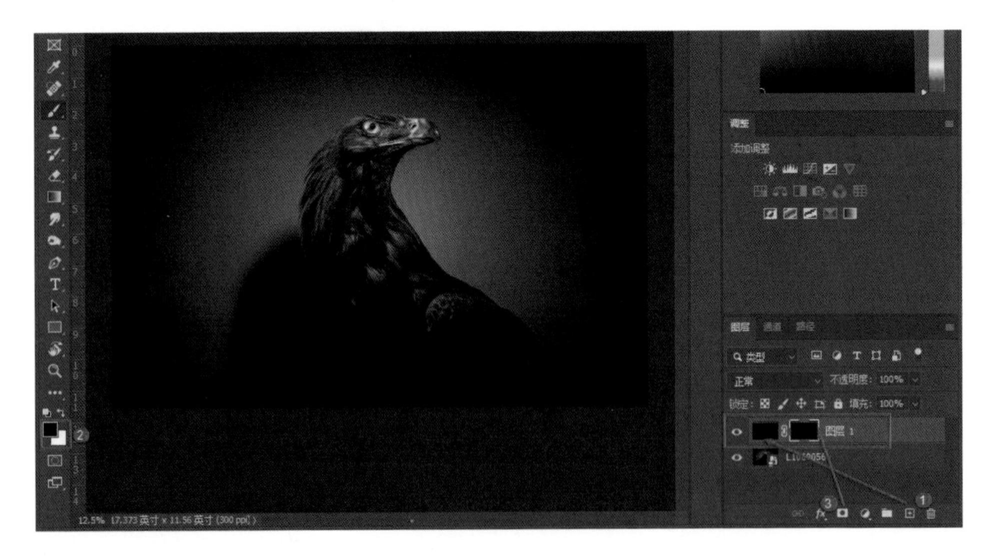

STEP7：将前景色改为白色，选择“渐变工具”，同时将渐变方式设为“径向渐变”和“前景色到透明渐变”，不透明度设为100%，然后从照片的中间向四周拖动（记住要选择黑色的蒙版，在蒙版上做径向渐变），再按组合键 Ctrl+I 进行反相操作

即可。这样制作出来的效果很不错，同时这也是制作 LOMO 效果的照片的一种方法。

STEP8：对老鹰的头部进行锐化。先按组合键 Ctrl+Shift+Alt+E 盖印图层，然后按组合键 Ctrl+J 复制一个图层，接着依次选择菜单栏中的“滤镜”→“其它”→“高反差保留”，在弹出的对话框中将半径值设置为 2，然后单击“确定”按钮。

STEP9：将图层混合模式设为“叠加”。一张 LOMO 效果的照片就制作完成了。

制作 LOMO 效果的照片有两种方法，第一种方法是在 ACR 界面中进行调整，第二种方法是在 PS 中添加一个径向渐变的蒙版。

047 如何制作传统模板——中圆外方的照片

将素材照片调入 ACR 中，先简单地对照片进行调整。

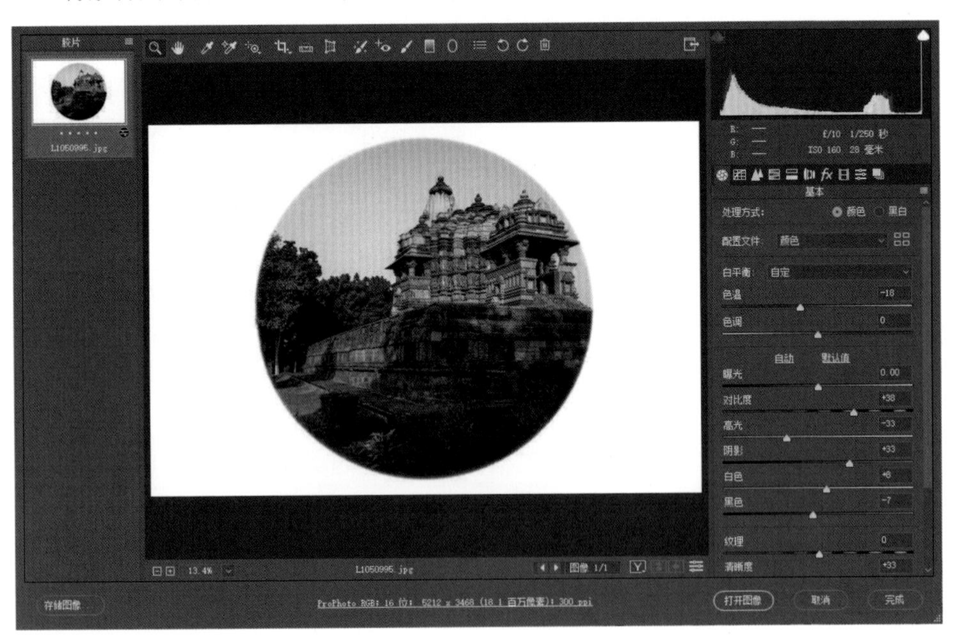

STEP1：单击“效果”选项卡，将“数量”滑块拖动至最右边，“中点”滑块拖动到最左边，圆度值增加到最大，羽化值降到最低，至此，内圆外方的模板就做好了。以往都是用制作好的模板套，现在在 ACR 里直接就能制作模板。最后单击“打开对象”按钮，将照片导入 PS 中。

STEP2：我们可以在空白区域加点文字，也可以把边缘部分变成其他颜色。先创建一个选区，再右击工具栏中的“快速选择工具”，选择“魔棒工具”，然后单击照片中的白色区域，将出现“蚂蚁线”，接着新建一个空白图层“图层 1”。单击“吸管工具”，如果想要制作具有怀旧风格的照片，就可以吸取照片中石头的棕灰色作为填充的前景色。

STEP3：按组合键 Alt+Delete 直接填充前景色（上一步用吸管工具吸取的颜色）。可以把“图层 1”的不透明度降低，使照片更接近中国画的效果。还可以加一个“色相 / 饱和度”调整图层，在弹出的面板中把画面整体的饱和度降低，使照片更具古典风格。

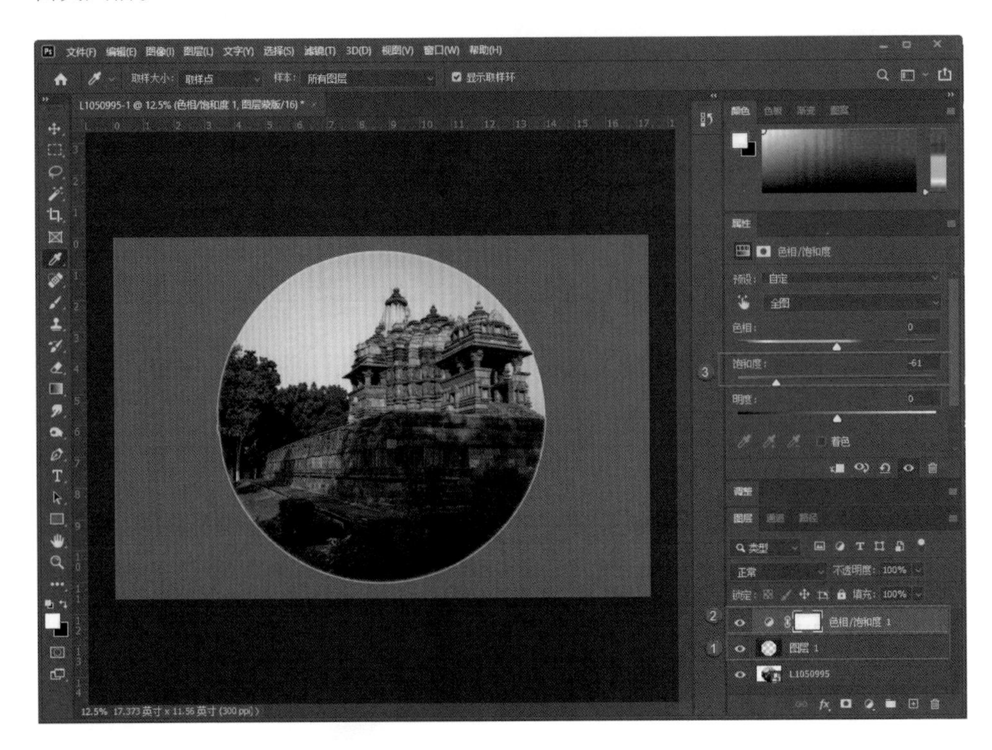

黑白影调的偏色制作

将素材照片导入 ACR。

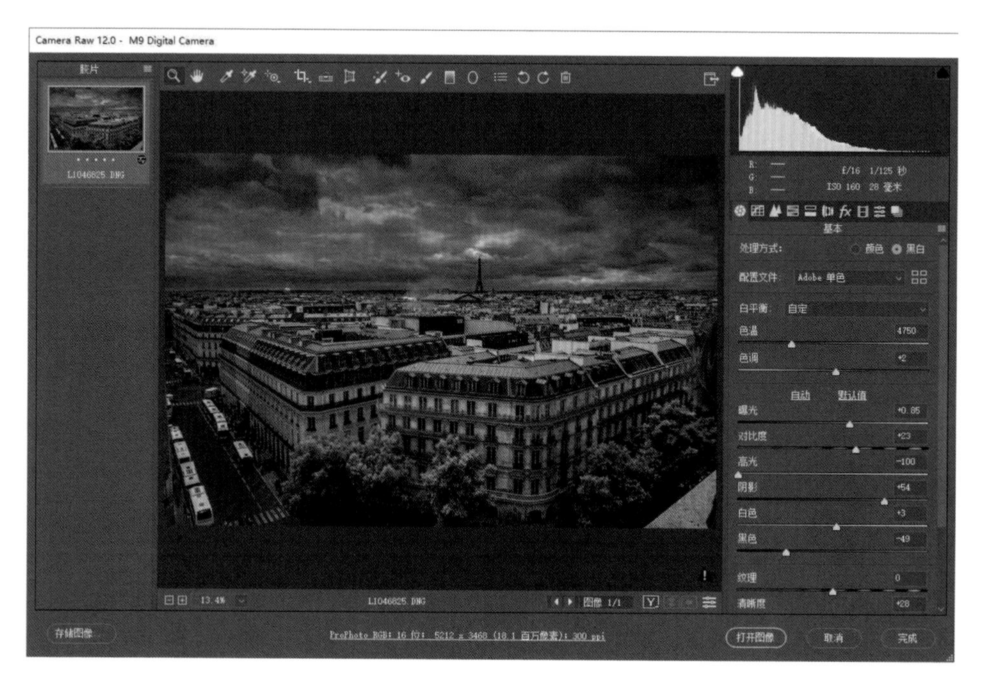

STEP1：首先直接把这张照片转成黑白色调，即将处理方式设为“黑白”。

STEP2：单击“黑白混合”选项卡，将蓝色的参数值降低，即把天空压暗，增加黄色、绿色、浅绿色的参数值，稍微降低一点橙色和紫色的参数值，这些颜色的调整都要拿捏有度。

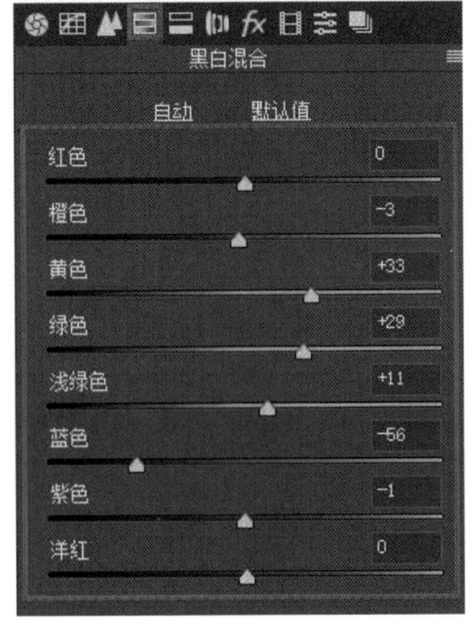

STEP3：照片中如果有污点，还要把污点去掉。选择工具栏中的“污点去除工具”，可以选中“使位置可见”，然后选择合适的笔刷直径来去除污点。

STEP4：在“分离色调”选项卡中，将“高光”中的色相降到63，饱和度降到12；“阴影”中的色相降到44，饱和度降到11，这是最好的参数组合，是我通过反复试验确定的。

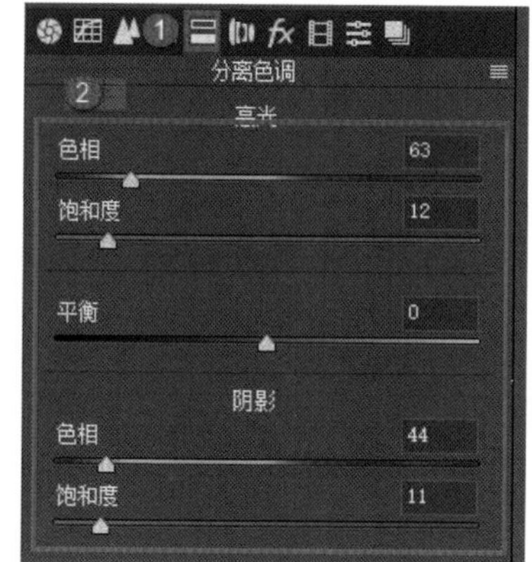

如何往照片上添加文字

把素材照片调入 ACR。

STEP1：将照片逆时针旋转到竖直方向。

STEP2：单击“打开对象”按钮进入 PS。“文字工具”分为“横排文字工具”和“直排文字（即竖排文字）工具”，这里选择“横排文字工具”。“文字工具”属性栏中有 3 个对齐文本的选项，这里选择“左对齐文本”，它的右边还有文字颜色选项，这里选择红色。此外，字体和文字大小也可以自己选择，这里将字号设置为 131.14 点。输入文字后按 Enter 键确定。如果想改变字体，可以先选中输入的文字，再在“字体”下拉列表里选择想要的字体。如果想把文字放大则可以按组合键 Ctrl+T 键进行自由变换（按住 Shift 键可以保持原有的长宽比）。

STEP3：单击字体颜色选项右边的“创建文字变形”，弹出“变形文字”对话框，其中有很多变形样式可选，比如扇形、下弧、波浪等，还可以调整其参数。

STEP4：文字图层是矢量图，想要把它变成像素图，只需右击文字图层的缩览图右侧的文字名称（不要右击缩览图，应右击文字名称），然后选择“栅格化文字”，这样文字图层就变成了像素图，之后就可以对它进行像素编辑了。

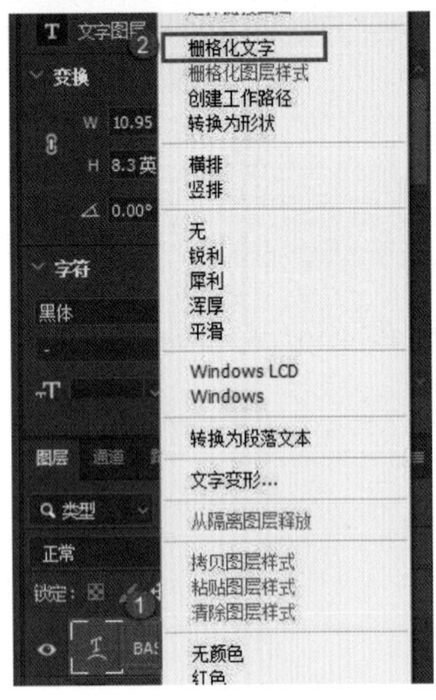

STEP5：按住 Ctrl 键的同时单击缩览图就能产生选区，然后将前景色改为蓝色，再在工具栏中单击“渐变工具”，从而实现字体颜色渐变。渐变颜色的选择是自由的，大家可以自行尝试。

还可以在照片上输入沿曲线排列的文字。

STEP6: 按组合键Ctrl+D取消“蚂蚁线”，接着在图层上描绘一条路径。单击选择工具栏中的“钢笔工具”，在需要添加文字的地方创建一条曲线路径，这时再单击选择“横排文字工具”，同时设置字体颜色。单击路径的起始点，当出现曲线形状的文本框时输入文字，输入的文字将沿着刚画的路径排列。

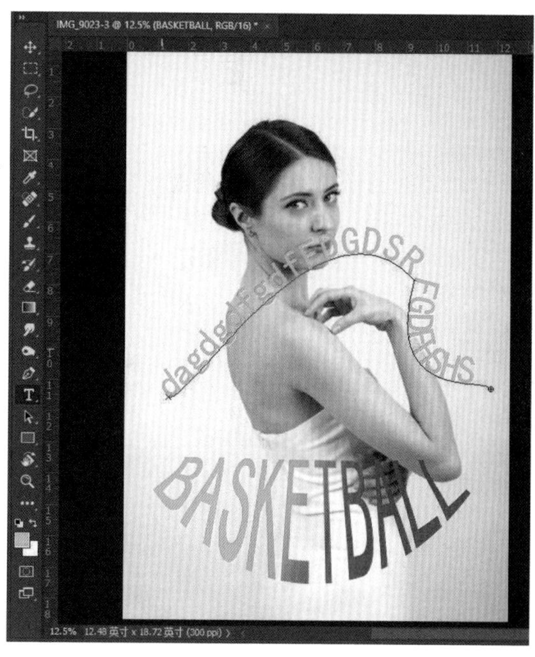

还可以选择“直排文字工具”来添加文字，输入的所有文字都是直排文字，其他设置都是一样的，大家可以自行尝试。

050 技

如何制作旋转模糊、曲线动感模糊效果的照片

本节我们需要使一辆静止的跑车呈现飞驰的状态，同时使车轮呈旋转状态。先将素材照片调入 PS 中，原始照片是一辆静态的跑车。

STEP1：单击工具栏中的“快速选择工具”，给车身创建一个选区，在创建选区时把照片放大（按组合键 Ctrl+“+”），如果多选了部分区域则可以单击状态栏中带减号的笔刷删除多选的区域（带加号的笔刷可以用来扩充选区）。圈选完毕后按组合键 Shift+F6 打开“羽化选区”对话框，将羽化半径设置为 2，单击“确定”按钮。再按组合键 Ctrl+J 把车身抠出来，同时生成图层 1。

STEP2：开始做背景模糊效果。使“图层 1”不可见，即取消选中左侧的“小眼睛”图标。然后单击底部的“背景”图层，在菜单栏中依次选择“滤镜”→“模糊画廊”→“路径模糊”，将画面中弹出的横线拉成一条横着的 S 型曲线。取消勾选右边选项栏中的“居中模糊”，将“速度”滑块向右适当拖动，从而使跑车产生一种流线感，体现出速度感。单击上方的“确定”按钮。然后等待计算机进行计算，需要一些时间，最后使“图层 1”可见，这样动感效果就出来了。虽然跑车是静止的，但是做出来的效果让它看起来好像动了起来，并且有风驰电掣的感觉。

STEP3：把车轮做成旋转的效果。单击“图层 1”，在菜单栏中依次选择“滤镜”→“模糊画廊”→“旋转模糊”，将画面中弹出的选区缩小至车轮的大小并覆盖在车轮上，单击中间的小圆圈可以使车轮旋转，然后单击“确定”按钮。对于第二个车轮也按同样的步骤进行操作。这是 PS 2017、2018 版本新带的两个功能。

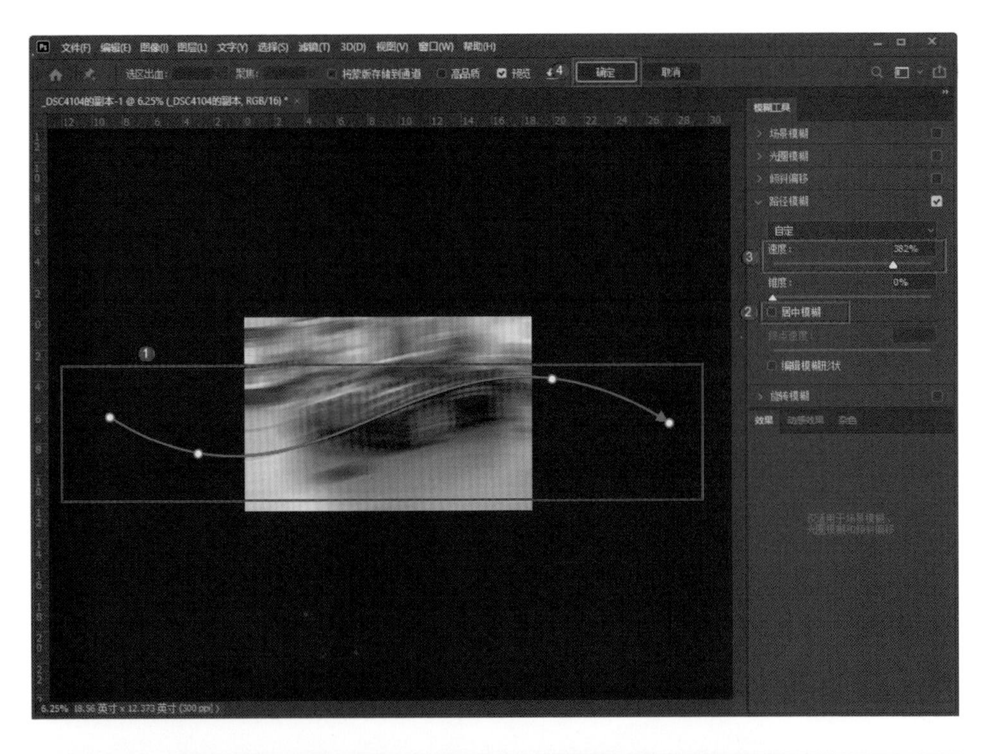

051

如何快速使用混合模式增大照片的反差

将素材照片调入 PS。

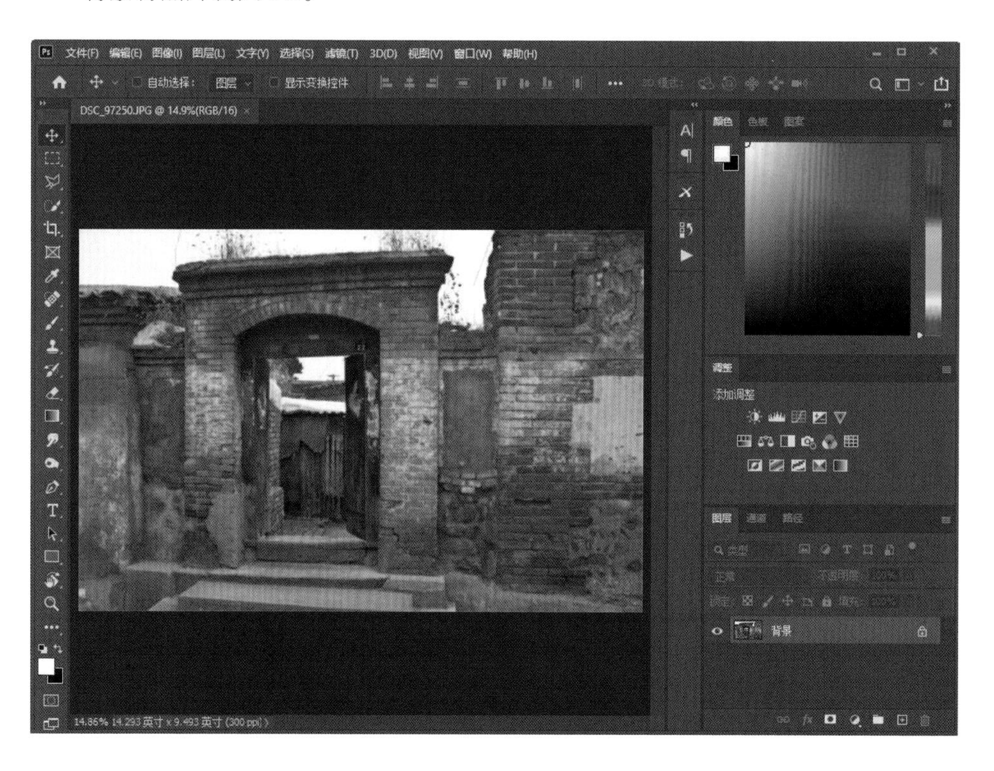

这张照片里的门楼有点倾斜，需要校正一下。

STEP1：复制一个图层，按组合键 Ctrl+T，然后在按住组合键 Ctrl+Shift 的同时把照片的左上角提起使门楼保持水平即可。接着选取两个图层，再按组合键 Ctrl+E 合并所有图层。我们在此基础上采用图层混合模式叠加的方法来调节照片的反差。

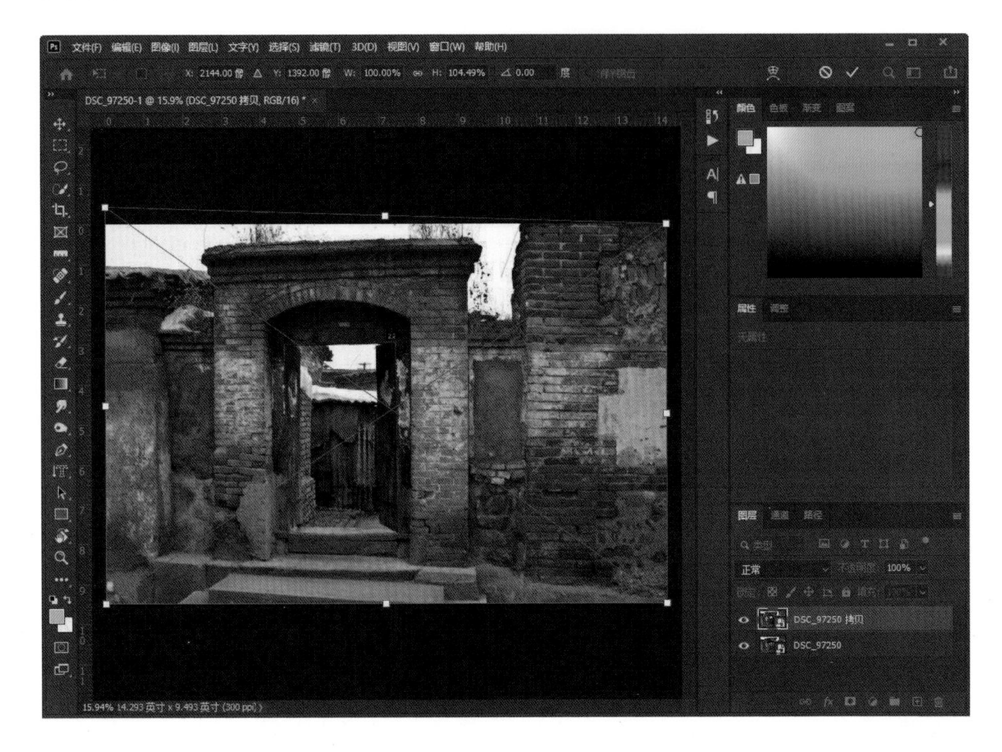

STEP2：按组合键 Ctrl+Shift+Alt+@ 找到照片中的高光区域，选中高光区域后按组合键 Ctrl+J 复制一个图层（“图层 1”），将图层的混合模式变为“滤色”。

STEP3：按住 Ctrl 键的同时单击“图层 1”，画面中将出现“蚂蚁线”，然后进行反选，按组合键 Ctrl+Shift+I 选中低光区域，接着按组合键 Ctrl+J 复制一个图层（“图层 2”），再把“图层 2”的混合模式变成“正片叠底”。现在照片看起来会有些暗，反差太大，因此我们将不透明度降到 50% 或者 60%。

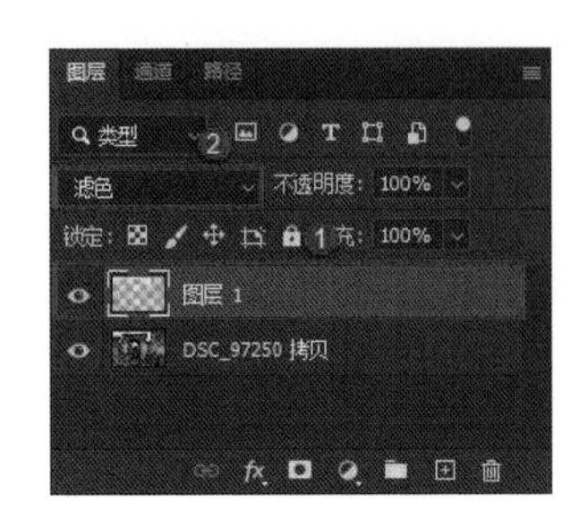

技052 如何快速选取照片中的高光 - 低光 - 中间调区域

将素材照片调入 PS，照片的调性我们经常在 ACR 里调，本节要教大家在 PS 中调整调性。PS 中的“计算”是用来创建选区的非常好的一个功能，在 PS 很早的版本中就有这个功能，只不过被人们忽略了。

STEP1：选择菜单栏中的“图像”→“计算”，在弹出的对话框中把“源 1”“源 2”的通道都改成灰色，同时将混合模式设置为“正片叠底”，然后单击“确定”按钮。

STEP2：进入“通道”面板发现多了一个“Alpha 1”通道，这时在按住 Ctrl 键的同时单击“Alpha 1”通道的缩览图，画面中将出现“蚂蚁线”。然后单击“RGB”通道的名称（不是缩览图，也不是“小眼睛”图标，而是通道的名称）。

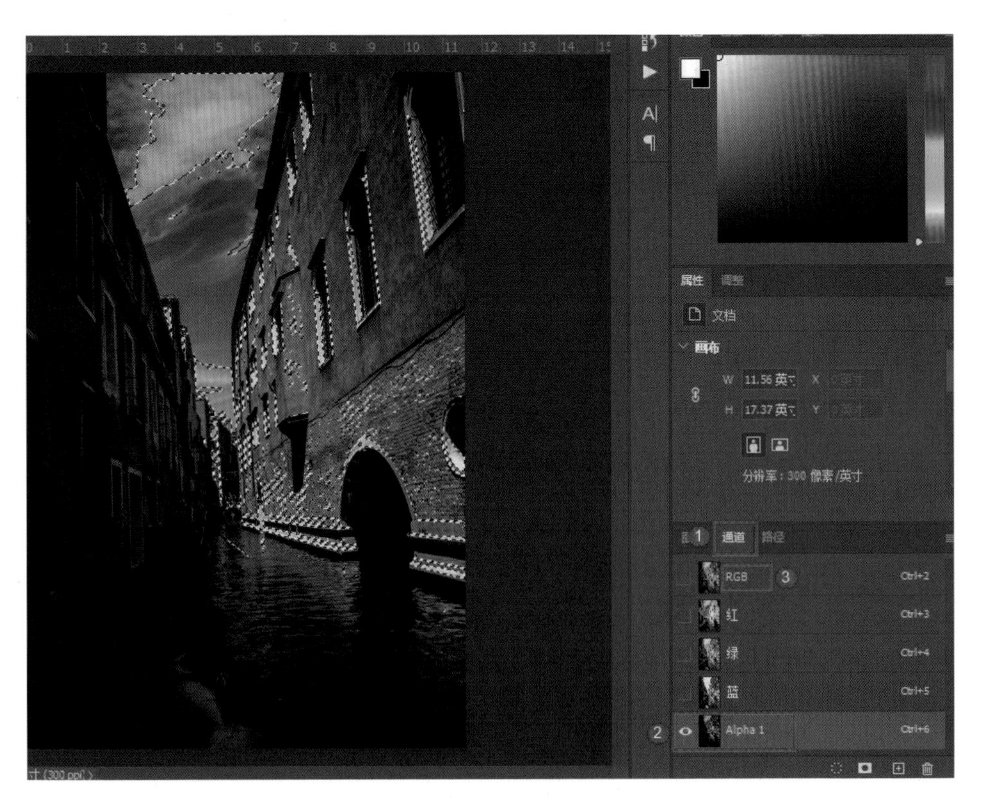

STEP3：回到“图层”面板，创建一个曲线调整图层，移动曲线就能看到被选中的高光区域发生了变化，这是调整高光区域的一种方法。

STEP4：开始选取低光区域，先删除“曲线”图层。单击“背景”图层，然后依旧选择菜单栏中的“图像”→“计算”，在弹出的对话框中，把“源 1”“源 2”的通道都改成灰色，同时将混合模式设置为“正片叠底”，与上述步骤不同的是，此时需勾选“源 1”“源 2”里的“反相”复选框，然后单击“确定”按钮。

STEP5：这时“通道”面板里多了一个“Alpha 2”通道，按住 Ctrl 键的同时单击“Alpha 2”通道的缩览图，画面中将出现“蚂蚁线”。然后单击“RGB”通道的名称（不是缩览图，也不是“小眼睛”图标，而是通道的名称）。

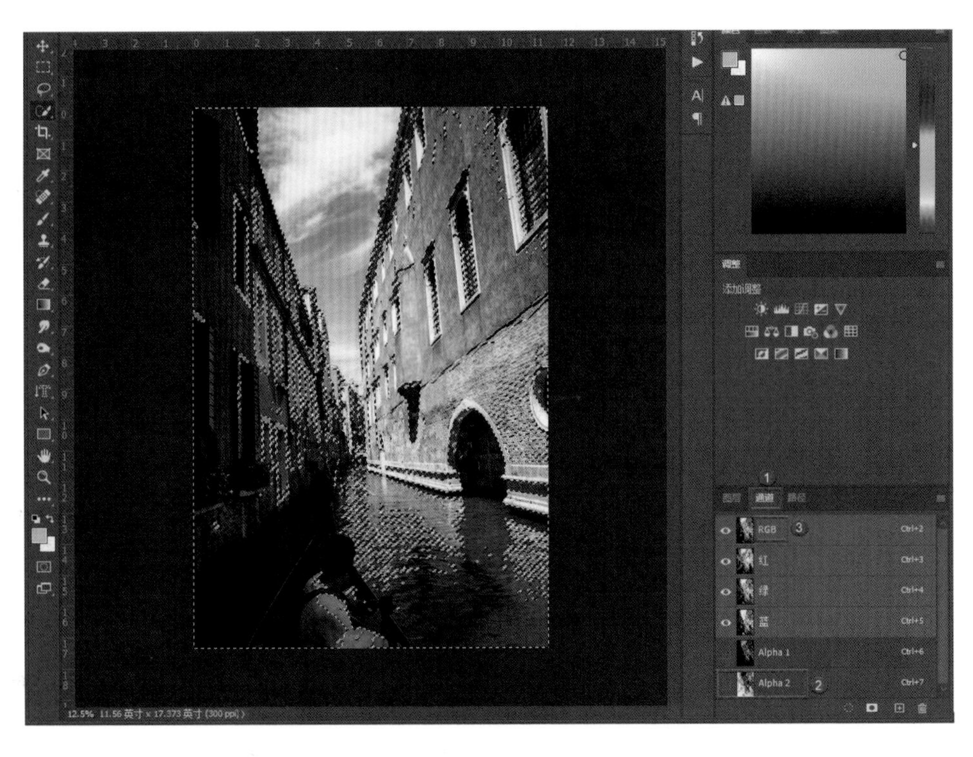

STEP6：回到“图层”面板，创建一个曲线调整图层，移动曲线就能看到被选中的低光区域发生了变化，这是调整低光区域的一种方法。

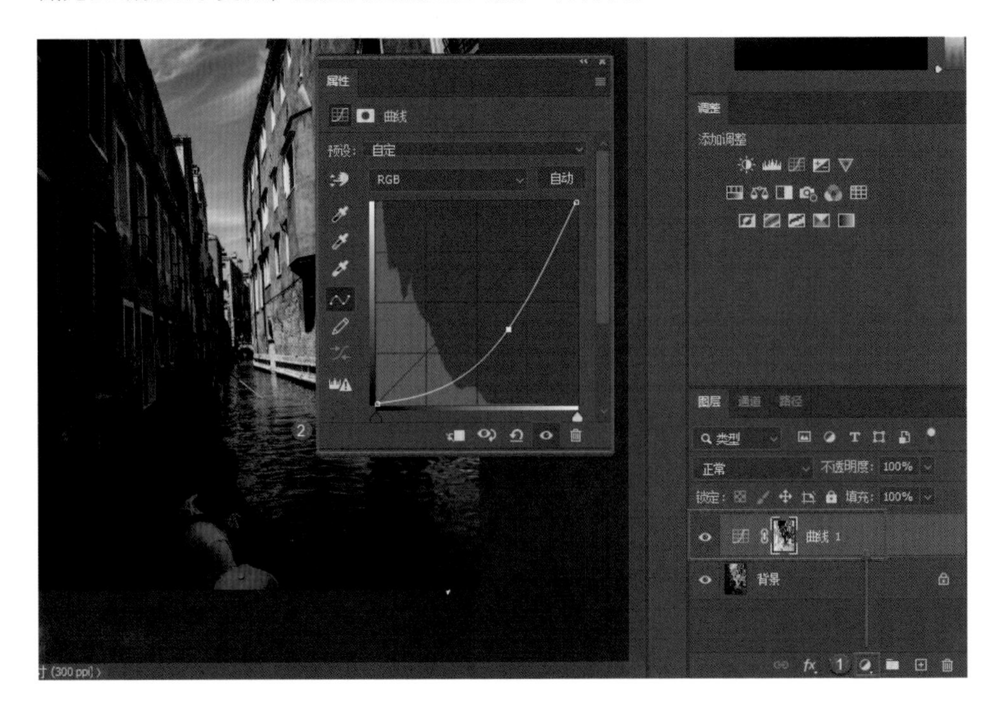

STEP7：开始选取中间调区域，先删除“曲线 1”图层，单击“背景”图层，然后依旧选择菜单栏中的“图像”→“计算”，在弹出的对话框中，把“源 1”“源 2”的通道都改成灰色，同时将混合模式设置为“正片叠底”，不同的是本次只勾选“源 2”里的“反相”复选框，然后单击“确定”按钮。

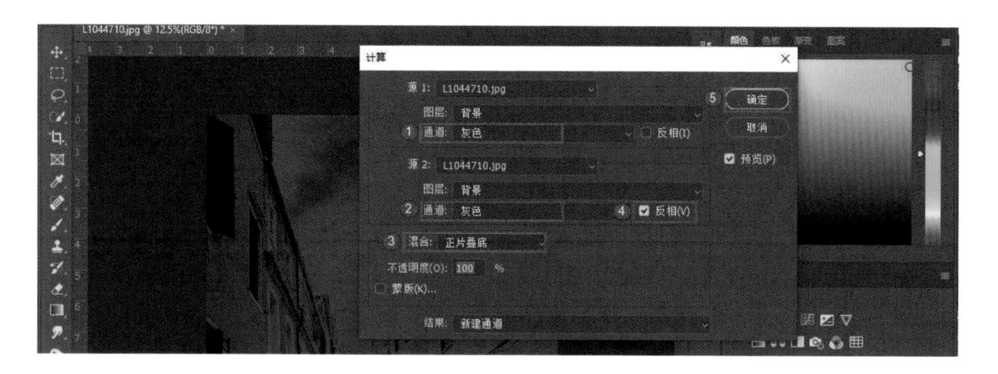

STEP8：这时“通道”面板里多了一个“Alpha 3”通道，按住 Ctrl 键的同时单击“Alpha 3”通道的缩览图，弹出的对话框中写着“警告：任何像素都不大于 50% 选择。选区边将不可见”，单击“确定”按钮，这时画面的中间调没有大于 50%，虽然“蚂蚁线”不显示，但中间调区域实际上是被选中了。然后单击“RGB”通道的名称（不是缩览图，也不是“小眼睛”图标，而是通道的名称）。

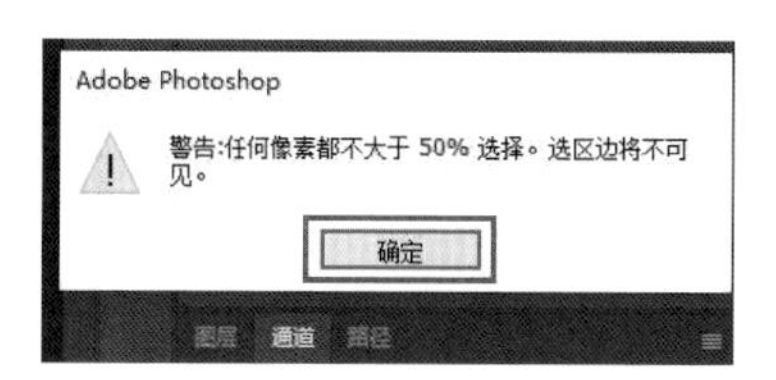

STEP9：回到“图层”面板，创建一个“色相 / 饱和度”调整图层，拖动相应的滑块就能看到被选中的中间调区域发生了变化，这是调整中间调区域的一种方法。

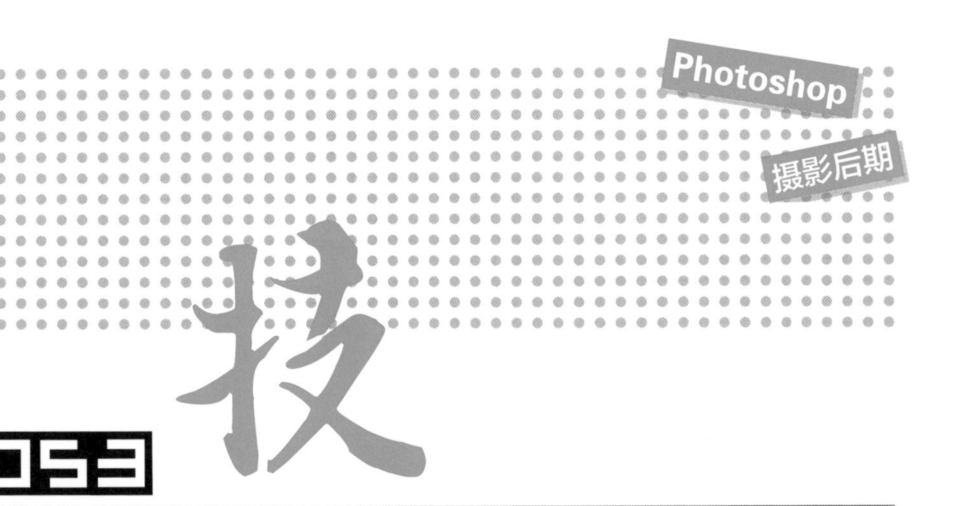

如何给人像照片调出淡雅色调

将素材照片调入 ACR。

STEP1：逆时针旋转照片。

STEP2：对这张照片进行基础调整，定准照片的黑白场，增加阴影值，降低高光值，同时将清晰度降到-25。这张照片是顺光拍的，因此几乎没有噪点，但是有一些瑕疵。最后单击“打开对象”按钮进入 PS。

STEP3：先栅格化图层，然后利用“污点修复画笔工具”对脸上的瑕疵、脖子的纹路等进行修复。

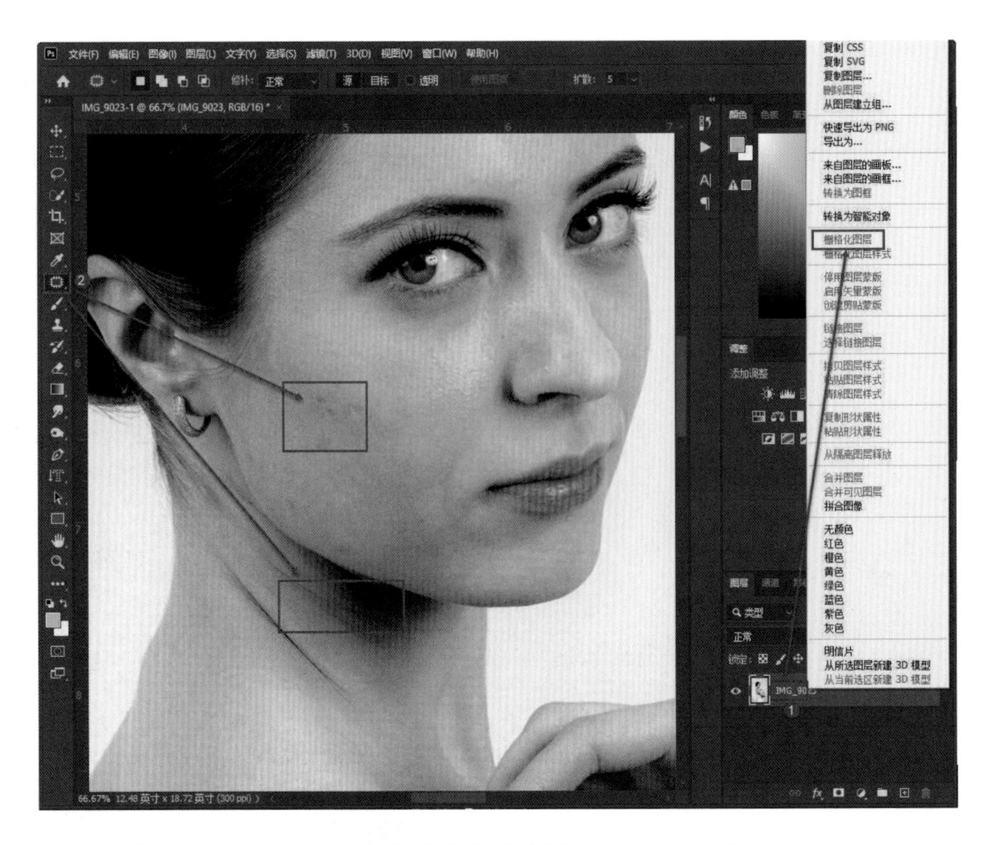

STEP4：单击“矩形选框工具”框选人物的头部。

STEP5：按组合键 Ctrl+Shift+X 打开“液化”对话框。选择“向前变形工具”，把密度和压力都设为 50，选择适当的直径大小。把人物的头发边缘尽量修饰成曲线，不要出现棱角。接着修饰脖子的曲线，同时使嘴角往上翘一点、眼角稍微向上抬起一点等，五官也可以进行适当调整，然后单击“确定”按钮。

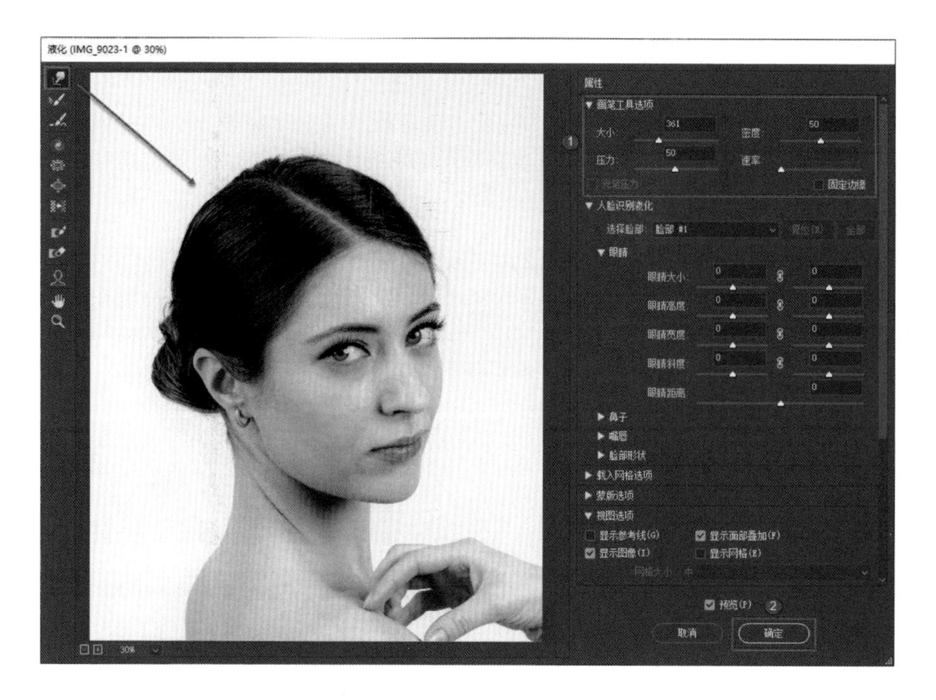

STEP6：对人物的下半身进行调整。先框选人物的下半身，然后按组合键 Ctrl+Shift+X 打开“液化”对话框。在对话框中适当设定画笔参数，把人物的手腕部分（肉比较多的部分）要调整好，对于一些细小的部分要调整到位；对脊柱和背部的线条进行适当调整，曲线不能过于生硬，然后单击“确定”按钮。

STEP7：选择菜单栏中的“窗口”→“历史记录”，对比修饰前后的效果。接下来进行调色，需要调出一种淡雅的色调。首先选择菜单栏中的“图像”→“应用图像”，将通道设为“红”，混合模式设为“变亮”，不透明度设为 100%，然后选中“保留透明区域”“蒙版”复选框，将对话框底部的通道设为灰色。对于这种混合色调直接调色是调不出来的，只有使用这种方法才能调出来。最后单击“确定”按钮。

这种色调非常漂亮，适合应用于化妆品、护肤品类的商业照片。至此，色调基本上就调好了。

STEP8：按组合键 Ctrl+Shift+A 回到 ACR 界面，单击“细节”选项卡，使数量值不超过 55，细节值不超过 45，同时将半径设为 1.0。然后在按住 Alt 键的同时拖动“蒙版”滑块，确保只有人物的轮廓被锐化。

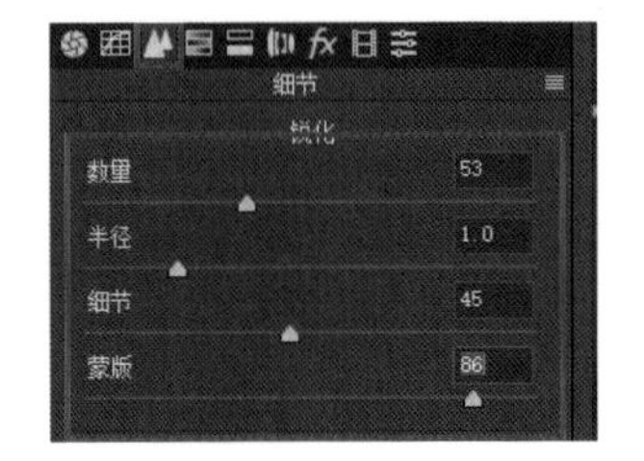

STEP9：回到“基本”选项卡，将自然饱和度降到 30，单击“确定”按钮。接下来我们可以将一些字体漂亮的文字放到照片上。

使用“应用图像”功能调整色调的好处是两个通道在混合的时候可以直观地看到照片的效果。

技

如何用 PS 中的滤镜改变画面的平淡感

将素材照片调入 ACR。

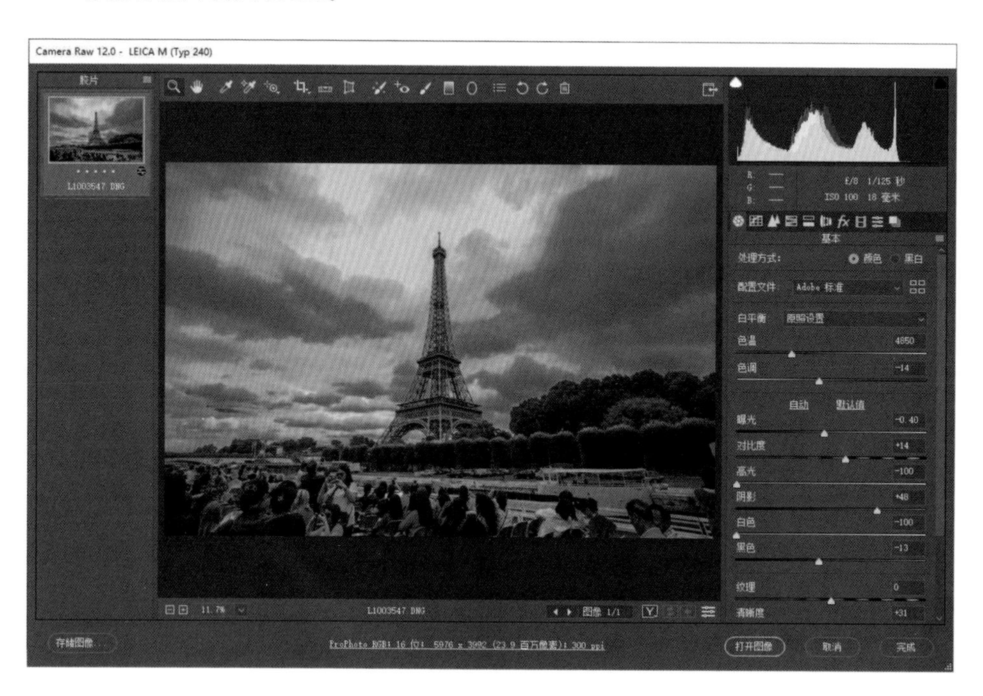

STEP1：定好照片的黑白场，将高光值降到最低，清晰度调到 31，对比度调到 14，适当降低曝光值。

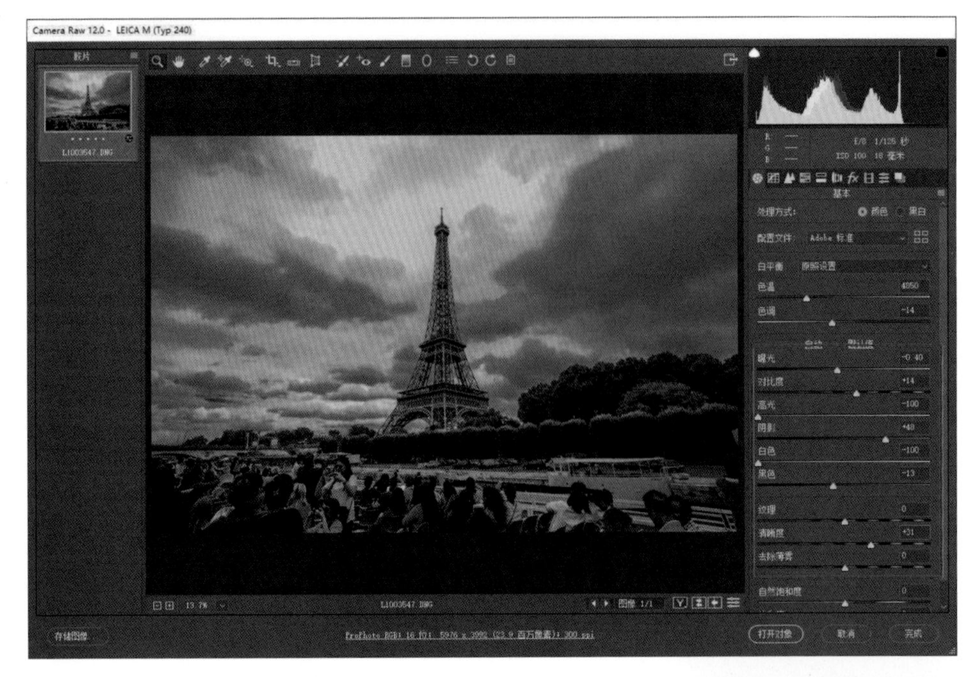

STEP2：单击“HSL 调整”选项卡，选择“明亮度”，将蓝色、浅绿色的参数值降到最低，橙色的参数值稍微降低，同时增加黄色的参数值，接着单击“打开对象”按钮进入 PS。

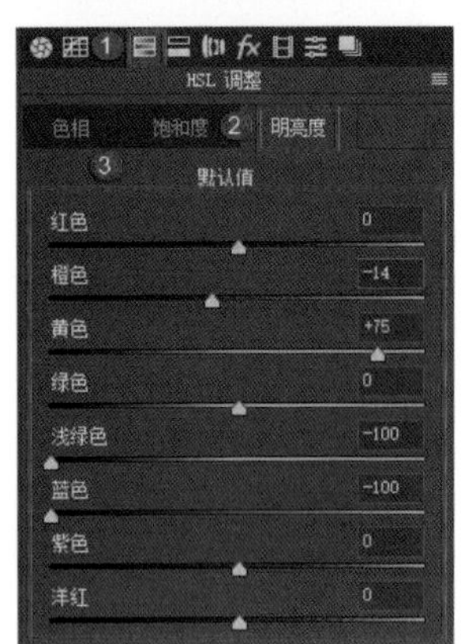

STEP3：单击工具栏中的“魔棒工具”，选取天空部分，然后按组合键 Ctrl+J 将天空抠出来。接着依次选择菜单栏中的“滤镜”→“模糊”→“径向模糊”，在弹出对话框中，将数量值设置为 30，选中“缩放”“好”然后单击“确定”按钮即可。

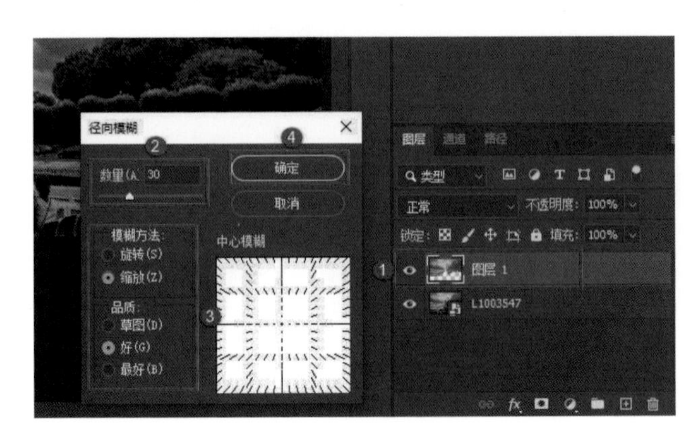

STEP4：借助上一步创建的选区（按住 Ctrl 键的同时单击“图层 1”，画面中将出现“蚂蚁线”），接着单击“背景”图层，然后按组合键 Ctrl+Shift+I 直接反选，再按组合键 Ctrl+J 将天空以外的区域复制到“图层 2”中。然后依次选择菜单栏中的“滤镜”→“模糊画廊”→“路径模糊”，弹出一根线条，将线条拉成一条横着的 S 形曲线，取消选中“居中模糊”复选框，适当调整速度值，单击“确定”按钮，需要等待一会模糊效果才会出来。

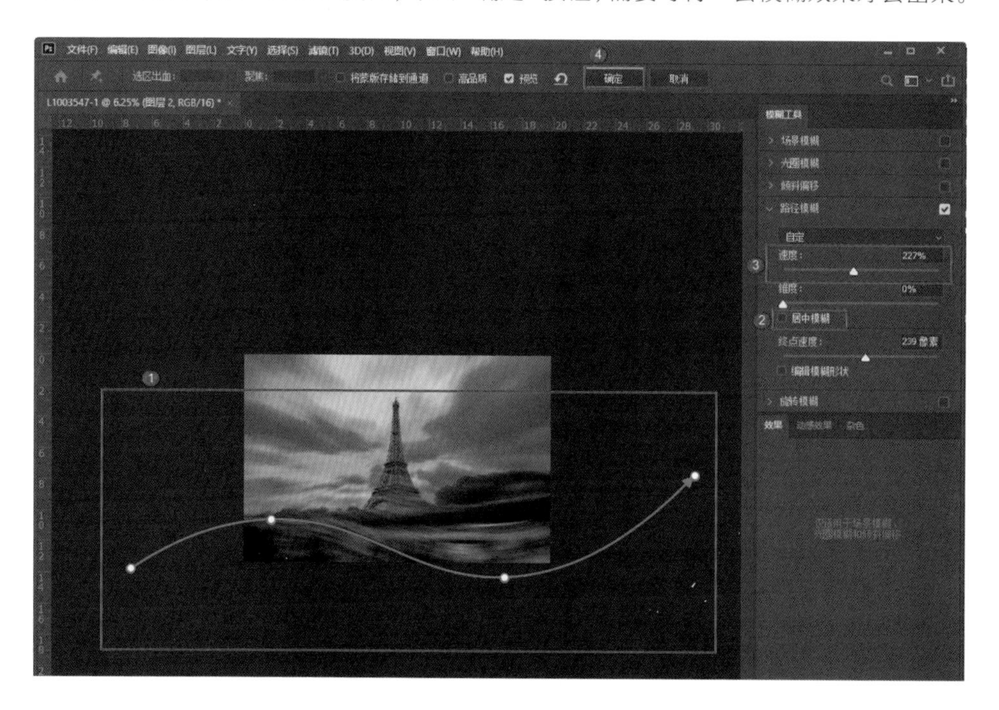

STEP5：我们其实是对天空做了径向模糊处理，让云彩有一种放射感，又对地面的人、建筑物做了路径模糊处理，让整个画面中具象的内容抽象化。因为埃菲尔铁塔也模糊了，所以接下来需要加一个蒙版，选择“柔边圆”画笔笔刷，将前景色设为黑色，用画笔工具将铁塔涂抹出来，让铁塔不受模糊效果的影响。

STEP6：单击“图层 1”，按组合键 Ctrl+Shift+Alt+E 盖印图层，盖印完之后按组合键 Ctrl+Shift+A 进入 ACR 界面。在“基本”选项卡中将配置文件设为“单色”（PS2020 版本）。

STEP7：单击“黑白混合”选项卡，将蓝色的参数值降到最低，即压暗天空，同时稍微降低浅绿色的参数值。

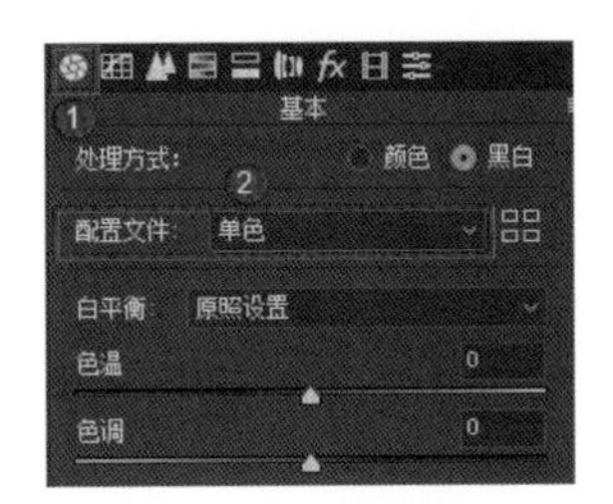

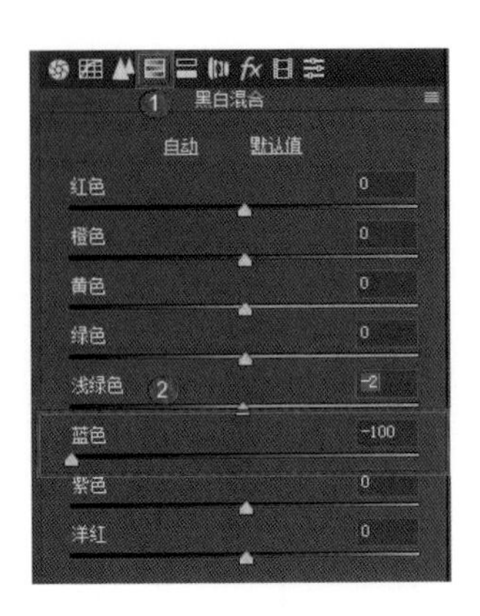

STEP8：单击工具栏中的“渐变滤镜”，然后单击“渐变滤镜”旁的小方块，选择“重置局部校正设置”，在画面上从上到下拖动，进行渐变处理，将曝光值降低为 -2.95，即把天空压暗。

STEP9：单击“效果”选项卡，对“数量”组进行调整，将中点值和高光值降到最低，接着单击“基本”选项卡，增加一点清晰度，单击“确定”按钮返回 PS。

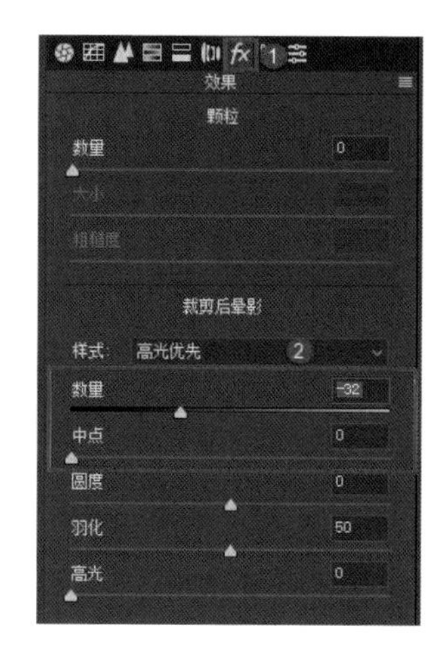

STEP10：添加一个色阶调整图层，在弹出的面板中将直方图下方的滑块由两边向中间调整。至此，完成对照片的最终调整。

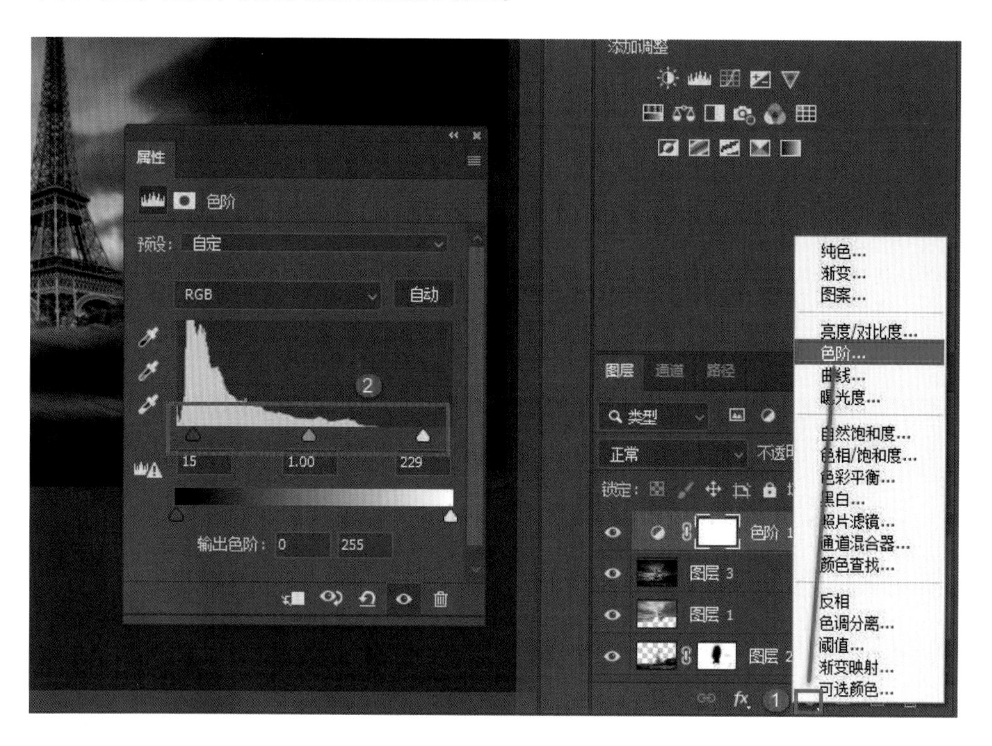

技 055 如何快速修饰地面曝光不足的照片

对于一张傍晚拍摄的风光照片，如果地面曝光过度，那么天空很可能已经溢出了，如果天空曝光正常则地面又很可能曝光不足。以往碰到这样的情况，解决方案都是拍两张照片，然后后期进行叠加。本节讲的这个知识点，可以让我们只拍一张照片就达到目的。拍照的时候只要控制好天空中最亮的部分，保证天空曝光正常，其余的部分就交给 ACR 解决。我们先将素材照片导入 ACR。

STEP1：定好照片的黑白场，增加阴影值，降低高光值，将对比度调到13，清晰度调到31，同时增加自然饱和度。这时直方图还是偏左，显然是因为照片曝光不足，于是将“曝光”滑块向右拖动增加一点曝光值。

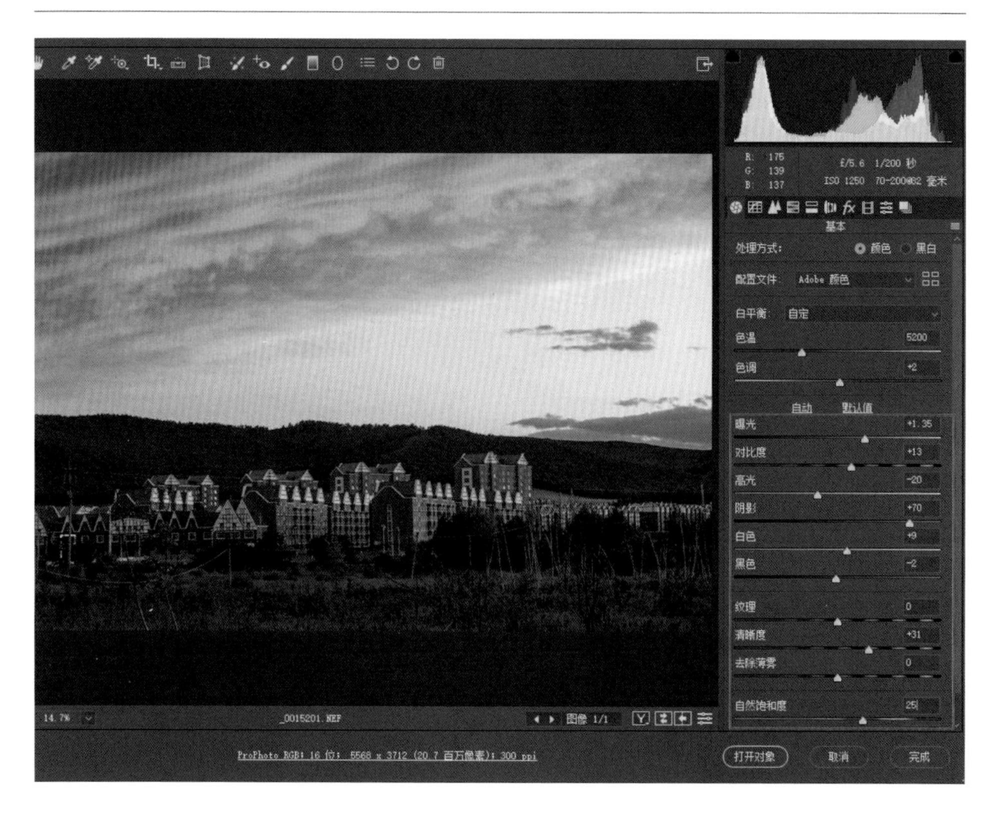

STEP2：单击“HSL 调整”选项卡，在“明亮度”里增加红色、橙色、黄色、绿色、浅绿色和蓝色的参数值。

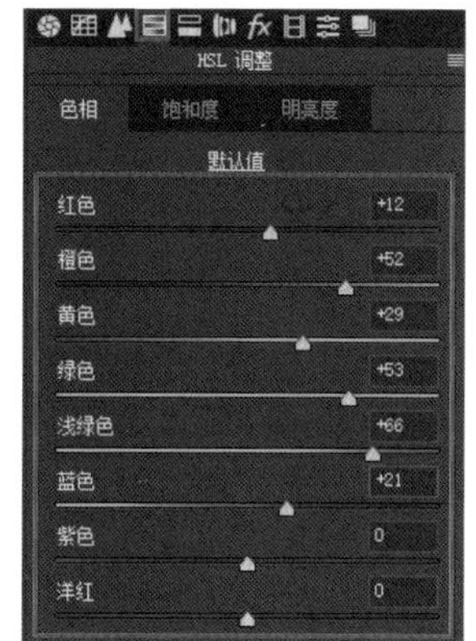

STEP3：将照片中前景的草地提亮一点。选择“画笔工具”，再单击直方图右下方的小方块，选择“重置局部校正设置”，然后增加一点曝光值，降低一点色温值，适当调整画笔大小和羽化值，然后对地面草地部分进行涂抹。

STEP4：单击 ACR 界面底部的一行字。在弹出的对话框中，勾选“在 Photoshop 中打开为智能对象”，单击“确定”按钮。现在照片中的天空太亮了，不过没关系，接下来单击“打开对象”按钮进入 PS。

STEP5：右击图层的名称（注意不要右击缩览图），选择“通过拷贝新建智能对象”，将产生一个智能对象的复制图层。

STEP6：双击顶部的图层返回 ACR，接着单击直方图右下方的小方块，选择“Camera Raw 默认值”，将照片恢复为初始设置状态。

STEP7：对照片进行基础调整，本次调整的目的是保证天空正常曝光，地面曝光可以忽略。

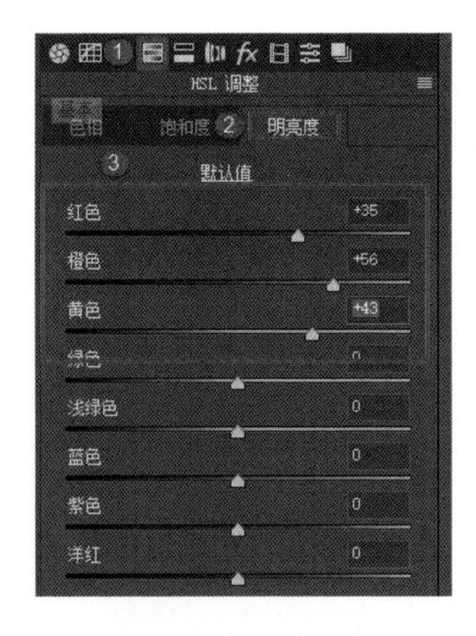

STEP8：单击“HSL 调整”选项卡，选择“明亮度”，适当增加红色、橙色和黄色的参数值。

STEP9：单击“确定 ”按钮将照片导入 PS 中。单击工具栏中的“快速选择工具”，选取除天空以外的区域，然后在按住 Alt 键的同时单击“添加蒙版”按钮。

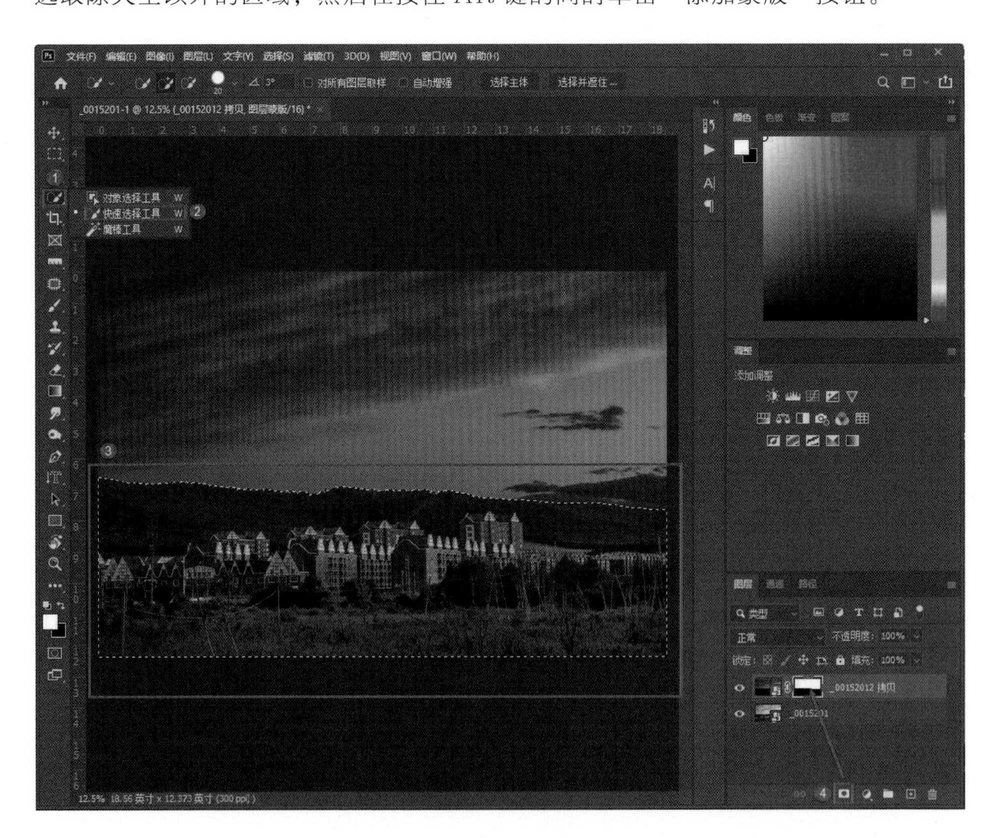

现在相当于把顶部图层中的地面用蒙版遮住了，只显示正常曝光的天空。到此这张照片就调整好了。这是一个新的后期处理思路，过去需要拍两张照片才能制作出来的效果，现在一张照片就能实现了。

056 技 人像照片的另一种调色思路

将素材照片导入 ACR。

STEP1：定好黑白场，增加阴影值，降低高光值，以保证云彩的层次感；将清晰度调为-18，以保证皮肤的柔和感；降低色温值，使水显得更蓝一些。

STEP2：放大照片后发现照片中有一点杂色，单击“细节”选项卡，调整明亮度。

STEP3：单击“HSL 调整”选项卡，选择“饱和度”，增加黄色、绿色、浅绿色、蓝色的参数值。

STEP4：在“明亮度”里将蓝色的参数值降低，绿色和浅绿色的参数值调高，同时增加橙色的参数值以提亮皮肤。

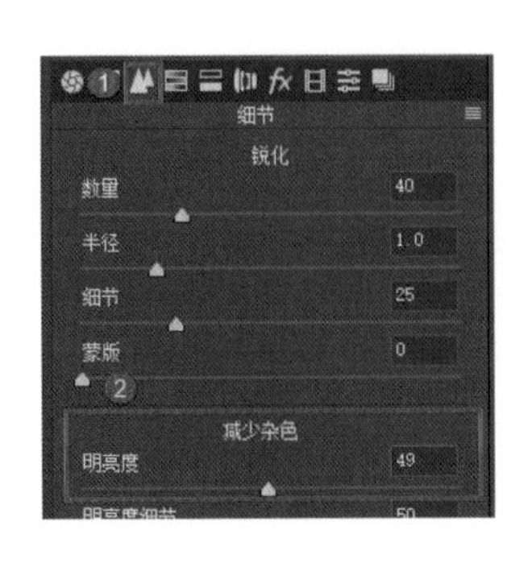

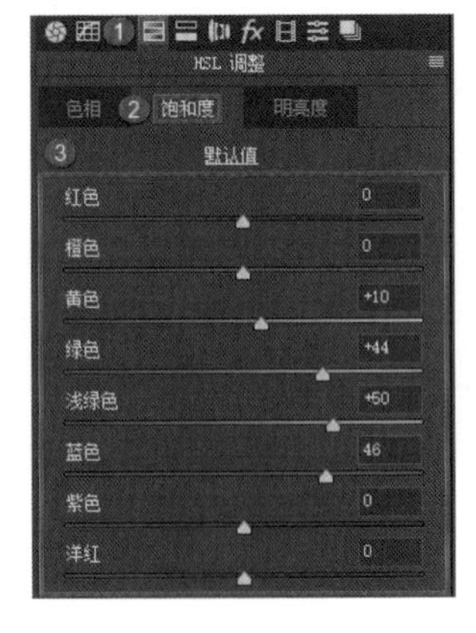

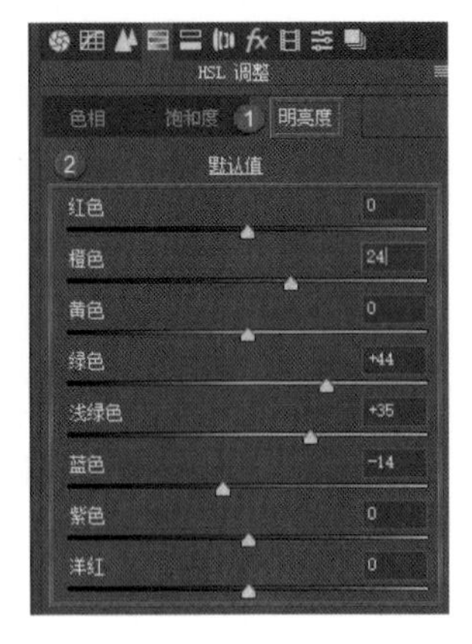

STEP5：校正地平线。

STEP6：单击右下角的“打开对象”按钮进入 PS。因为天空中的云彩比较杂乱，所以需要调整一下。单击工具栏中的“快速选择工具”，选取天空区域。接着对选区进行羽化，按组合键 Shift+F6，在弹出的对话框中，将羽化半径设置为 2，然后单击“确定”按钮。

STEP7：按组合键 Ctrl+J 把天空区域抠出来（“图层 1”）。接着选择菜单栏中的“滤镜”→“模糊”→“径向模糊”，在弹出的对话框中，将数量设置为 21，选中“缩放”，然后单击“确定”按钮。天空的径向模糊效果就制作完成了。

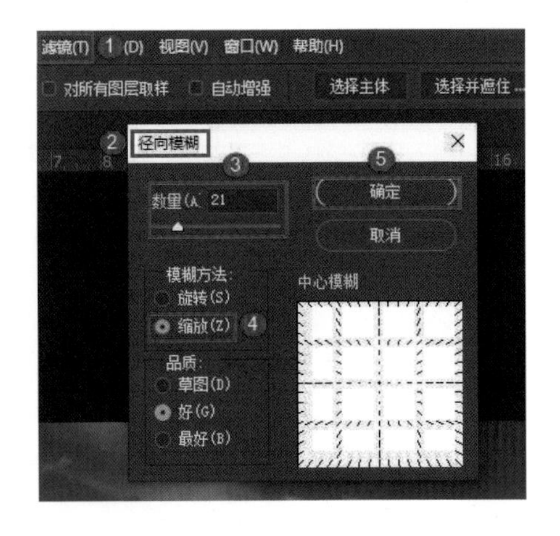

STEP8：这时发现人物的脸也模糊了，可以再加一个蒙版，将前景色设为黑色，选择“画笔工具”，在不透明度、流量都是 100% 的情况下涂抹人物的脸即可。

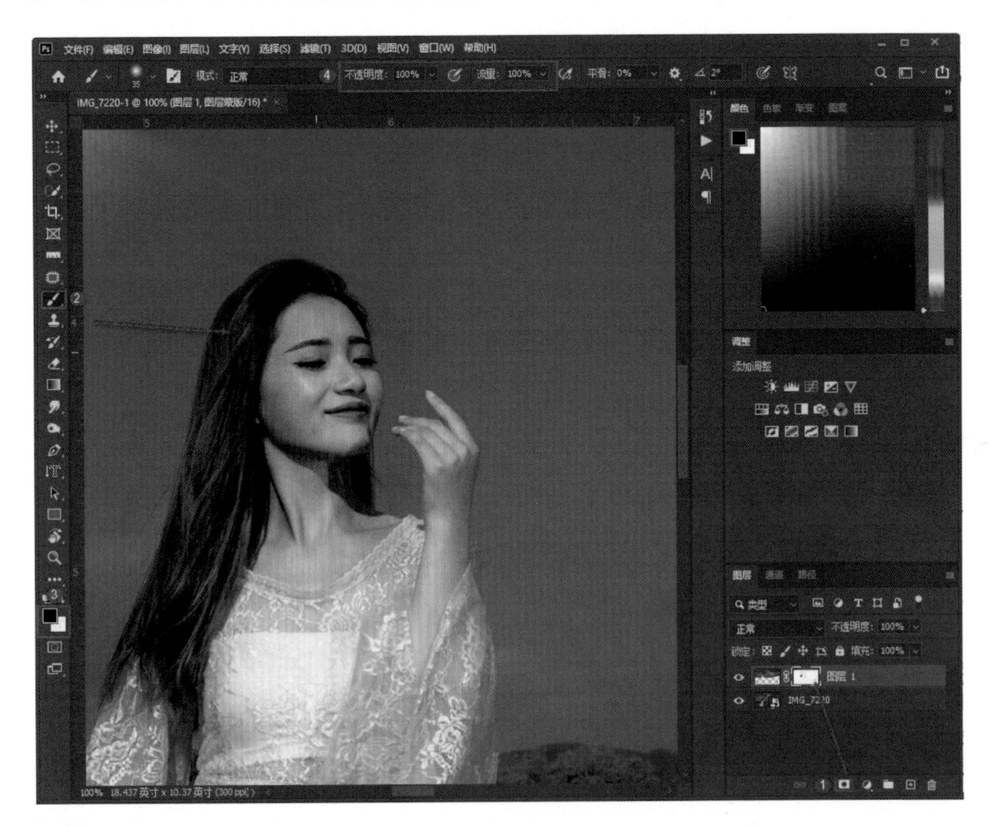

STEP9：按组合键 Ctrl+Shift+Alt+E 盖印图层（“图层 2”），对地面进行调整。单击工具栏中的“快速选择工具”，选取地面区域，记得要避开人物。按组合键 Shift+F6 弹出“羽化选区”对话框，将羽化半径设置为 2，接着按组合键 Ctrl+J 把地面区域抠出来（“图层 3”）。

STEP10：在“图层 3”中制作动感模糊效果。选择菜单栏中的“滤镜”→“模糊”→“动感模糊”，模糊的程度自行把握，最后单击“确定”按钮。

STEP11：这时如果觉得画面中的线条特别生硬，可以在菜单栏中依次选择“滤镜”→“模糊”→“高斯模糊”，在弹出的对话框中，将半径设置为10左右，这样可以使径向模糊的线条变得柔和。

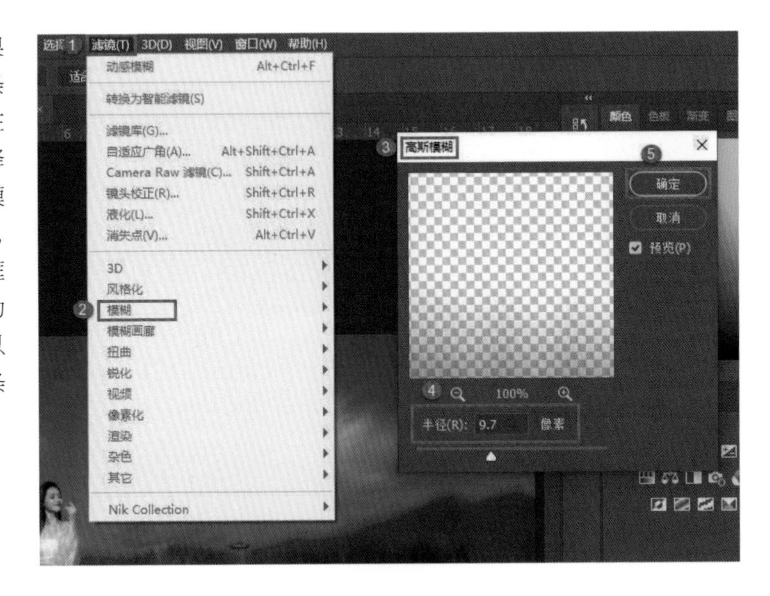

STEP12：检查一下照片，如果发现人物身体上有模糊的地方，可以选择“画笔工具”，将前景色调为黑色，后景色调为白色，不透明度和流量都设置为100%，然后添加一个蒙版来把身体上模糊的部分用黑色画笔还原出来。

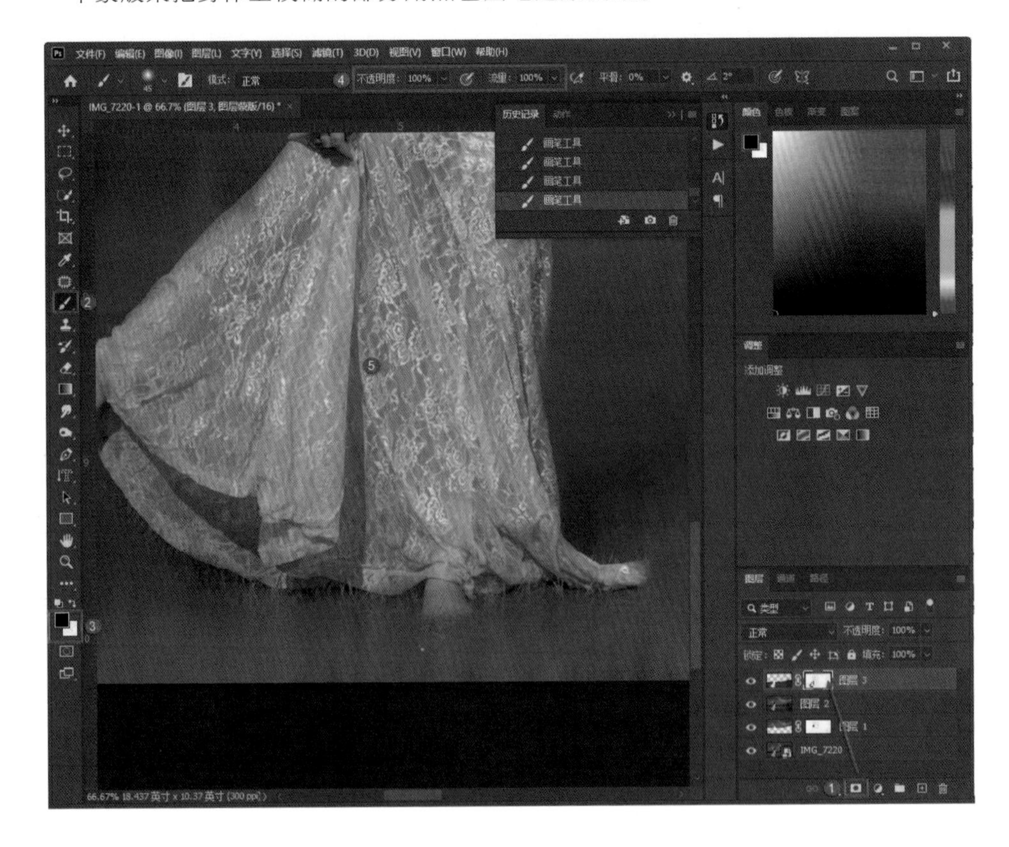

STEP13：再次调整草地的颜色，创建一个可选颜色调整图层，选择“黄色”后对各相关参数进行调整，适当拖动相应的滑块，自行把握调整程度。

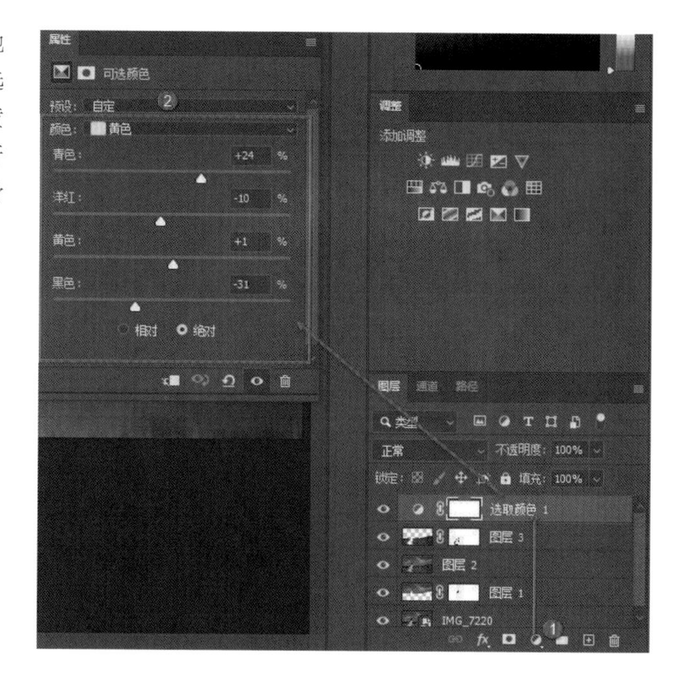

STEP14：在此基础上创建一个色阶调整图层，在“色阶”面板中将两边的滑块向中间拖动。至此，照片就修好了。

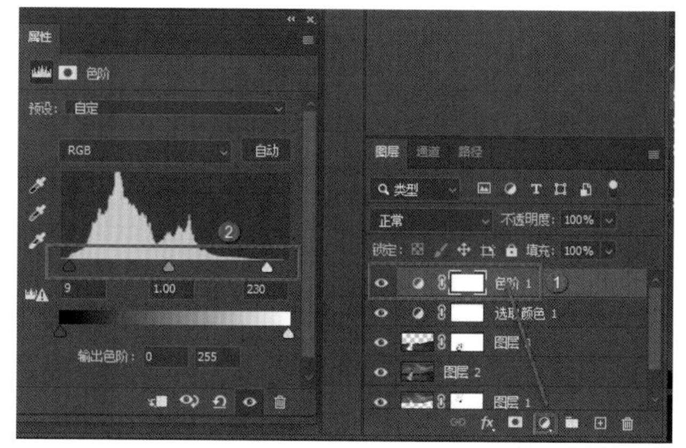

如何制作投影

本节讲解如何在一张照片中添加一个人物。有光就有影，因此添加的人物必须有投影才符合逻辑。在 PS 中打开素材照片。

STEP1：在按住Ctrl键的同时单击黑白蒙版缩览图，"蚂蚁线"圈出的区域就是人物的选区（即蒙版中的白色区域）。然后单击"背景"图层，在"背景"图层上方新建一个空白图层（"图层1"）。

STEP2：在空白图层（"图层1"）中的选区（"蚂蚁线"圈出的区域）里填充黑色，即填充人物的轮廓背影，设置前景色为黑色，按组合键Alt+Delete填充黑色，接着按Ctrl+D取消"蚂蚁线"。最后让最顶部的图层不可见（取消选中图层左侧的"小眼睛"图标）。这时一个黑色的人物轮廓就出现了。实际上就是利用人物在蒙版中的选区做了一个剪影，这个剪影是制作投影用的。

STEP3：选中最顶部图层左侧的“小眼睛”图标使图层可见。单击选择“图层 1”，按组合键 Ctrl+T 启动自由变换，右击变形框，选择“扭曲”，然后单击选中自由变换矩形框顶边的中点，再把剪影移动到地面上形成人的投影。

STEP4：在按住组合键 Ctrl+Shift+Alt 的同时单击选中变形框的右上角，将其向左移动，建立透视关系后按 Enter 键确定变形的最终效果。

STEP5：给投影制作高斯模糊效果。单击“图层 1”，然后依次选择菜单栏中的“滤镜”→“模糊”→“高斯模糊”，在弹出的对话框中，将半径值设为 5.4，单击“确定”按钮。接下来降低投影的不透明度，体现出投影区域中地面的纹理和质感。

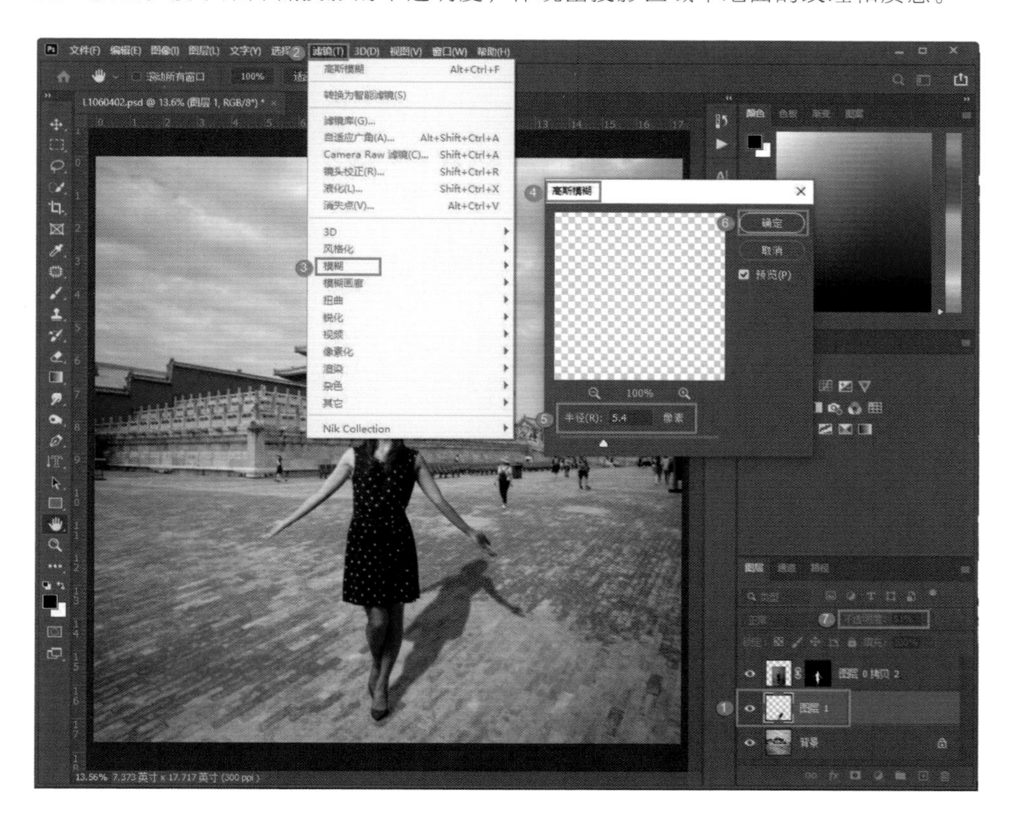

STEP6：单击选择最顶部的图层，按组合键 Ctrl+Shift+Alt+E 盖印图层，生成“图层 2”，然后按组合键 Ctrl+Shift+A 进入 ACR。在 ACR 界面中单击“效果”选项卡，降低数量值，同时将中点值降到最低，压暗四角，让照片有立体感。至此，人物的投影就制作完成了。

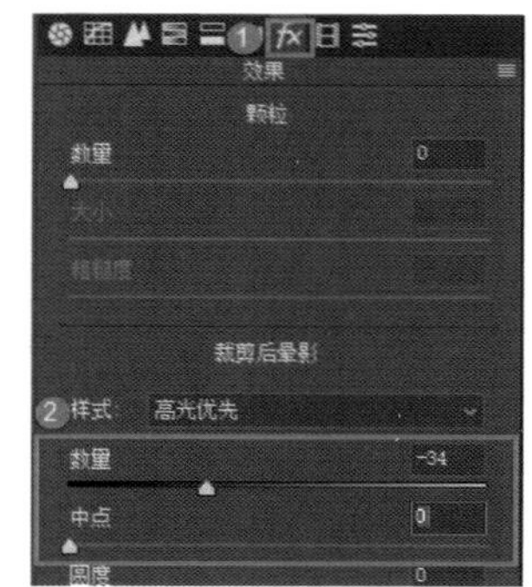

如何制作一束光线

将素材照片调入PS，照片中的人物靠在墙上，我们要给这个画面添加一束光线。

STEP1：按组合键 Ctrl+J 复制一个图层，然后选择工具栏中的“多边形套索工具”，在画面中框选出光线所在的区域。

STEP2：单击进入“通道”面板，新建一个通道，新建通道是黑色的，设置前景色为白色，然后按组合键 Alt+Delete 填充白色。

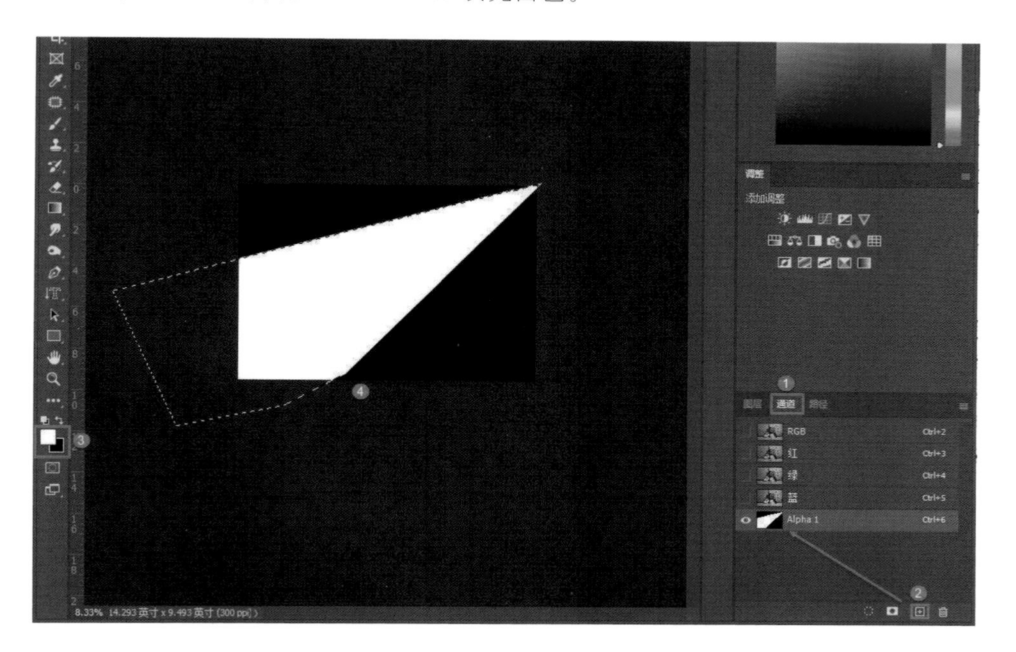

STEP3：按组合键Ctrl+D取消蚂蚁线。依次选择菜单栏中的“滤镜”→“模糊”→“高斯模糊”，在弹出的对话框中设置合适的半径值，比如43.0，然后单击“确定”按钮。

STEP4：在按住Ctrl键的同时单击新生成的“Alpha 1”通道获取选区（产生“蚂蚁线”），然后单击“RGB”通道的名称（不要单击“RGB”通道的缩览图）回到“RGB”通道，最后再单击进入“图层”面板。

STEP5：在“图层”面板中创建一个曲线调整图层（“曲线 1”），在弹出的面板中往左上方拖动曲线，即可做出光线效果。

STEP6：在按住 Ctrl 键的同时单击“曲线 1”图层的蒙版获取选区（出现“蚂蚁线”），然后按组合键 Ctrl+Shift+I 进行反选，选中光线以外的区域。接下来再新建一个曲线调整图层（“曲线 2”），在弹出的面板中往右下方拖动曲线，让光线以外的区域变暗。

STEP7：单击“曲线 1”的蒙版，选择“画笔工具”，将前景色设置成黑色，不透明度和流量都设置为 50% 左右，然后选择“柔边圆”画笔笔刷，对人物的脸、腿等在光线中曝光过度的部分进行涂抹，使其有层次感。接着可以稍微降低两个曲线调整图层的不透明度。这时画面中的光线就像冬天的一束光暖洋洋地从窗户外照射进来，非常真实。

如何制作背景发光的照片

将素材照片调入 PS，这张照片是在黑色背景下拍摄的，人物穿的也是黑色的衣服，一眼看去感觉人物被贴在了墙上。现在想让她的身体凸显出来，有一个方法就是在人物背面打一道光，把人物和背景分离，增加照片的空间感。

STEP1：单击工具栏中的“快速选择工具”，将人物选中，按组合键Shift+F6调出“羽化选区”对话框，将羽化半径设为2，然后单击“确定”按钮。

STEP2：添加一个蒙版，这样人物就被抠出来了。

STEP3：这时发现人物的两条胳膊没有被抠出来，于是单击进入“通道”面板，在按住Ctrl键的同时单击“Alpha 1”通道（素材中已经抠好的选区），画面中将出现“蚂蚁线”。接着单击“RGB”通道的名称（不要单击缩览图），然后回到“图层”面板。

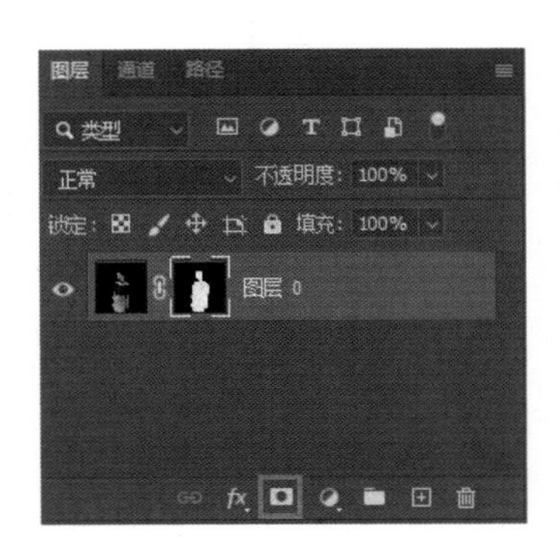

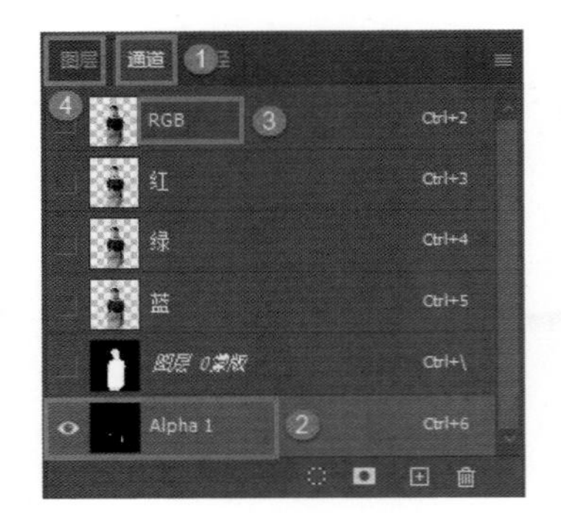

STEP4：将前景色设置为黑色，单击选中“图层0”的蒙版，然后按组合键Alt+Delete填充黑色。这时胳膊两边的黑色背景就不会显示了。

STEP5：先按组合键 Ctrl+D 取消选区，接着按组合键 Ctrl+J 复制一个图层，然后右击底部的“背景”图层（“图层 0”）的蒙版，选择“删除图层蒙版”。

STEP6：按组合键 Alt+Delete 填充黑色，然后添加一个空白图层（“图层 1”）。

STEP7：在“图层 0 拷贝”的蒙版上右击，选择“应用图层蒙版”。

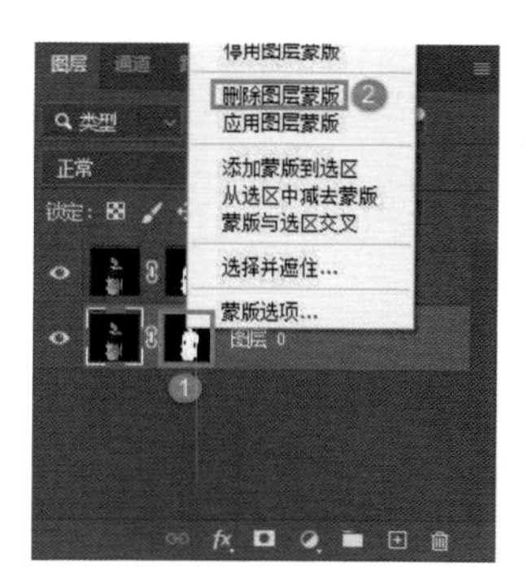

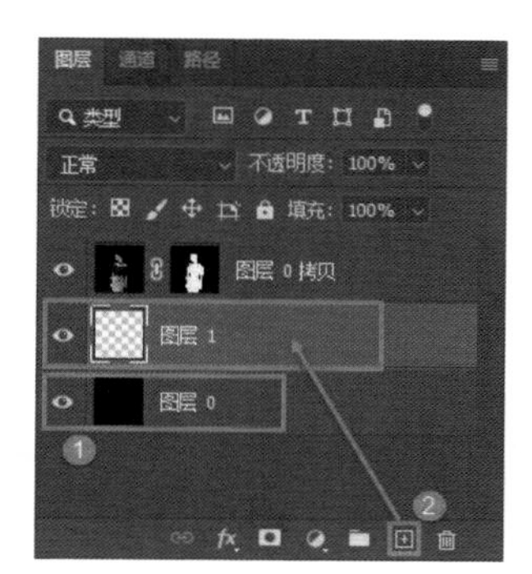

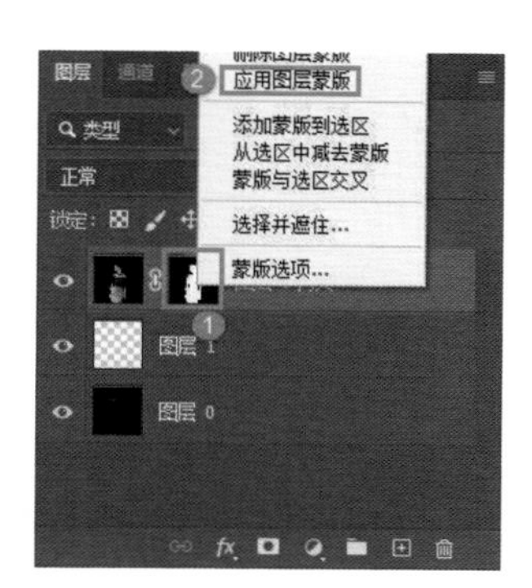

STEP8：为前景色选择一个颜色，比如红色，再把图层混合模式设为“正常”，然后单击选择空白图层（“图层 1”），选择工具栏中的“渐变工具”，将渐变方式设为径向渐变，然后在人物上涂抹一下，光效就出现了。

STEP9：如果觉得光效的颜色太红，可以按组合键 Ctrl+U 调出“色相 / 饱和度”对话框，然后在其中变换它的颜色，比如选择浅紫色，单击“确定”按钮。我们还可以调整“图层 1”的不透明度来削弱光线。这样人像照片就会变得非常好看。到这里照片就制作完成了，最后记得合并图层和保存照片。

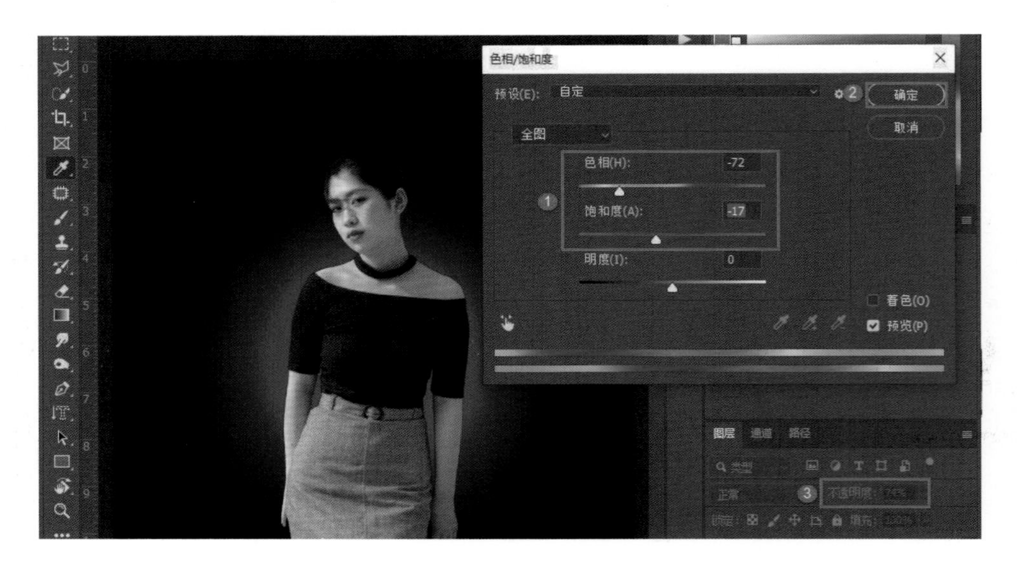

060 技 如何制作素描淡彩效果的照片

将素材照片调入 PS。

STEP1: 先复制一个“背景”图层(“背景 拷贝”)，然后选择菜单栏中的“滤镜”→“风格化”→“查找边缘”。

STEP2：单击“背景 拷贝”图层，然后按组合键 Ctrl+L 调出“色阶”对话框，在其中将滑块由两边向中间拖动，然后单击“确定”按钮。

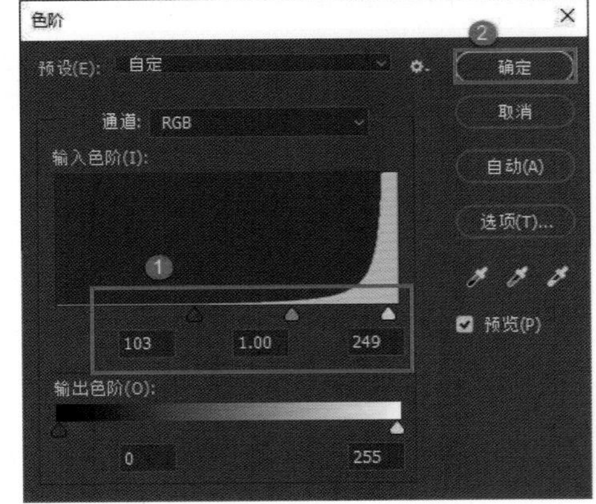

STEP3：双击“背景 拷贝”图层，然后在弹出的对话框中，在按住 Alt 键的同时向右拖动“下一图层”的右侧的小黑三角滑块。

STEP4：到这一步时还没有制作完成，想要效果更好一些，就需要新建渐变映射调整图层，同时将图层混合模式设为“正片叠底”，然后在弹出的面板中选择一种颜色。如果觉得这张照片的颜色过重，还可以降低图层的不透明度，这样一张素描淡彩效果的照片就制作完成了。

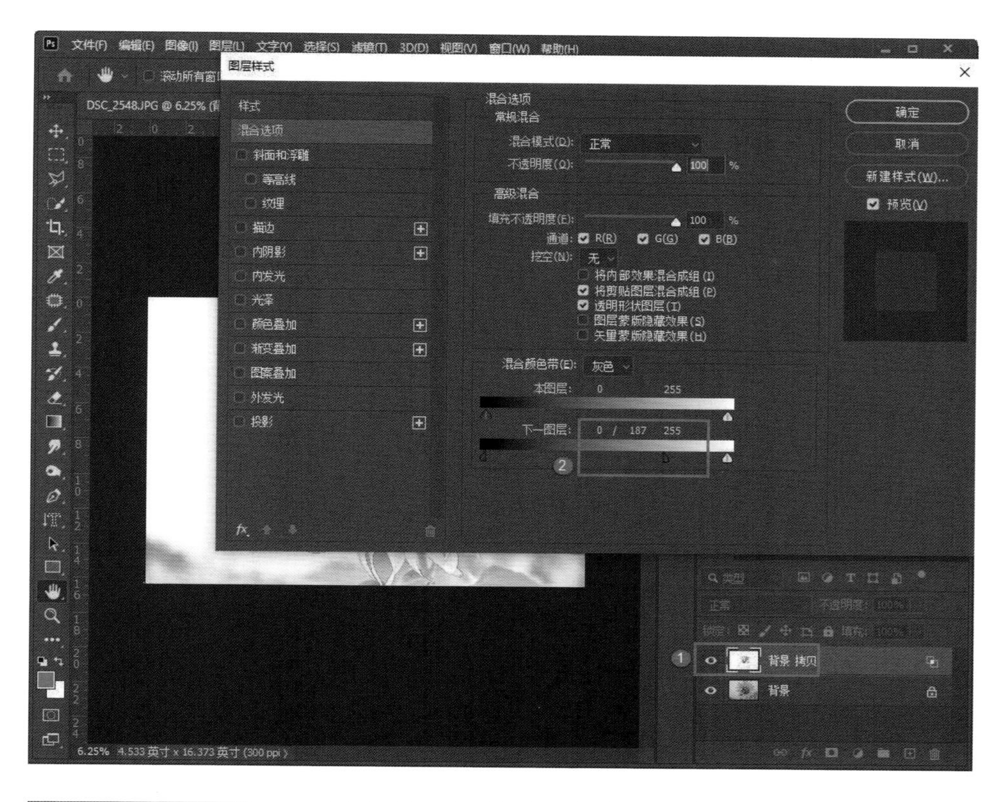

原始照片是一张非常普通的照片而且色温也不正常，添加素描淡彩效果后，这张照片将变得非常好看。

技 061 如何调整人物的脸部阴影

将素材照片调入 ACR。

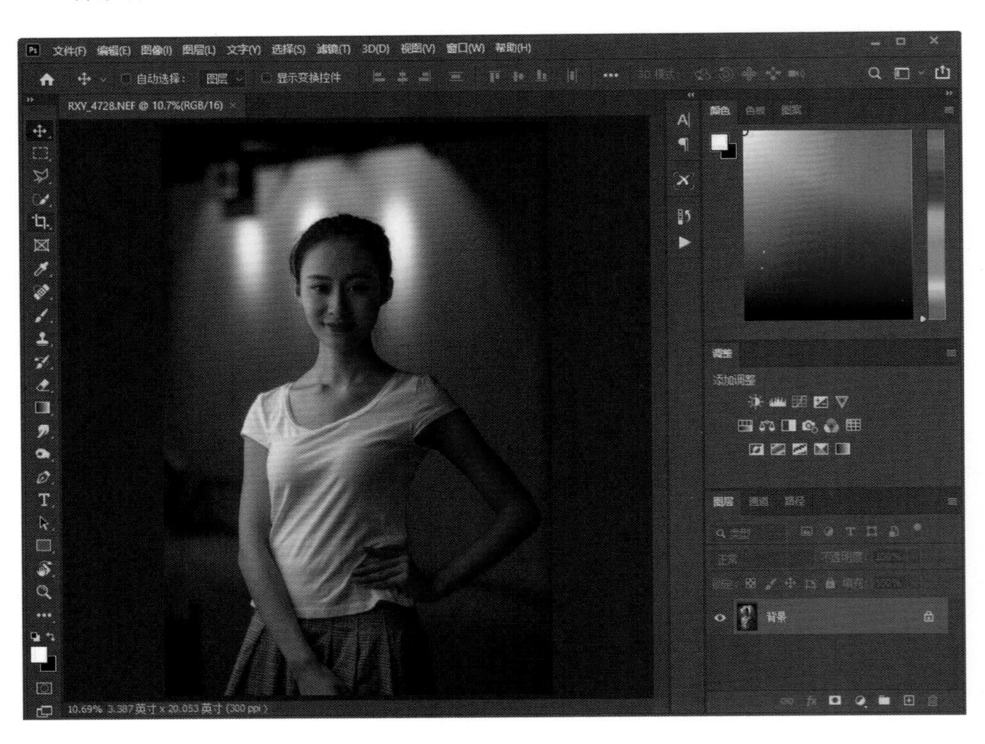

STEP1：对这张照片进行基础的调色，定准黑白场，提高阴影值，降低高光值，将清晰度调为-18，同时降低色温值。

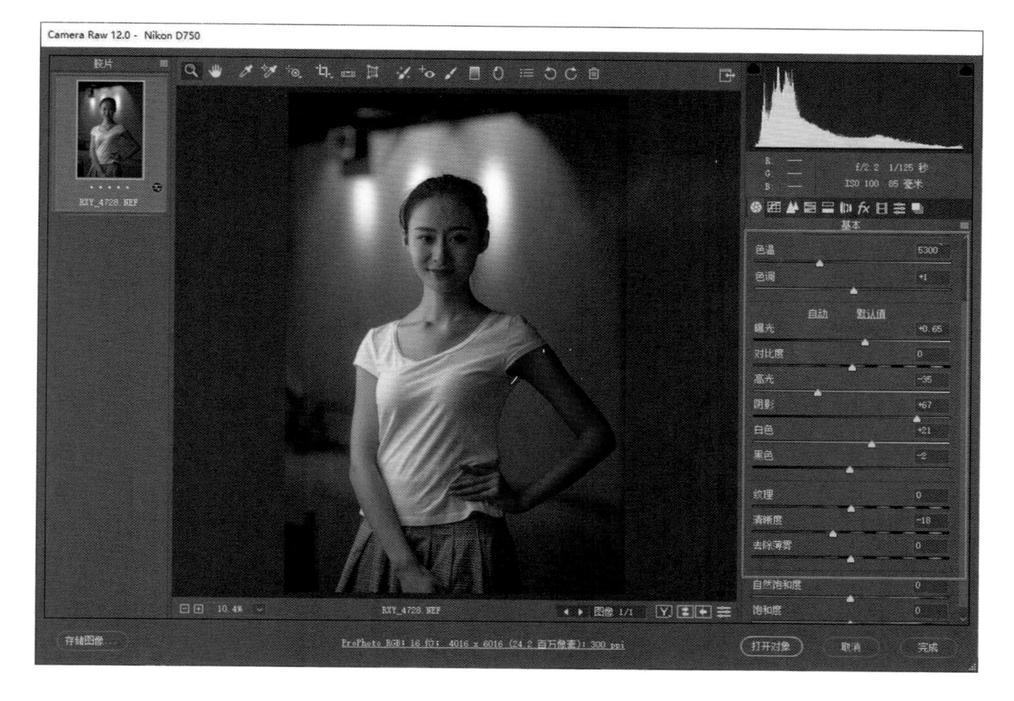

STEP2：单击“细节”选项卡，调整明亮度。

STEP3：单击“打开对象”按钮进入 PS，复制一个图层，把图层混合模式设为“滤色”，然后在按住 Alt 键的同时单击“添加蒙版”按钮添加一个反相蒙版。

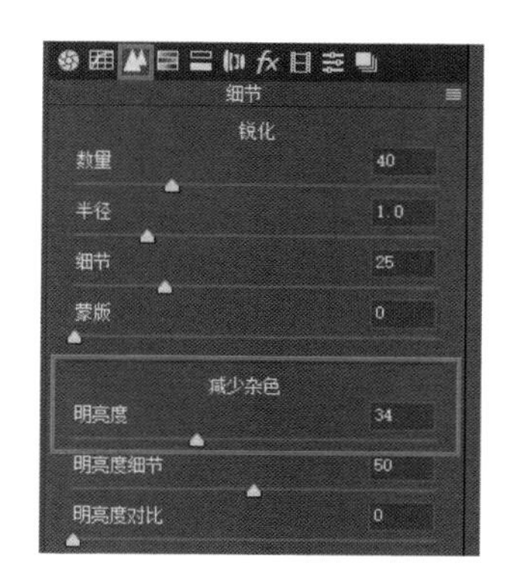

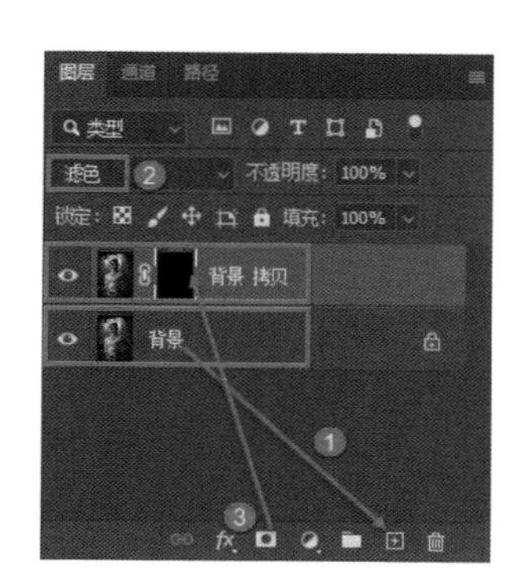

STEP4：将前景色设为白色，选择“渐变工具”，将渐变方式设为“前景色到透明渐变”（步骤序号 3），同时选择“线性渐变”（步骤序号 4），再将模式设为“正常”，不透明度设为 100%。

STEP5：按住 Shift 键，在照片上从右到左拖动几下。如果觉得调整过度就把前景色切换为黑色，然后继续按住 Shift 键，同时在照片上从左到右拖动几下（蒙版中的白色区域显现，黑色区域被遮挡）。

STEP6：如果觉得画面还是没有达到满意的效果，可以直接按组合键 Ctrl+J 复制一个图层，然后对不透明度进行微调。

SPET7：按组合键 Ctrl+Shift+E 盖印图层，再把人物脸上的痘印修饰一下，照片就修饰好了。

如何给人物的衣服换色

将素材照片调入 ACR。

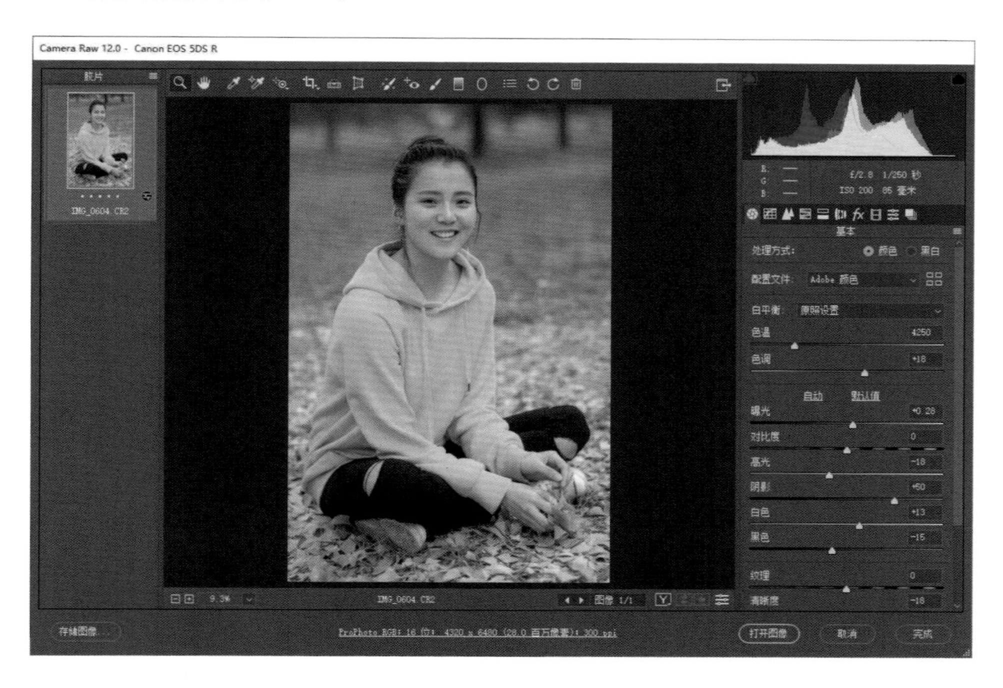

STEP1：先做基础调整，定准照片的黑白场，然后增加阴影值，降低高光值，对比度不变，将清晰度调到-18，同时增加一点自然饱和度和曝光值。

STEP2：单击“细节”选项卡，调整明亮度。

STEP3：单击“HSL 调整”选项卡，选择“明亮度”，增加橙色的参数值将肤色提亮，接下来单击“打开对象”按钮进入 PS。

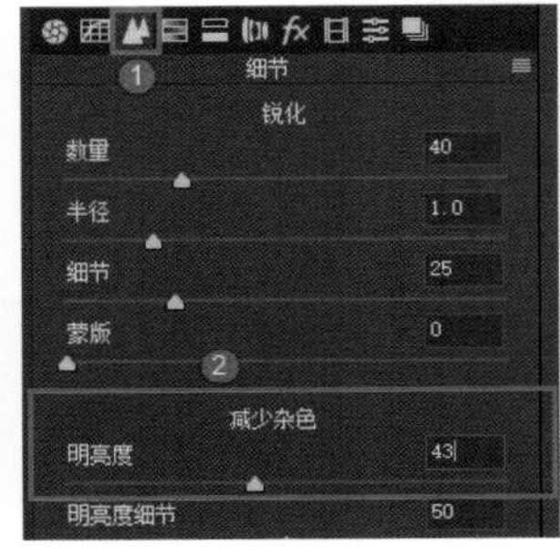

STEP4：画面中的场景是秋景，秋天是暖色调的，背景是黄叶，人物的衣服也是黄色的，我们可以把衣服的颜色换一下，从而跟背景色区分开来。创建“色相 / 饱和度”调整图层，在弹出的面板中选择“黄色”，现在只需调一下色相就可以改变人物衣服的颜色，最后记得合并图层和保存（大家还可以用“快速选择工具”选择人物的衣服作为选区，只调整衣服的颜色，叶子的颜色保持不变）。

如何给照片加水印

没有水印的照片可能会被别人随意使用，我们要学会给照片添加水印来保护自己的版权。首先将素材照片调入 PS。

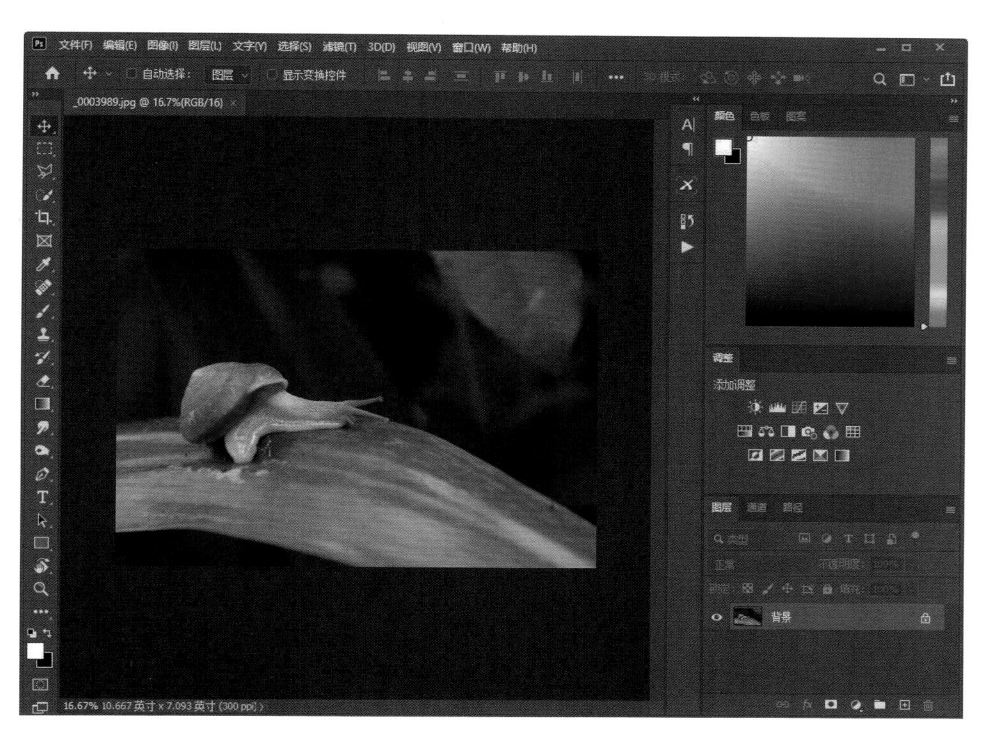

STEP1：单击“横排文字工具”，在照片中添加文字。随便打几个英文字母，然后双击文字图层名称后方的空白处，弹出“图层样式”对话框，在其中勾选“斜面和浮雕”“等高线”，同时调整“结构”中相应的参数，让文字有纹理，然后单击“确定”按钮。

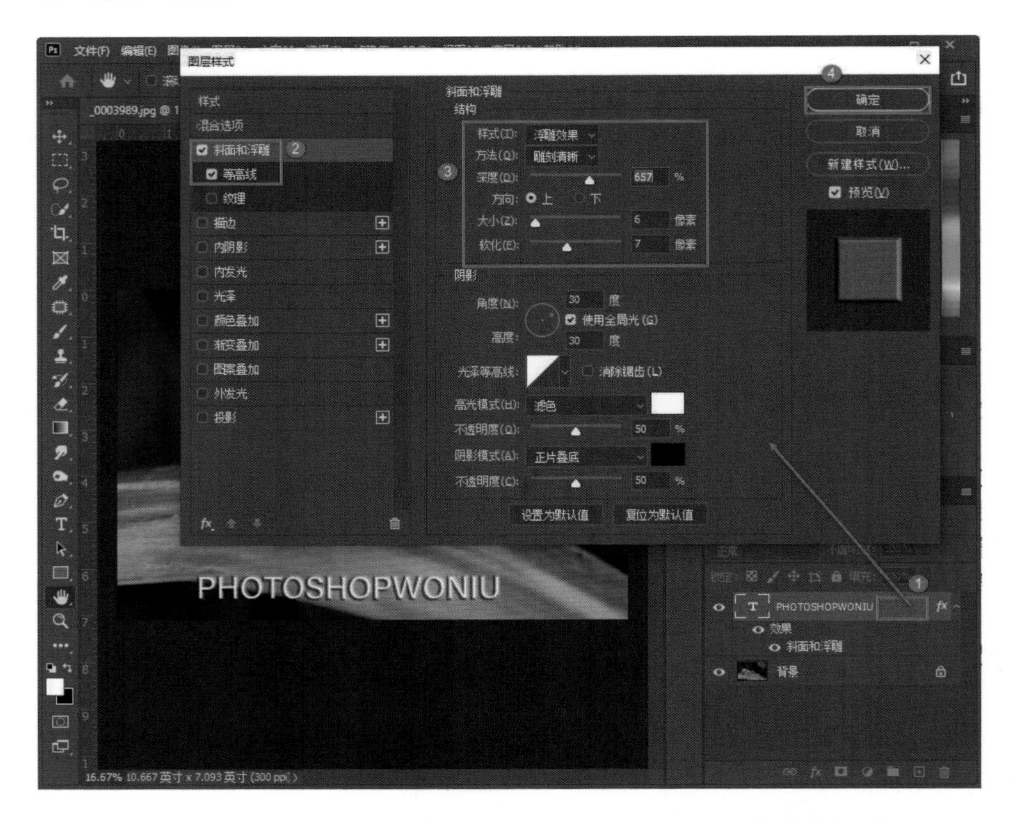

STEP2：在文字图层上调整“填充”的数值，把数值降到最低，同时酌情调整不透明度，这样水印就做好了。

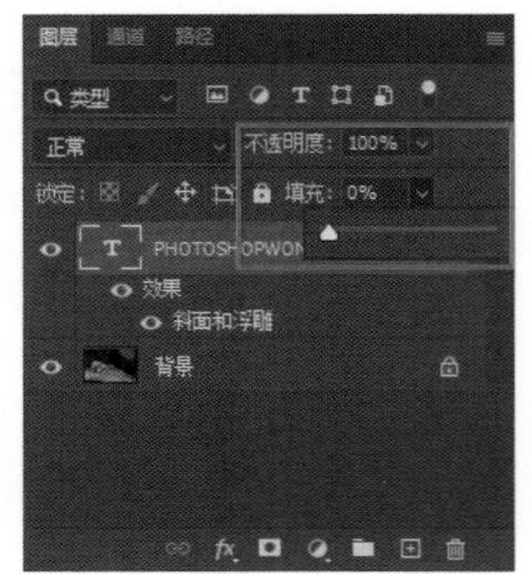

水印的位置可以自行调整，大小也可以按组合键 Ctrl+T 进行自由变换。

这里解释一下填充和不透明度的关系：将不透明度降到 0% 后，所有文字就被抹去了；将“填充”的数值降到 0% 后，填充的颜色就被抹去了，但是文字轮廓依然保留着。

技 064 如何使用内容识别功能

内容识别功能的作用就是把照片中多余的部分去除且不留痕迹。首先在 PS 中打开素材照片。这张照片中的内容是一片树林，如果觉得左边这棵树多余，我们可以利用内容识别功能把它去掉。

STEP1：选择工具栏中的“修补工具”，圈选左边这棵树的树干，依次选择菜单栏中的“编辑”→“填充”，在“填充”对话框中的“内容”下拉列表中选择“内容识别”，然后单击“确定”按钮，这样圈选的树干立刻就消失了。

STEP2：如果没有完全消失，还可以圈选没有消失的部分，再重复以上操作即可。

很多时候想要通过这个功能一次性抹去多余的内容有些困难，这时我们可以局部分次进行操作。

技065 如何突出环境中的人像

首先将人像照片调入 ACR。

STEP1：先做基础调整。先把白平衡设为“自定”，单击“白平衡工具”，然后找到一块灰色区域。单击衣服上的灰色，照片的颜色会立刻发生变化。此时照片的色温值是 4450，增加到 4850 即可。接着定黑白场，增加阴影值，降低高光值，将清晰度设为-25 左右，因为照片中是半身人像所以不能提高清晰度，再将自然饱和度降低。

STEP2：对照片中的背景进行处理。单击“HSL 调整”选项卡，调整“明亮度”中的参数。

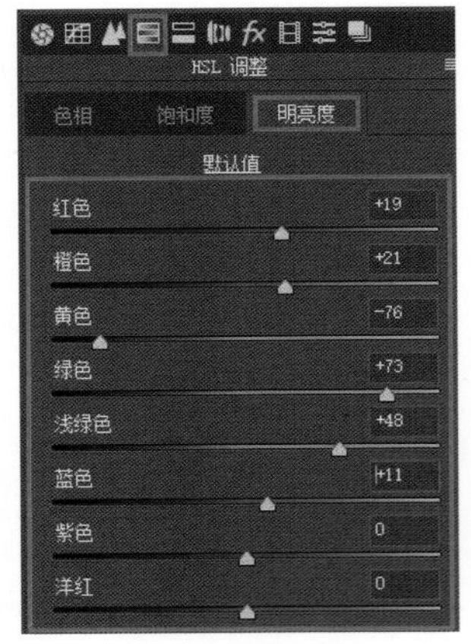

STEP3：单击“渐变滤镜”，首先选择“重置局部校正设置”，接着将曝光值降低，然后在照片外围定一个点再朝人像拖动，多拖动几次，将背景压暗。把背景压暗是为了突出人物，一定要有足够的耐心，不要过度压暗。

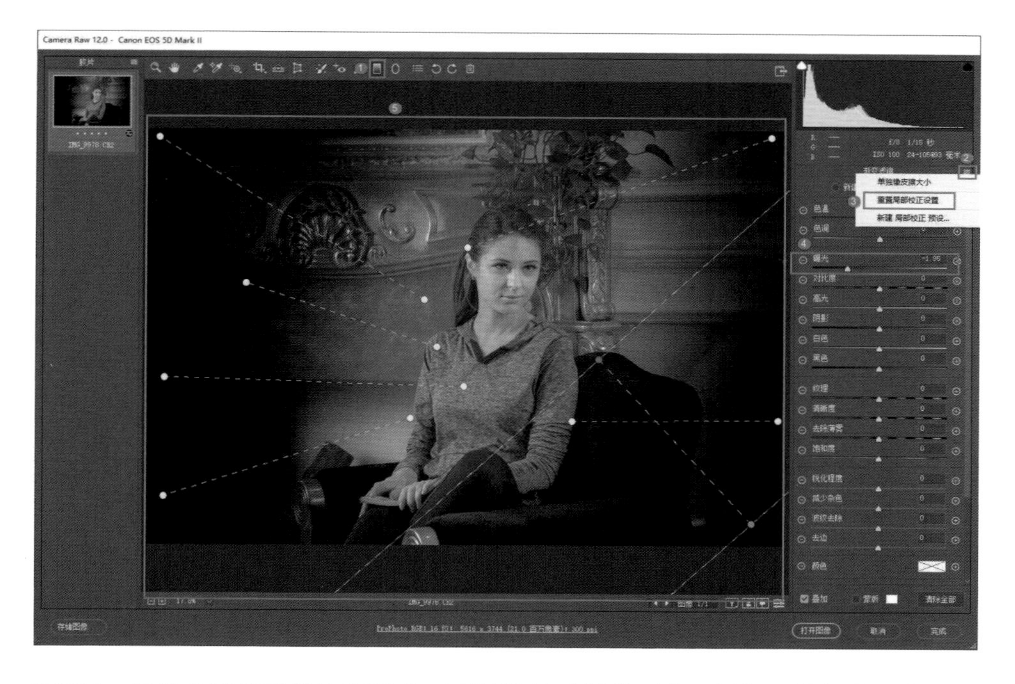

STEP4：如果此时仍不能达到要求，可以选择“调整画笔工具”，选择合适的画笔直径，同时降低饱和度，然后对照片中的背景进行涂抹，把不必要的地方涂黑一点，目的是突出人物。

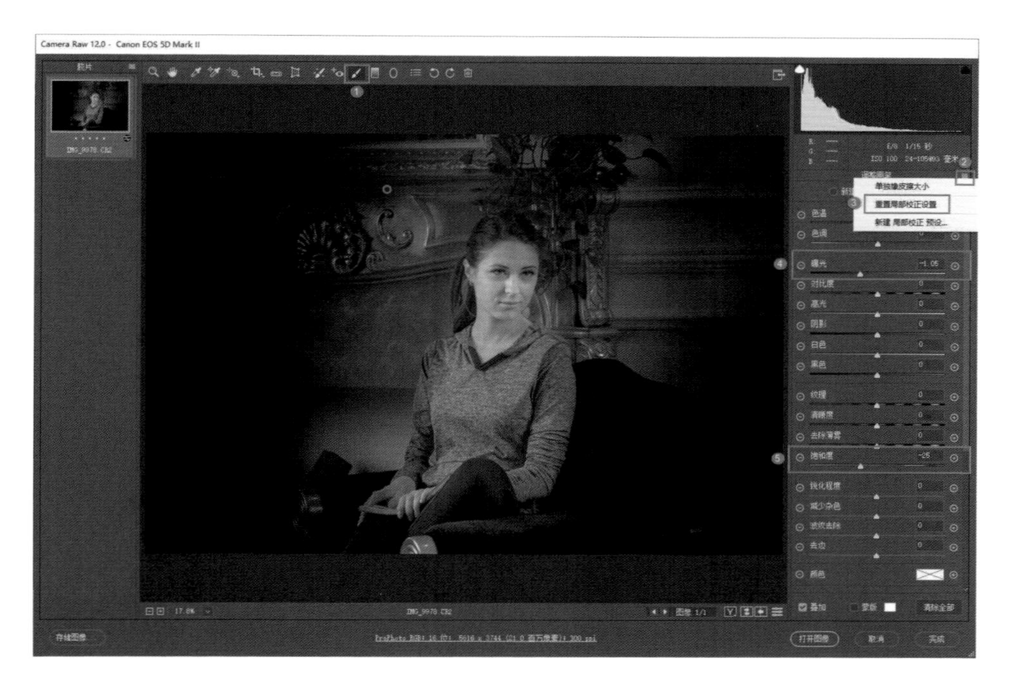

STEP5：回到基础界面，单击“效果”选项卡，将“裁剪后晕影”中的数量值降低，把环境四周压暗，同时增加中点值和羽化值。

STEP6：单击“基本”选项卡，将自然饱和度降低，这样人物的肤色跟环境就完全匹配了。

STEP7：至此，这张照片基本上调整完毕，但是它反差较小。因此我们单击“色调曲线”选项卡，自行增大反差即可。

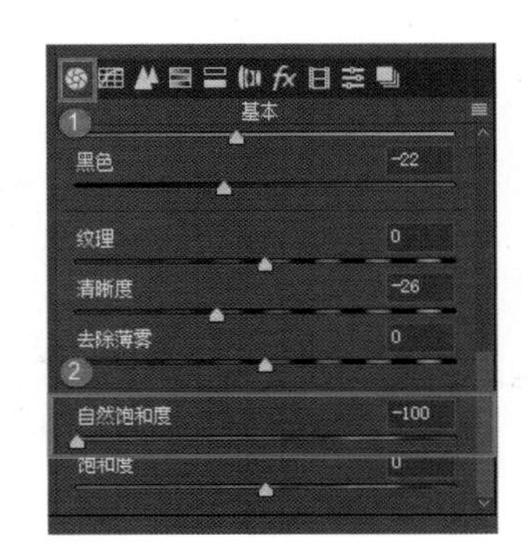

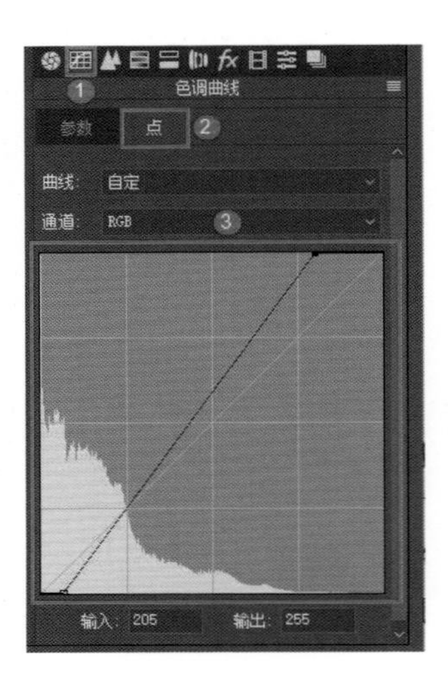

STEP8：单击“打开对象”按钮进入PS。创建一个可选颜色调整图层，在弹出的面板中将颜色设为红色，同时适当调整相应的几个滑块。

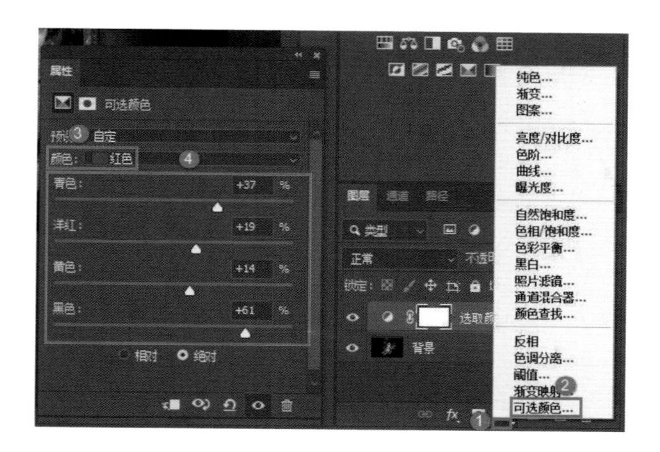

STEP9：创建一个色阶调整图层，在“色阶”面板中，将滑块由两边向中间拖动，从而增大反差。

在调整过程中把一些多余的元素压暗的主要目的是突出人物。所以一张照片拿到手之后先设定修改思路是非常重要的。实际上在后期制作中，最重要的还是自己对照片的理解，也就是说，你自己首先要给照片定一个基调，要清楚需要把它调成什么样子，然后再按照这个基调去调即可。

如何调整风光照片

将素材照片调入 ACR。

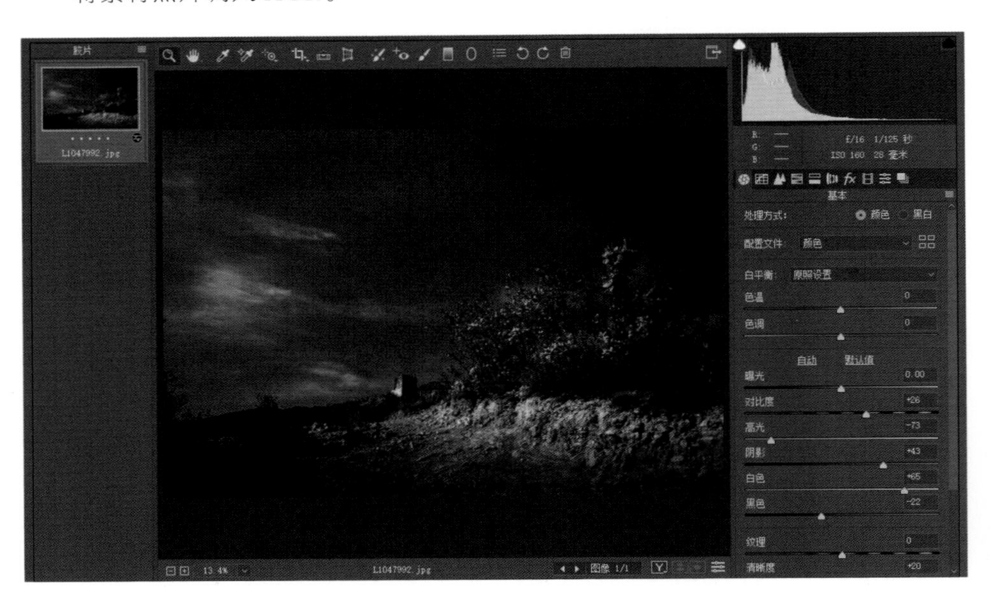

这张照片是在长城上拍的，照片上半部分的效果不错，树叶部分橙色和黄色很多，烽火台部分也有黄色，这些都是调出好片的基础。有一点不理想——地面上的黄色太多了，破坏了画面的美感，需要对它进行调整。在调整照片的时候需要把地面压暗一点，留一丝阳光照射到秋天的树叶上，这是调整的整体思路。此外，在调整的时候尽量不要提高天空的饱和度。

STEP1：首先定好照片的黑白场，然后增加阴影值，降低高光值，让云彩更有层次感，接着增加对比度和清晰度。

STEP2：单击“HSL 调整”选项卡，在“饱和度”里增加红色、橙色、黄色的参数值，降低蓝色的参数值。

STEP3：在“明亮度”里增加红色、橙色和黄色的参数值，降低蓝色的参数值，从而将蓝天压暗。

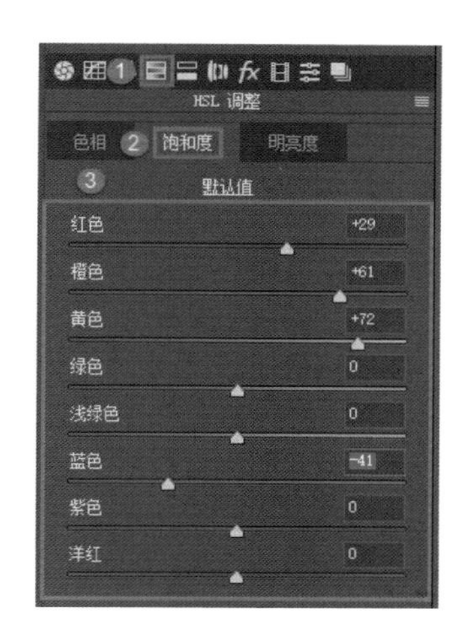

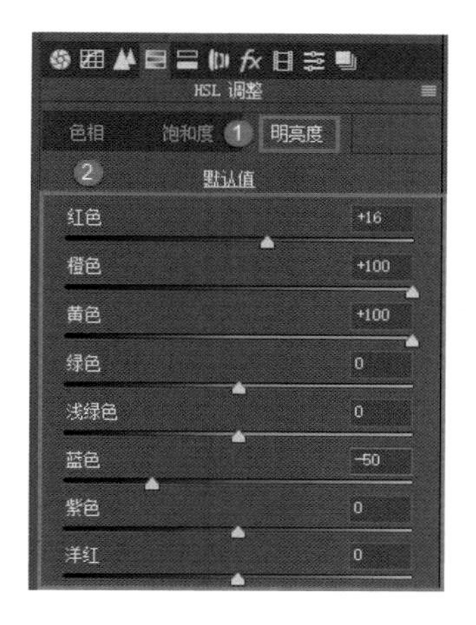

STEP4：这时从天色来看，右边深左边浅，可以考虑制作渐变效果来把天色调整均匀。单击“渐变滤镜”，接着单击直方图右下角的小方块，选择“重置局部校正设置”，然后增加一点曝光值。在照片中从右上方向左下方拖动，使天空呈现渐变效果。

STEP5：降低曝光值和饱和度，然后从下往上拖动，使地面呈现渐变效果，以此来压暗地面和降低地面的饱和度。

STEP6：单击“缩放工具”回到基础界面，单击“HSL 调整”选项卡，在“饱和度”里把蓝色的参数值降低。

STEP7：在“明亮度”里把蓝色的参数值降低。

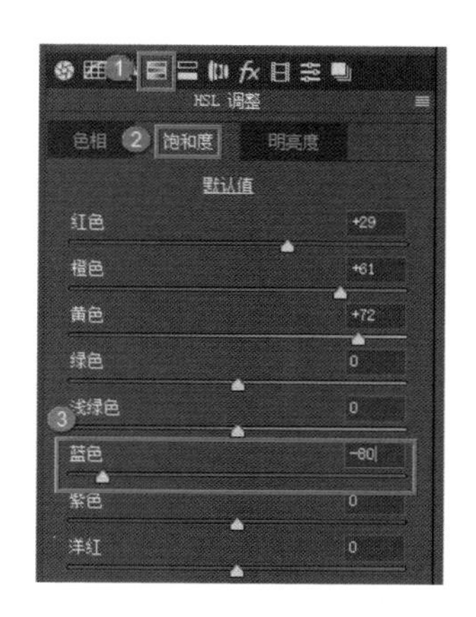

STEP8: 单击“打开对象”按钮进入PS。按组合键Ctrl+J复制一个图层(“图层1”),将图层混合模式改为“滤色”,不透明度降到80%。然后在按住Alt键的同时单击“添加蒙版”按钮添加一个反相蒙版，接着将前景色设置为白色，单击“画笔工具”，右击画面，选择“柔边圆”画笔笔刷和较小的画笔直径，然后在不透明度和流量都是100%的情况下涂抹局部树叶（不能将所有叶子都提亮，否则看起来就太假了），最后将烽火台受光面和前景的部分地面也擦亮。

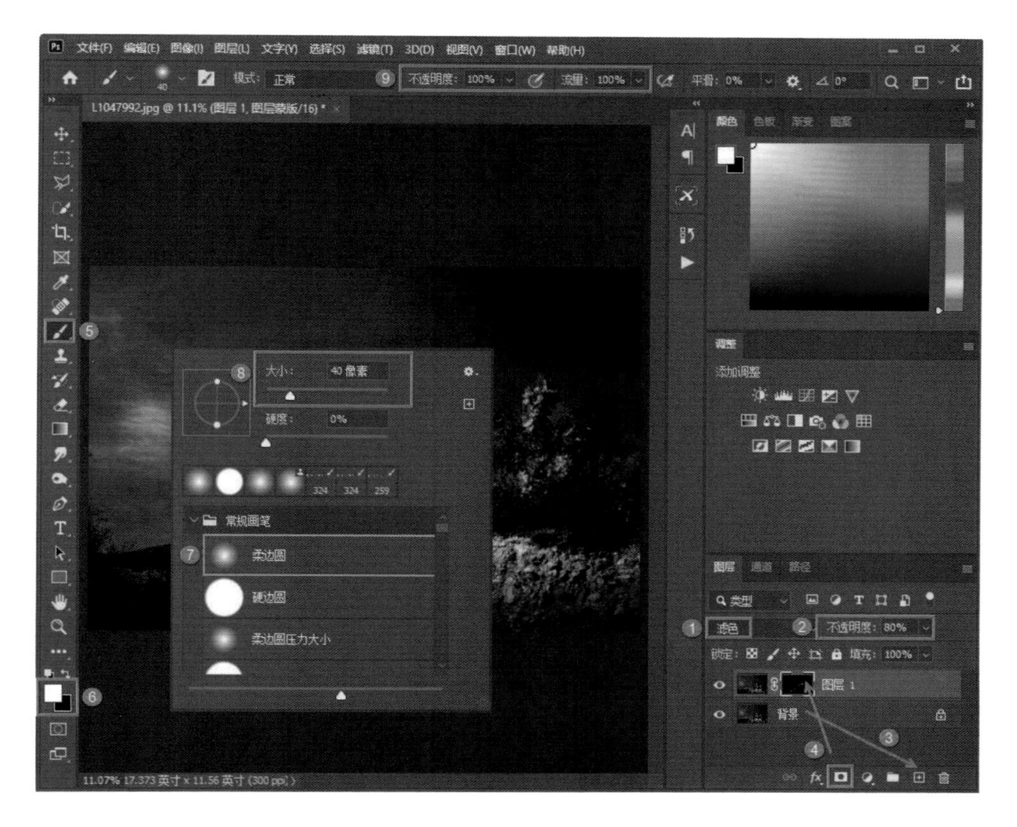

STEP9：创建“色相 / 饱和度”调整图层，在弹出的面板中分别选择蓝色和青色，同时降低其饱和度。

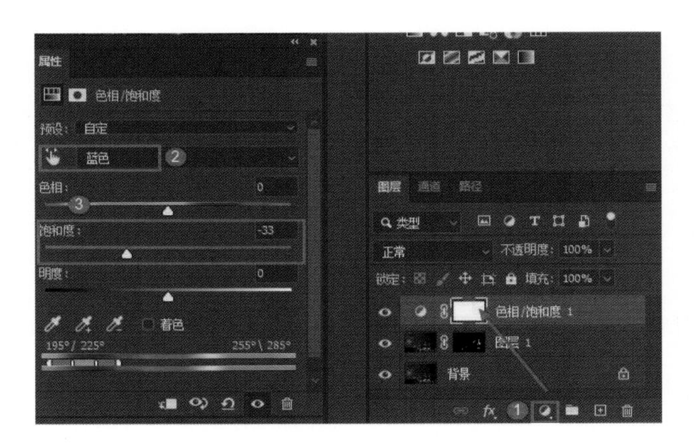

这时调入原始照片进行对比，可以看到调整后的效果更好。

如何做堆栈

首先，对所有准备好的素材进行统一处理，确保照片之间没有明显的色彩影调差别。最好的办法是将某张照片载入Camera Raw滤镜进行处理，之后单击“确定”按钮。对于其他照片，点开滤镜菜单，直接选最上方的Camera Raw滤镜即可。

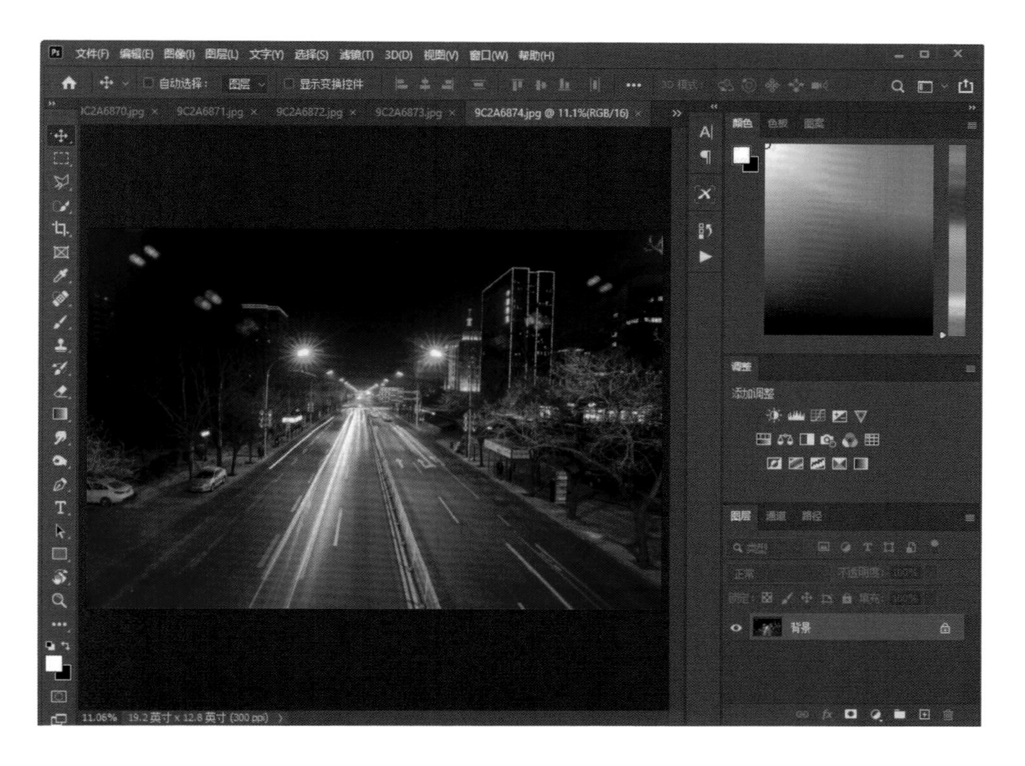

堆栈的目的是把所有的照片合并成一张，可以呈现出单张照片不能呈现的效果。

STEP1：选择菜单栏中的“文件”→“脚本”→“将文件载入堆栈”。

STEP2：在弹出的对话框中单击“添加打开的文件”，然后单击“确定”按钮。

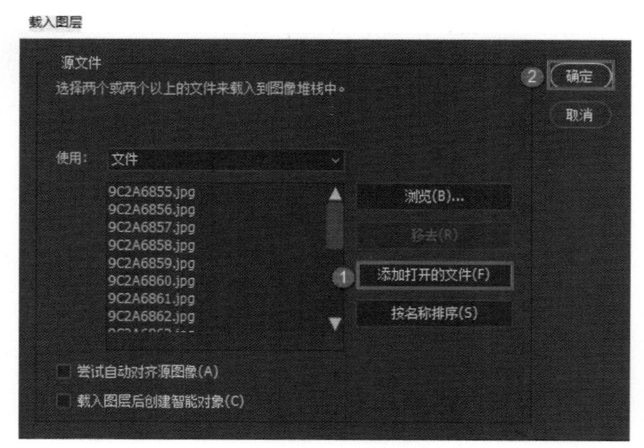

STEP3：全选 20 张照片（先单击“图层”面板中的第一张照片，拉到底部后在按住 Shift 键的同时单击最后一张照片），再选择菜单栏中的“编辑”→“自动混合图像”，在弹出的对话框中选中“堆叠图像”，并勾选“无缝色调和颜色”，然后单击“确定”按钮，稍微等待一会照片效果就显示出来了。

STEP4：按组合键 Ctrl+Shift+Alt+E 盖印图层。

这里提供一个小技巧，我们拍摄延时摄影作品时，应尽量使用 JPEG 格式的照片，RAW 格式的照片需要在 ACR 界面中转换一下。

技068 三原色的构成

新建一个自定文档，参数信息如下。

接着单击工具栏中的“椭圆选框工具”，在按住Shift键的同时拉出一个正圆形。然后将前景色设置为红色（RGB 值为 255，0，0）。

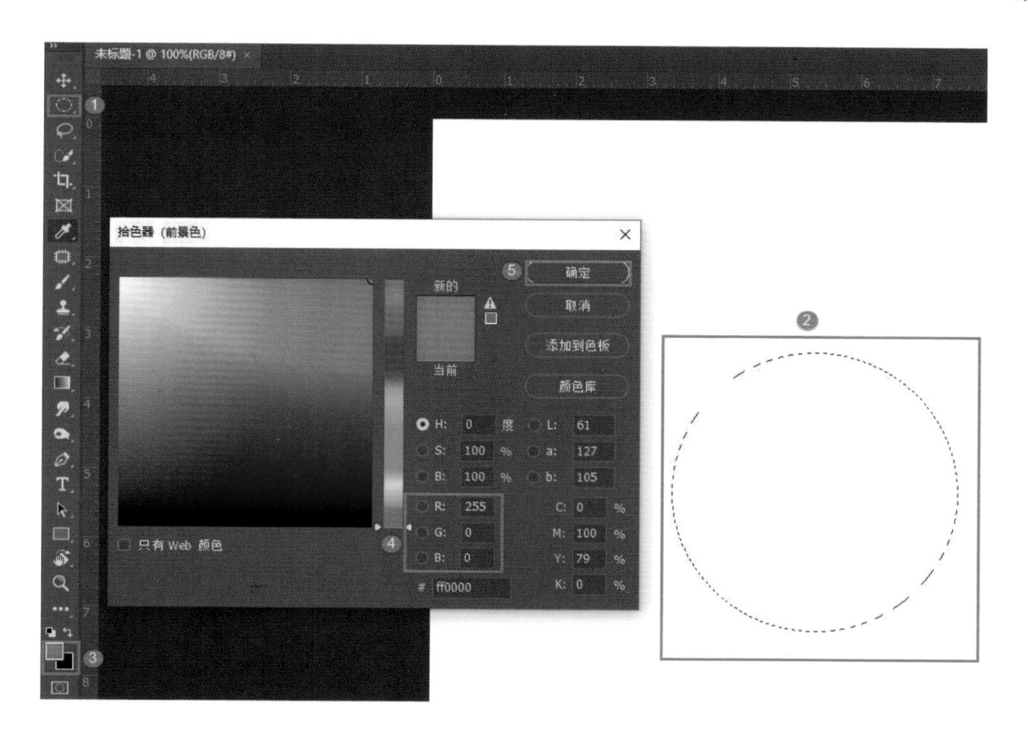

接着新建一个空白图层，按组合键 Alt+Delete 给正圆形填充红色。圆形的选区不要取消，后面会继续使用。

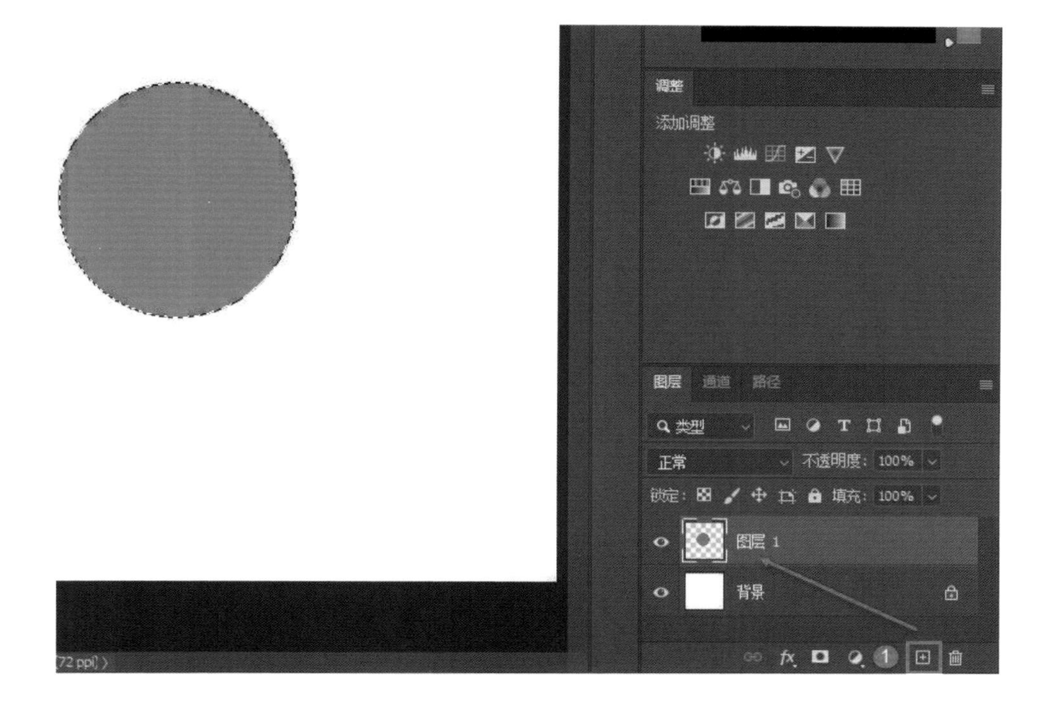

继续新建一个空白图层，将前景色设置为绿色（RGB 值为 0,255,0），然后按组合键 Alt+Delete 填充绿色。再新建一个空白图层，将前景色设置为蓝色（RGB 值为 0,0,255），然后按组合键 Alt+Delete 填充蓝色。接着把“背景”图层修改为黑色，移动 3 个三原色图层，位置如下图所示。最后将蓝色和绿色图层的混合模式都修改为“滤色”。

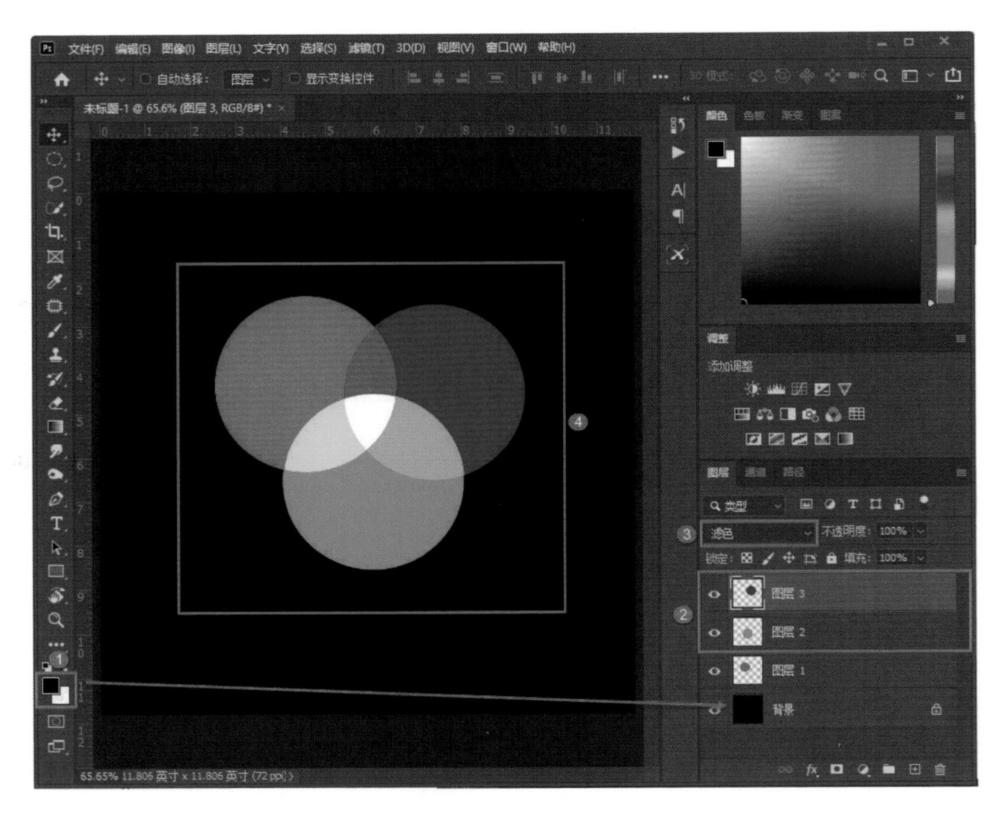

这时我们发现：红 + 蓝 = 品红，红 + 绿 = 黄，绿 + 蓝 = 青；红 + 绿 + 蓝 = 白色。

红色的补色是青色，绿色的补色是品红色，蓝色的补色是黄色。

红色的支持色是黄色和品红色，蓝色的支持色是品红色和青色，绿色的支持色是黄色和青色。

因此在后期处理照片的时候，要想得到一种颜色，就要增加它对应的支持色，减少它的补色。比如，要增加画面中的红色，则需要增加黄色和品红色，减少青色。

按组合键 Ctrl+Shift+Alt+E 盖印一个图层，然后按组合键 Ctrl+I 进行反相操作。

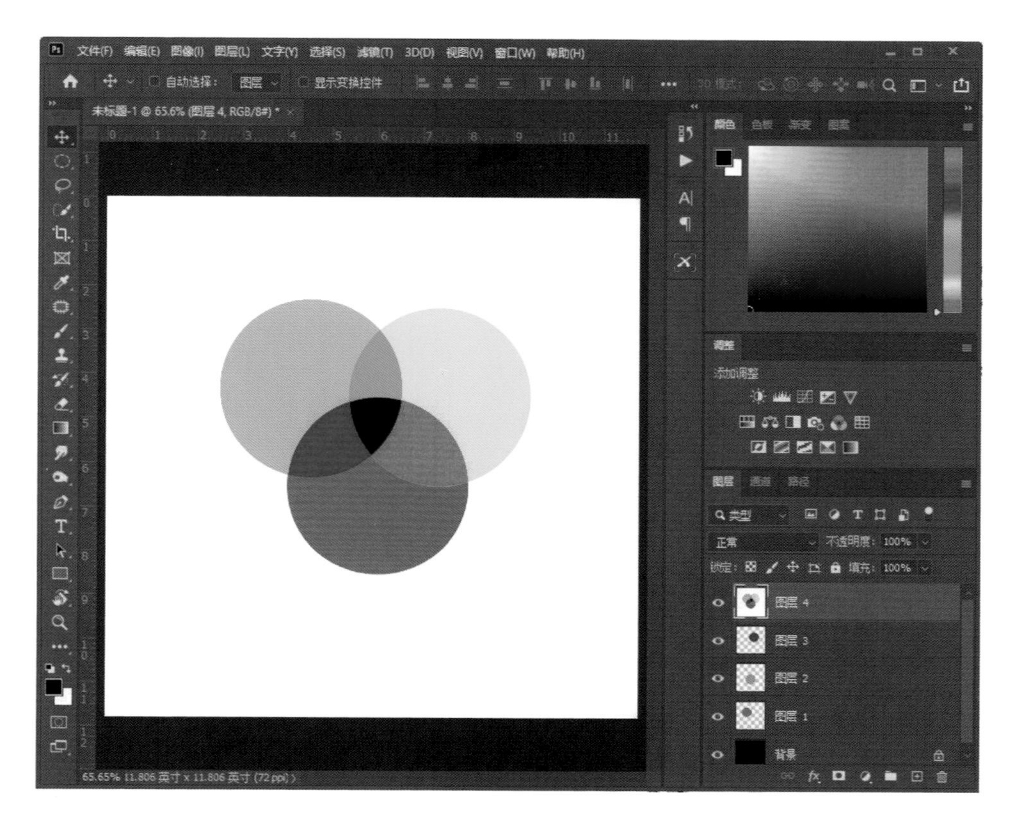

上图是 CMYK 模式，是应用于印刷行业的色彩模式，大家了解即可。

如何将人物的背景虚化

将素材照片调入 PS。

STEP1：单击工具栏中的“快速选择工具”，迅速给人物创建一个选区。因

为要虚化背景所以要先把人物选取出来免得人物被破坏，选取之后按组合键Ctrl+Shift+I进行反选，接下来右击“背景”图层，选择“转换为智能对象”。

STEP2：依次选择菜单栏中的“滤镜”→“模糊”→“高斯模糊”，在弹出的对话框中设置适当的半径值，单击“确定”按钮。

STEP3：按组合键 Ctrl+D 取消“蚂蚁线”。如果觉得虚化范围太大，可以单击“高斯模糊”图层，然后在弹出的对话框中调整半径值，调整至在视觉上能接受的程度即可。

如何使用高低频磨皮

将素材照片调入 ACR。

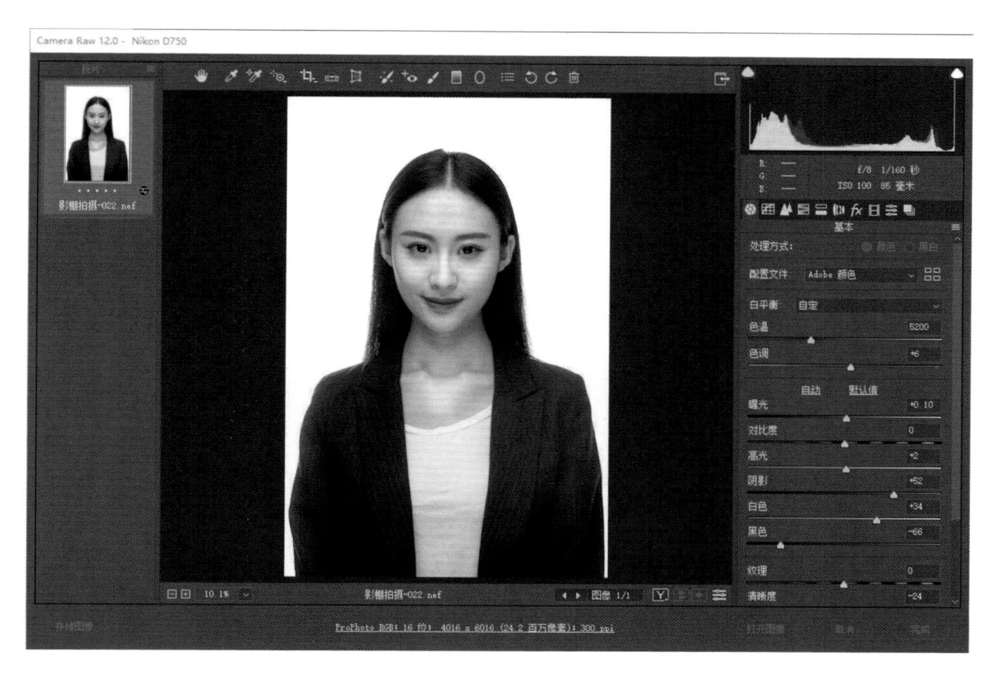

STEP1：对照片进行基础调整。定准照片的黑白场，增加阴影值和高光值，对比度不变，将清晰度调到-24。

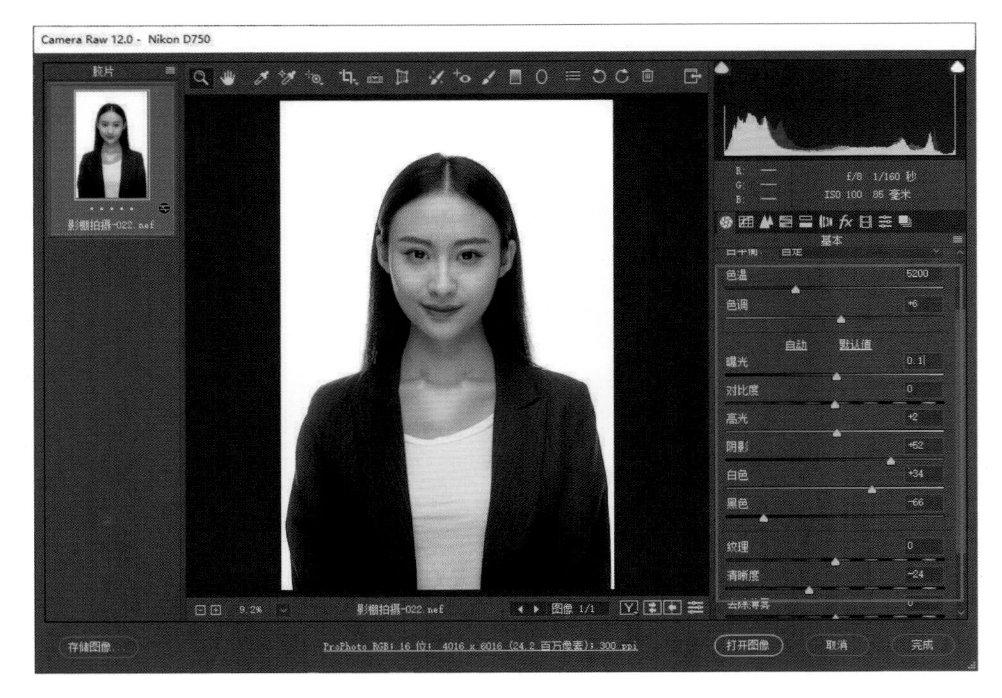

这张照片没有噪点，因此不用进行降噪。

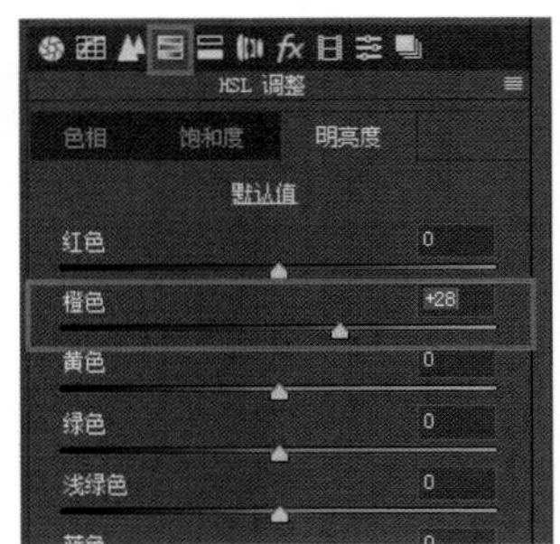

STEP2：单击“HSL 调整”选项卡，在“明亮度”中增加橙色的参数值以提亮肤色。

STEP3：单击“打开对象”按钮将照片导入 PS，对人物的皮肤进行修整。分别使用工具栏中的“污点修复画笔工具”和“修补工具”，先把脸上的瑕疵修掉。

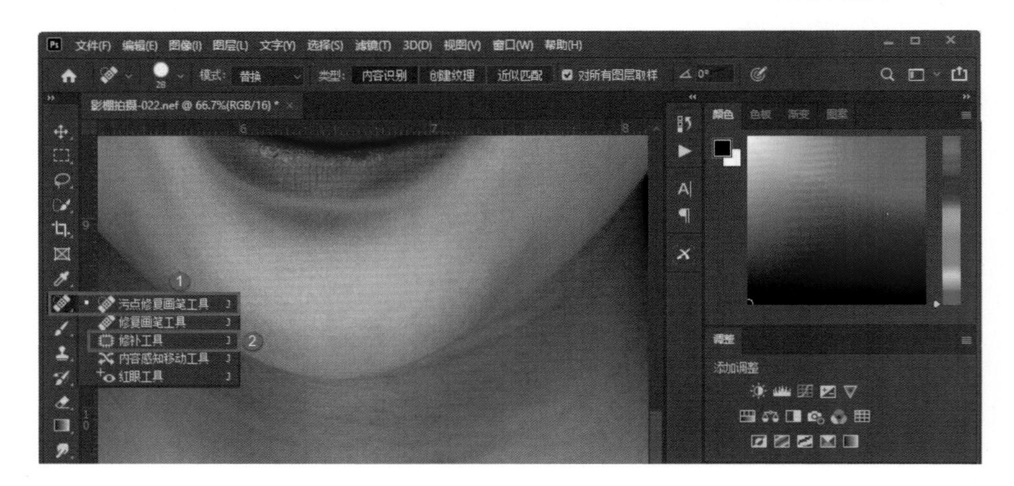

STEP4：开始进行高低频磨皮。复制“背景”图层，将图层混合模式改成“线性光”，然后按组合键 Ctrl+I 进行反相操作，这时照片就变成了底板效果。

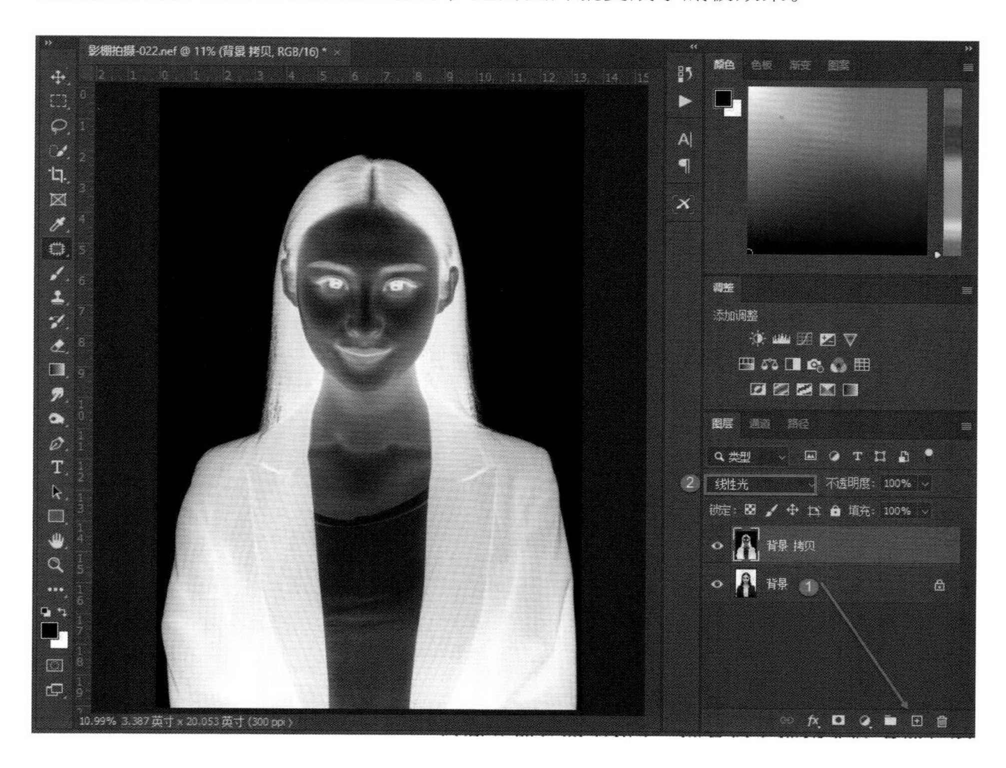

STEP5：依次选择菜单栏中的“滤镜”→“其它”→“高反差保留”，在弹出的对话框中将半径值调到 9。可以自行对半径值进行调整，但建议设置为 3 的倍数。最后单击“确定”按钮。

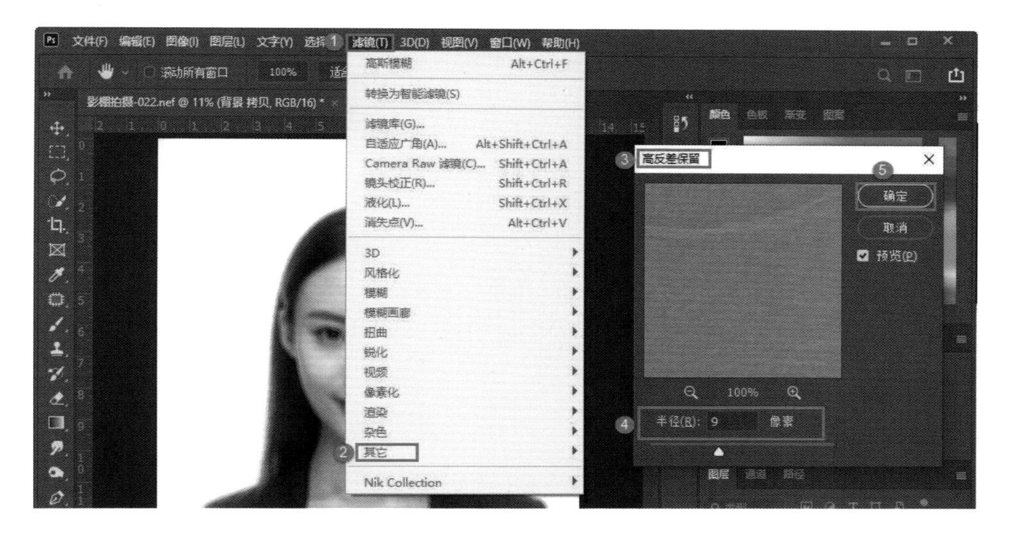

STEP6：依次选择菜单栏中的“滤镜”→“模糊”→“高斯模糊”，在弹出的对话框中设置适当的半径值。这个值既要让皮肤有质感，也要让皮肤状态得到改善。

STEP7：在按住 Alt 键的同时单击“添加蒙版”按钮形成反相蒙版，然后单击“画笔工具”将前景色设置为白色，在不透明度和流量都是 100% 的情况下选择“柔边圆”画笔笔刷来涂抹脸部，眉毛、眼睛和嘴唇不能涂抹。

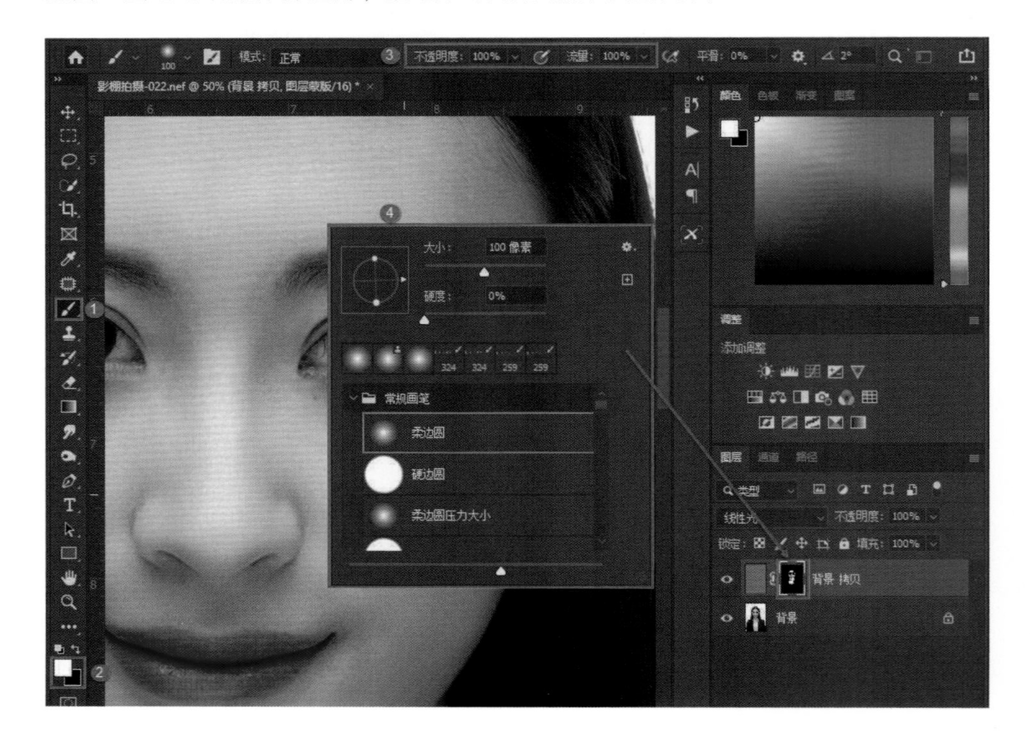

STEP8：创建一个色阶调整图层，把人物提亮。在弹出的面板中，稍微向中间拖动直方图下方的滑块，记住一定要把握好鼻梁的色调，不能让它溢出，然后再按组合键 Ctrl+Shift+Alt+E 盖印图层。至此，这张照片就调整完成了。

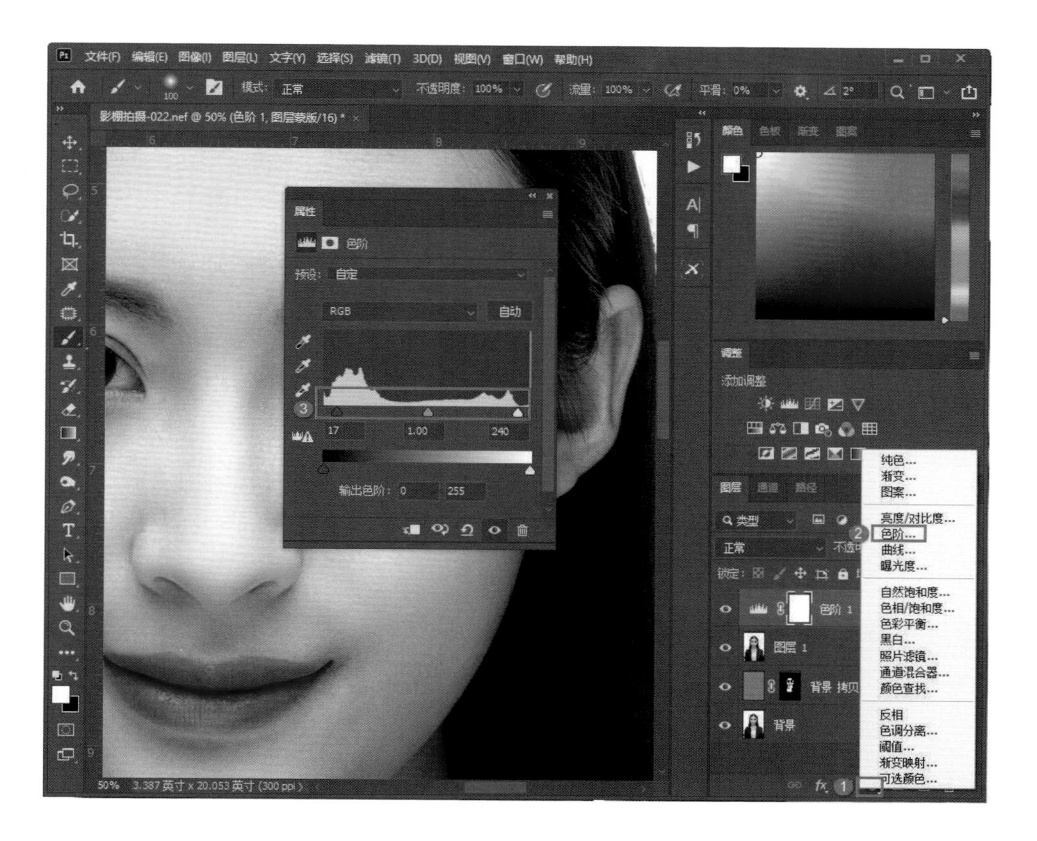

分层失色的另类调色

这个技巧的名字是分层失色法，这是我新研究出来的方法，在此分享给大家。首先将素材照片调入 PS。

这时可以发现照片中的地面有点亮，如果单独用蒙版压暗我觉得颜色不够均匀。因此我们采用区域调整的方法，把高光区域选出来然后对它的混合模式进行调整，以此来压暗地面。

STEP1：按组合键 Ctrl+Alt+Shift+@ 选取高光区域，然后再按组合键 Ctrl+J 把高光区域复制到“图层 1”，再将图层混合模式改成“正片叠底”，此时整个画面的亮度就降下来了。

STEP2：在按住 Ctrl 键的同时单击“图层 1”，选择高光区域（出现“蚂蚁线”的区域），然后按组合键 Ctrl+Shift+I 反选低光区域。单击选择“背景”图层，按组合键 Ctrl+J 将低光区域复制到“图层 2”中，然后把图层混合模式改成“叠加”，这时发现画面有些暗，再将不透明度降到 45% 即可。

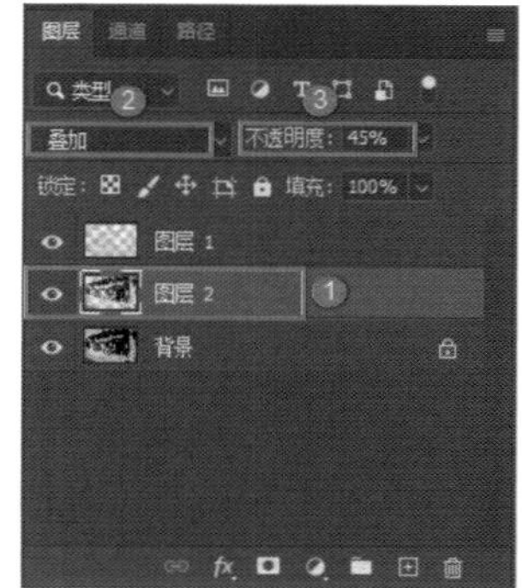

STEP3：在“图层 2”上创建渐变映射调整图层，在弹出的面板中选择“黑白渐变”。这样低光区域就被去色了，但是充分保留了高光区域的颜色，颜色也就因此而分层了。

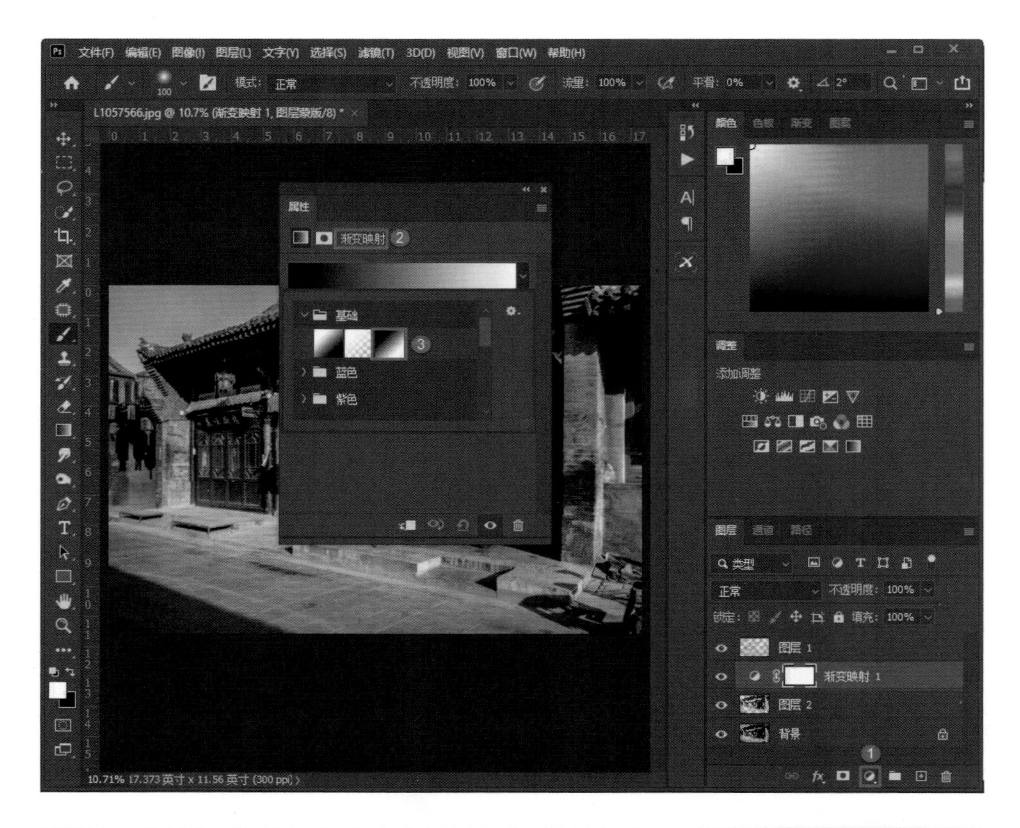

STEP4：我们将“图层 1”（高光图层）和“图层 2”（低光图层）的位置对调，使高光区域去色，低光区域保持不变。

这个色调无法直接失色，因为这种制作方法是先把照片分了两层，第一层是高光，第二层是低光，然后分别进行处理：一个是将低光部分变成黑白而高光部分是彩色，另一个是将高光部分变成黑白而低光部分是彩色。

在今后的后期制作中大家可以尝试使用这个方法，最终制作出来的照片会非常漂亮。照片在保留层次感的同时有一种特殊的感觉，比全局失色更加有韵味。这张照片非常适合做成江南怀旧风格的照片。

技

大照片套小照片的教程

将素材照片调入 PS。拍摄这张照片时是故意让人物把自己的脸挡住的，好在纸板上继续放原有的照片，一层一层地嵌套。本节将介绍如何用剪贴蒙版的方法来实现这个效果。

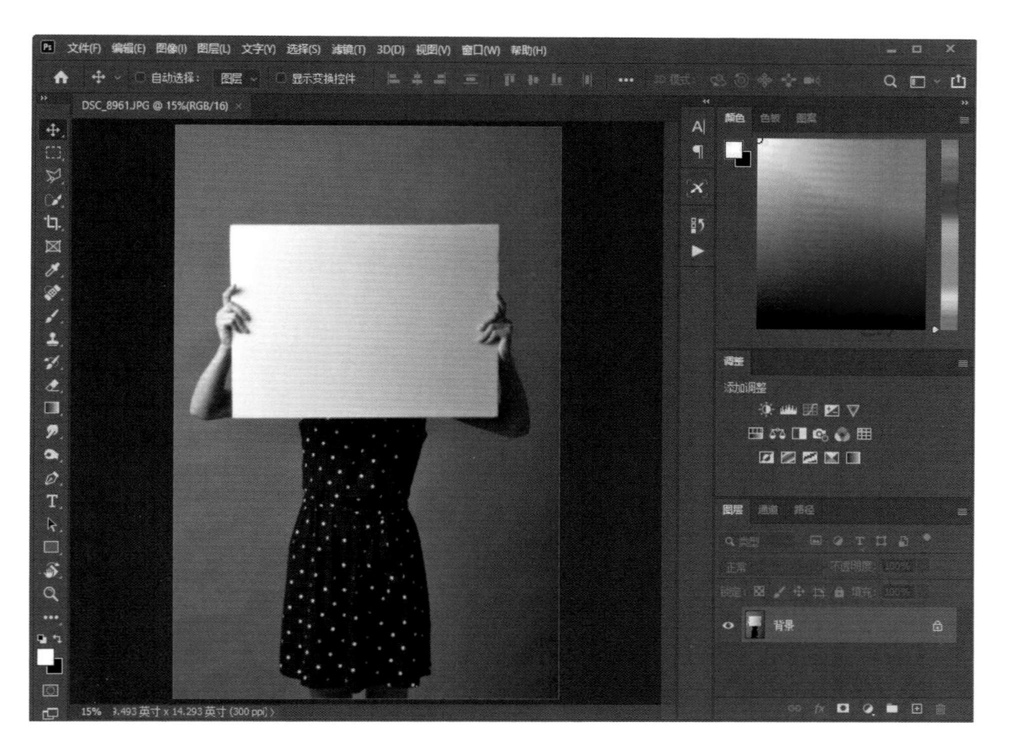

STEP1：首先在照片中的白色纸板上创建一个矩形选区，注意不要把手指选上。然后按组合键 Ctrl+J 将选区复制到“图层 1”中。

STEP2：单击“背景”图层，按组合键 Ctrl+J 复制一个图层（“背景 拷贝”）并将其移动到顶部。接着右击“背景 拷贝”图层，选择“创建剪贴蒙版”（创建剪贴蒙版还有一个快捷方式：按住 Alt 键的同时将光标移动到“背景 拷贝”图层的底边，将出现一个直角箭头图标，然后单击确定）。

STEP3：按组合键 Ctrl+T 启动自由变换，按住 Shift 键的同时调整“背景 拷贝”图层的大小，将这张照片嵌入白板中，接着按组合键 Ctrl+Shift+Alt+E 盖印图层，生成“图层 2”。

STEP4：在“图层 2”的白板上创建一个矩形选区，然后按组合键 Ctrl+J 复制选区，生成“图层 3”。

STEP5：单击“图层 2”，按组合键 Ctrl+J 复制一个图层（“图层 2 拷贝”）并将其移动到顶部。接着右击“图层 2 拷贝”图层，选择“创建剪贴蒙版”。按组合键 Ctrl+T 启动自由变换，按住 Shift 键的同时调整“图层 2 拷贝”的大小，将这张照片嵌入白板中，接着按组合键 Ctrl+Shift+Alt+E 盖印图层，生成“图层 4”。

STEP6：在“图层 4”的白板上创建一个矩形选区，然后按组合键 Ctrl+J 复制选区，生成“图层 5”，然后将另一张素材照片导入 PS 中，生成“图层 6”。在“图层 6”上创建剪贴蒙版，然后调整其大小并嵌入白板中。按组合键 Ctrl+Shift+Alt+E 合并图层，最后保存照片即可。

如何抠出人物的头发

将素材照片调入 PS。

STEP1：单击工具栏中的“魔棒工具”，选取背景。这时我们发现人物的腋下和胯

下没有选上，于是在按住 Shift 键的同时单击加选没有选上的区域（“按住 Alt 键的同时单击”则是减选）。

STEP2：单击工具栏中的“套索工具”，按住 Alt 键的同时画出不需要的区域，松开 Alt 键后将头发外围圈上，接着按组合键 Ctrl+Shift+I 反选，这时选中的是人物主体。

STEP3：按组合键 Ctrl+J 复制生成“图层 1”，将人物抠出来。接着将前景色设置为蓝色，然后按组合键 Alt+Delete 给背景填充蓝色。这样做是为了让人物更好地凸显出来。

STEP4：开始抠头发。单击“图层 1”，接着按组合键 Ctrl+J 复制出“图层 1 拷贝”，这时取消选中“图层 1 拷贝”左侧的“小眼睛”图标，使“图层 1 拷贝”不可见。单击选择“图层 1”，将图层混合模式设为“正片叠底”，这时人物变暗。按组合键 Ctrl+M 调出“曲线”对话框，然后将曲线往左上方拖动，直到人物头发边缘的痕迹消失为止，然后单击“确定”按钮。

STEP5：让“图层 1 拷贝”可见（选中“小眼睛”图标），接着给其添加一个蒙版。然后设置前景色为黑色，单击选择工具栏中的“画笔工具”，右击选择“柔边圆”画笔笔刷，设置画笔的直径，将不透明度和流量都设置为 100%，然后对头发边缘的灰色区域进行涂抹。我解释一下原理：正片叠底会屏蔽浅色保留深色，刚才通过曲线将“图层 1”变亮，然后变亮的区域被正片叠底屏蔽了，只保留了头发等深色的区域，因此蒙版只是把“图层 1 拷贝”的头发轮廓区域遮挡住了，而使“图层 1”中的头发显露出来。

STEP6：大家可以随便找一张背景素材照片调入 PS 中。把“图层 1”和“图层 1 拷贝”都选中，单击“移动工具”将这两个图层拖到异地背景空间中，然后按组合键 Ctrl+T 启动自由变换，把人物缩放为合适的大小并移动到合适的位置，最后双击画面确定。到这里就完成了抠图。

如何抠出绿叶中的花朵

本节我们介绍一下如何使用“计算”功能把红花从绿叶中剥离出来。首先将素材照片调入PS。

STEP1：照片打开以后，会发现画面比较杂乱，这时选择菜单栏中的“图像”→“计算”。在弹出的对话框中，将“源1”“源2”中的通道都设为“红”，混合模式设为“叠加”，然后单击“确定”按钮。

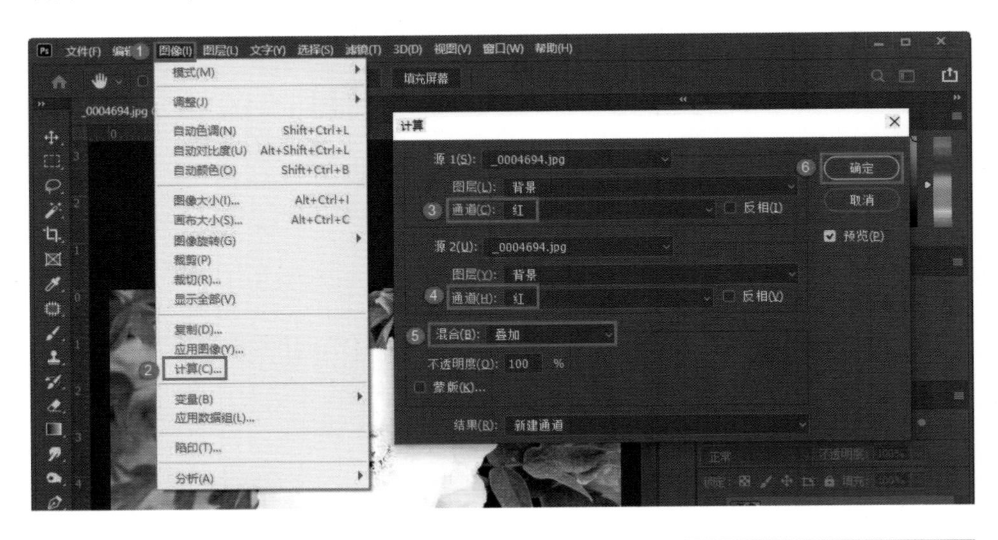

STEP2：在“通道”面板中新生成“Alpha 1”通道，重复以上操作，进行二次剥离，生成“Alpha 2”通道。

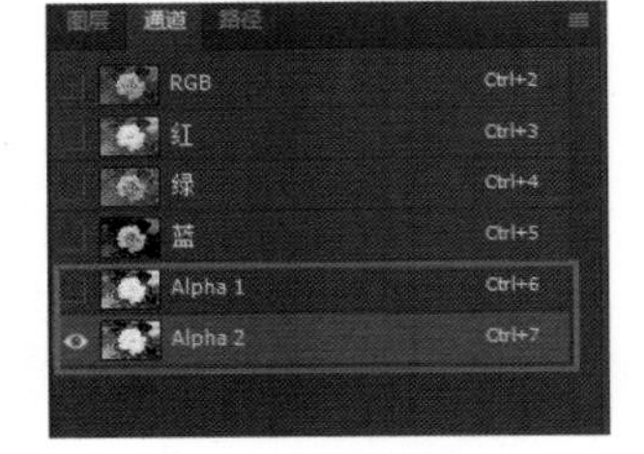

STEP3：单击工具栏中的“画笔工具”，将前景色设置为白色，然后给花朵涂抹白色。

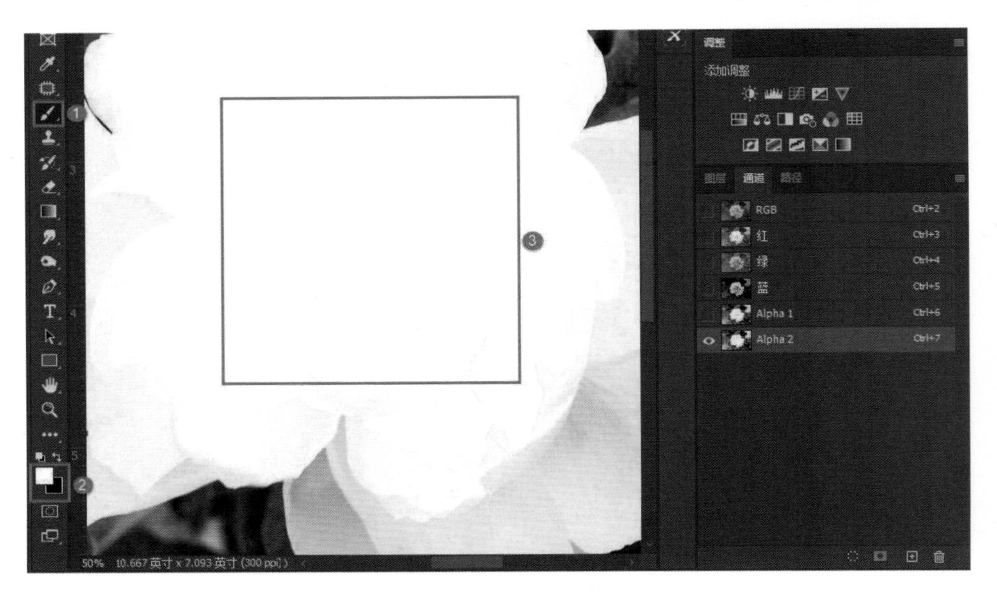

STEP4：单击工具栏中的“魔棒工具”，再单击花朵，这时花朵基本上都被选上了，对于没选上的区域，可以在按住 Shift 键的同时单击没有选上的区域进行补选。使用工具栏中的“多边形套索工具”，在按住 Alt 键的同时圈选多余的区域将其去除。

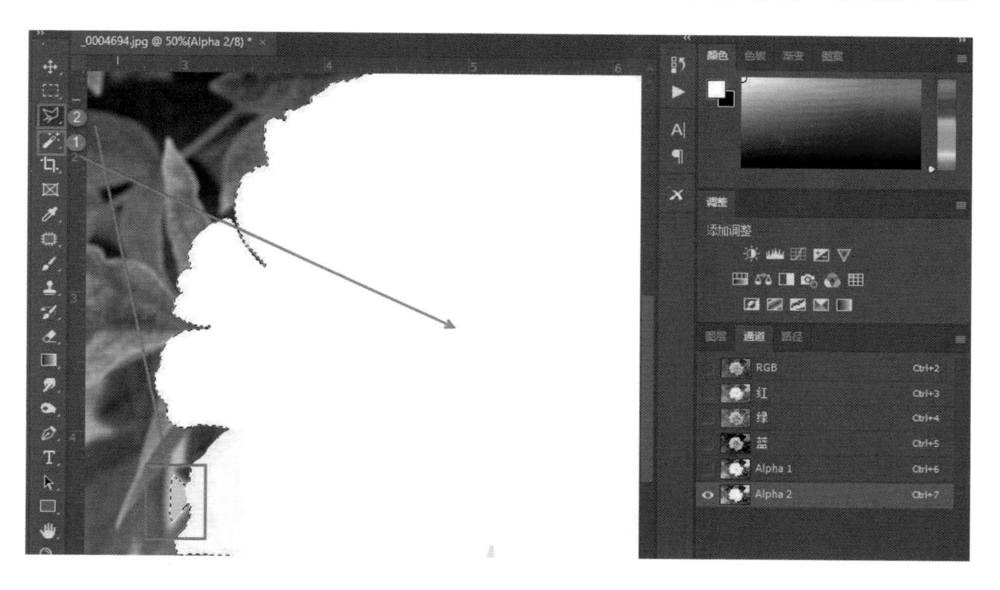

STEP5：现在选中的是花朵，按组合键 Ctrl+Shift+I 反选，反选之后把前景色设置为黑色，按组合键 Alt+Delete 进行填充。接下来在按住 Ctrl 键的同时单击新生成的“Alpha 2”通道将花朵选上，然后单击“RGB”通道，接着再回到“图层”面板。单击右下角的“添加蒙版”按钮即可把花朵剥离出来。

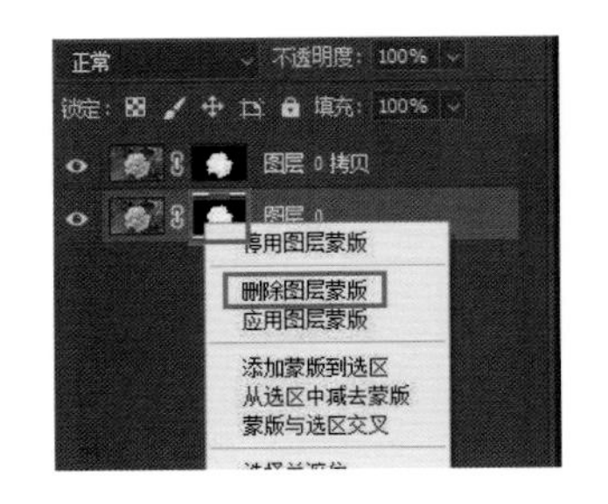

STEP6：按组合键Ctrl+J复制生成“图层0拷贝”，右击“图层0”的蒙版，选择“删除图层蒙版”，然后在按住Ctrl键的同时单击“图层0拷贝”的蒙版，把花朵选上，再按组合键Ctrl+Shift+I反选背景。

STEP7：单击“图层0拷贝”，创建曲线调整图层，在弹出的面板中，将曲线向右下方拖动一点，把颜色压暗，再选择“红”通道将曲线左下角的点向右拖动一点，将右上角的点向下拖动一点；再选择“绿”通道将曲线左下角的点向右拖动一点，将右上角的点向下拖动一点；再选择“蓝”通道将曲线左下角的点向右拖动一点，将右上角的点向下拖动一点，把绿色完全压暗，这时发现通过调整曲线把穿帮的两朵花和黄土完全变绿了，至此操作完成，拼合图像，再保存照片即可。

如何制作雪花效果

将素材照片调入 PS。

STEP1：依次选择菜单栏中的“图像”→“模式”→“Lab 颜色”。

STEP2：单击“通道”面板里的“a”通道，按组合键 Ctrl+A 全选，按组合键 Ctrl+C 复制，再单击选择“b”通道，按组合键 Ctrl+V 粘贴，最后单击选择“Lab”通道，这时会发现这张照片的色调变成阿宝色了。

STEP3：依次选择菜单栏中的“图像”→“模式”→“RGB 颜色”。

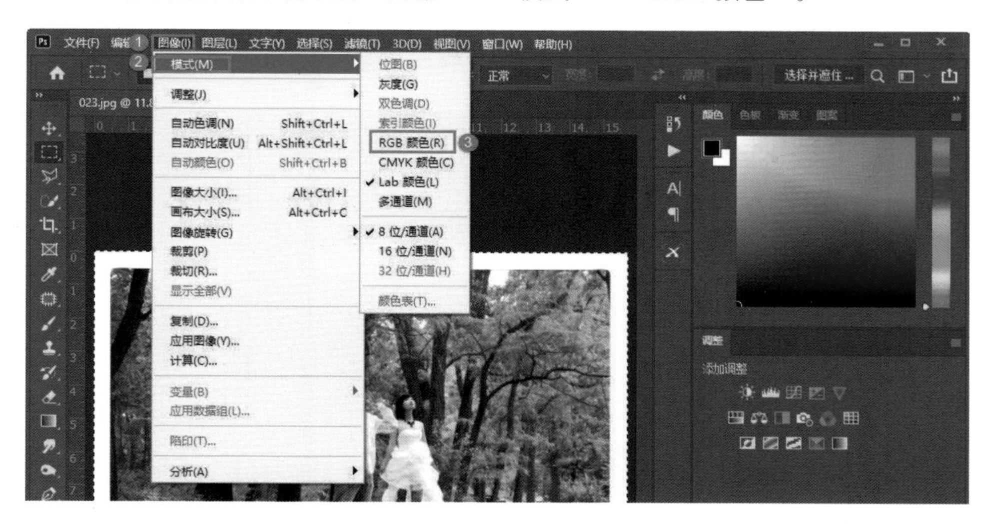

STEP4：单击“图层”面板，创建一个色相 / 饱和度调整图层。在弹出的面板中选择青色或者蓝色，然后用吸管工具选取照片中草丛的颜色，接着将饱和度降到最低，明度增加到最高，按组合键 Ctrl+E 合并图层，到这一步时，照片的基础调整就完成了。

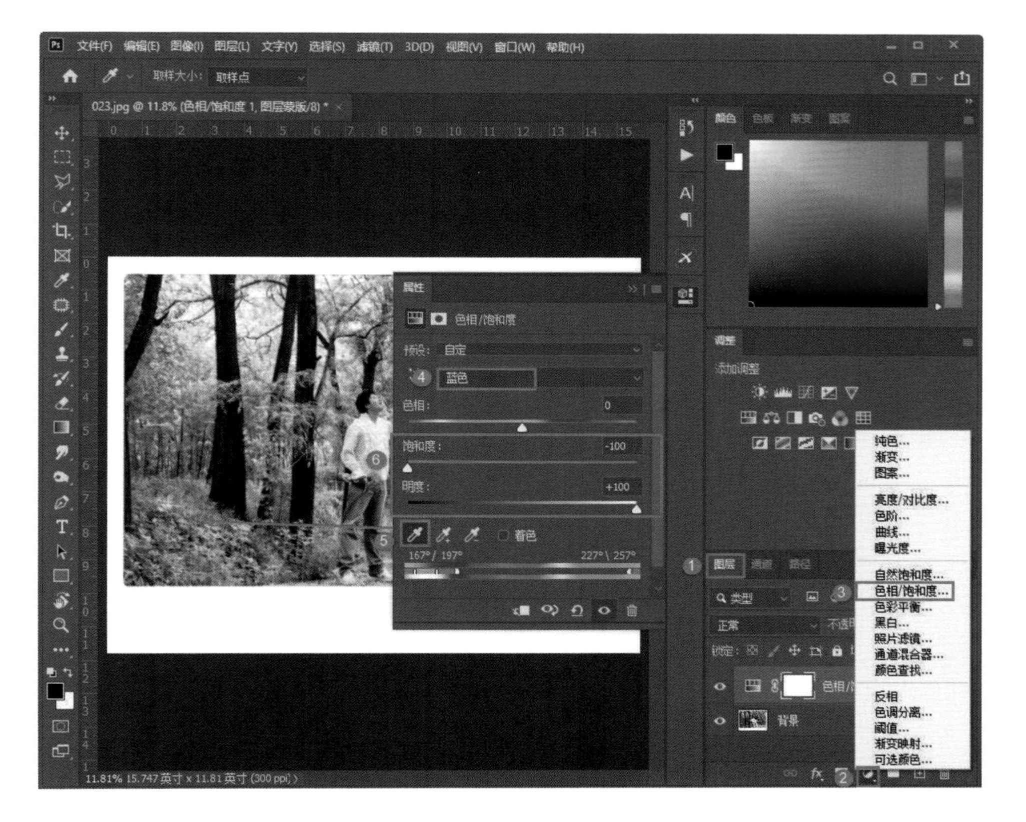

STEP5：在此基础上制作雪花效果。单击“通道”面板，新建一个“Alpha 1”通道，依次选择菜单栏中的“滤镜”→“像素化”→“点状化”，在弹出的对话框中，将单元格大小设置为 25，然后单击“确定”按钮。

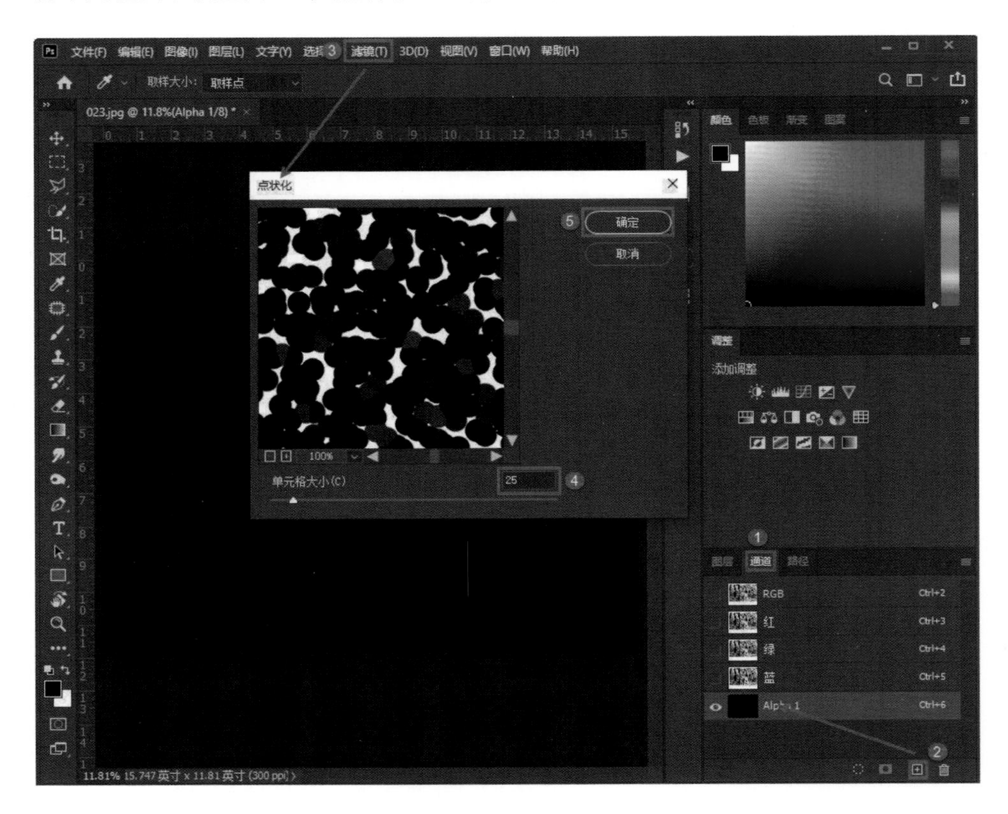

STEP6：依次选择菜单栏中的“图像”→“调整”→“阈值”，将阈值色阶设置为 41，然后单击“确定”按钮。大家需要注意，数值大小是根据图片大小确定的，因片而异。

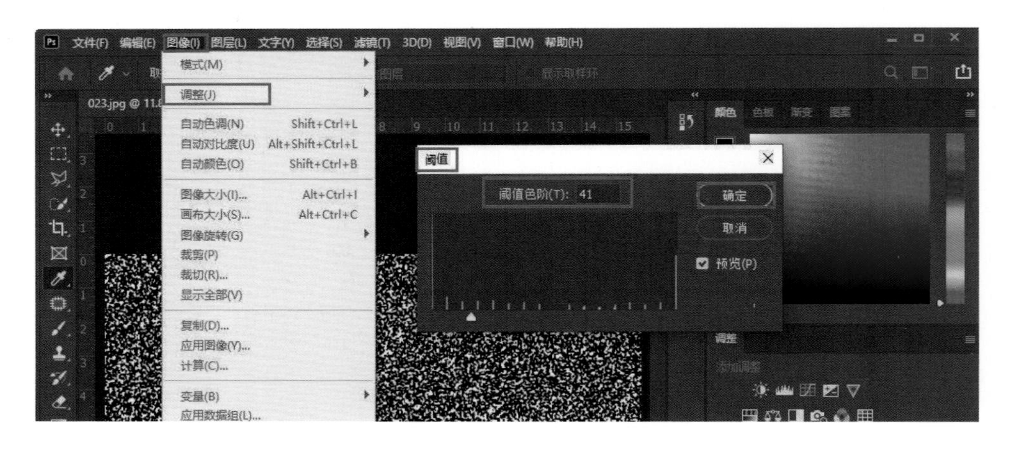

STEP7：按住 Ctrl 键的同时单击“Alpha 1”通道的缩略图让画面中产生“蚂蚁线”，这时单击“RGB”通道，再返回“图层”面板。

STEP8：新建一个空白图层，将前景色设为白色，按组合键 Alt+Delete 填充白色，这时再按组合键 Ctrl+D 取消“蚂蚁线”。

STEP9：依次选择菜单栏中的“滤镜”→“模糊”→“动感模糊”，在弹出的对话框中将角度设置为 39，距离设置为 36，然后单击“确定”按钮。这时雪花效果就出现了。

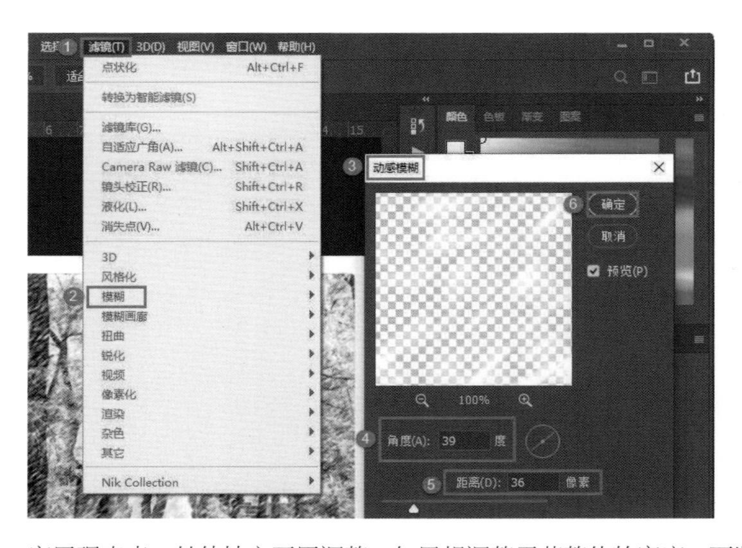

STEP10：在雪花图层（“图层 1”）上加一个蒙版，单击选择“画笔工具”，将前景色设为黑色，不透明度设置为 30% 左右，流量设置为 100%，右击画面，选择合适的笔刷直径和“柔边圆”画笔笔刷，对人物的五官进行涂抹（可以按组合键 Ctrl+“+”放大照片），目的是让五官显现出来，其他地方不用调整。如果想调整雪花整体的密度，可以通过调整“图层 1”的不透明度来实现，不透明度的设置因片而异，主要看画面呈现出来的效果。到此，雪花效果就制作完成了。

如何利用高反差保留磨皮

将素材照片调入 PS。

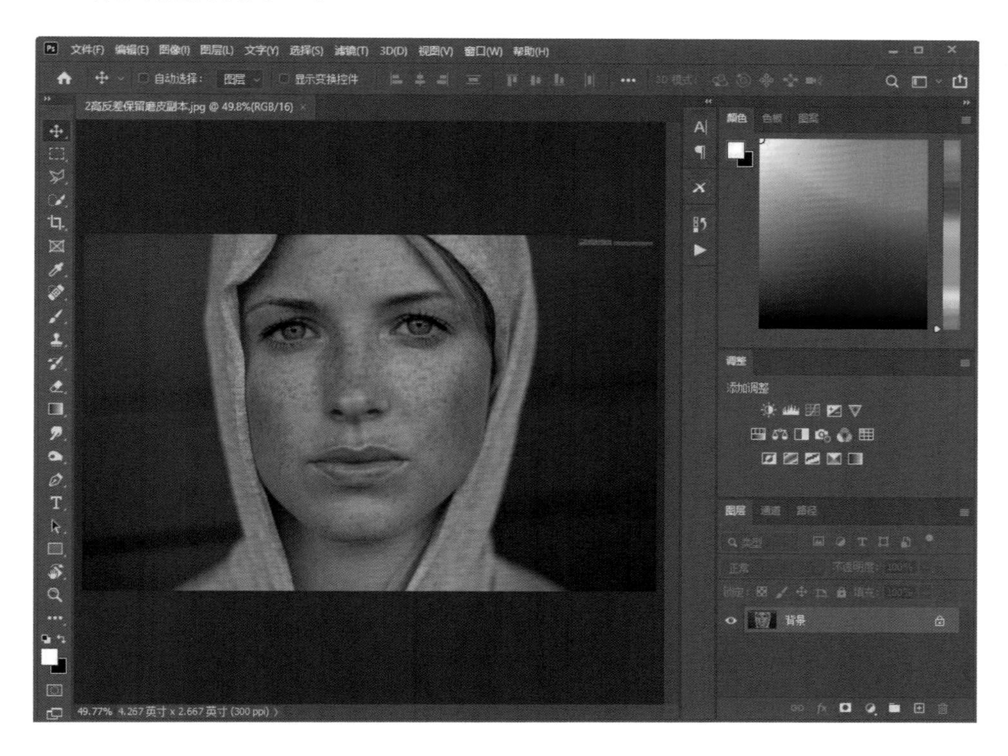

这张素材照片里的人物脸上有很多斑点，我们要将这些斑点去掉，把她的皮肤变得光滑油润。

STEP1：首先单击“通道”面板，选择“蓝”通道，然后右击“蓝”通道，选择“复制通道”。

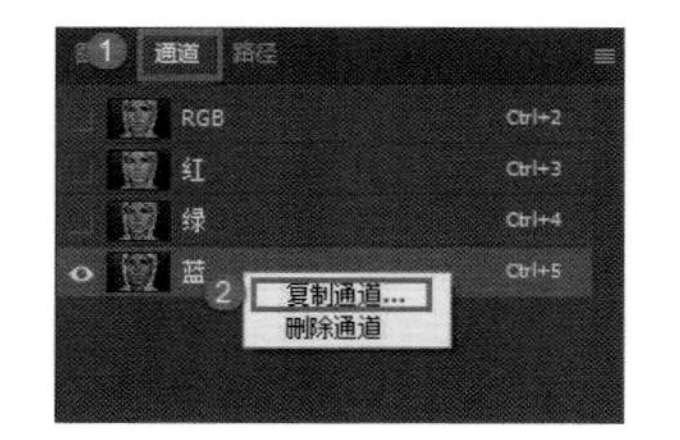

STEP2：选中“蓝 复制”通道依次选择菜单栏中的“滤镜”→“其他”→“高反差保留”，在弹出的对话框中将半径设置为 8.0，然后单击“确定”按钮。

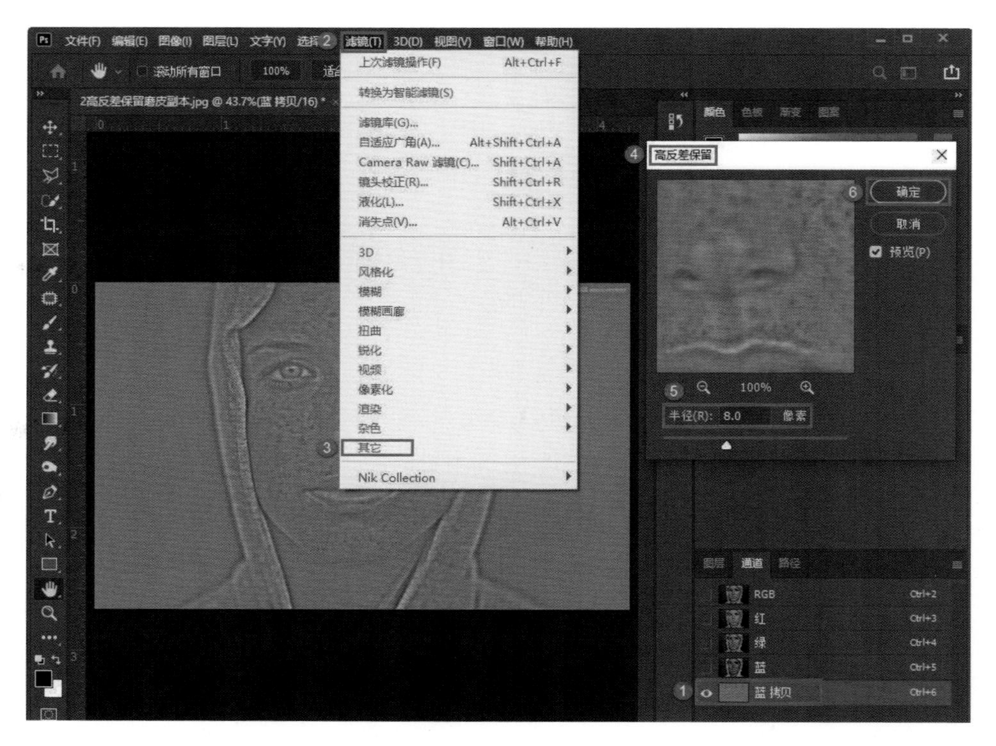

STEP3：选择菜单栏中的“图像”→“计算”，在弹出的对话框中，将混合模式设置为强光，其他部分不用调整，然后单击“确定”按钮。

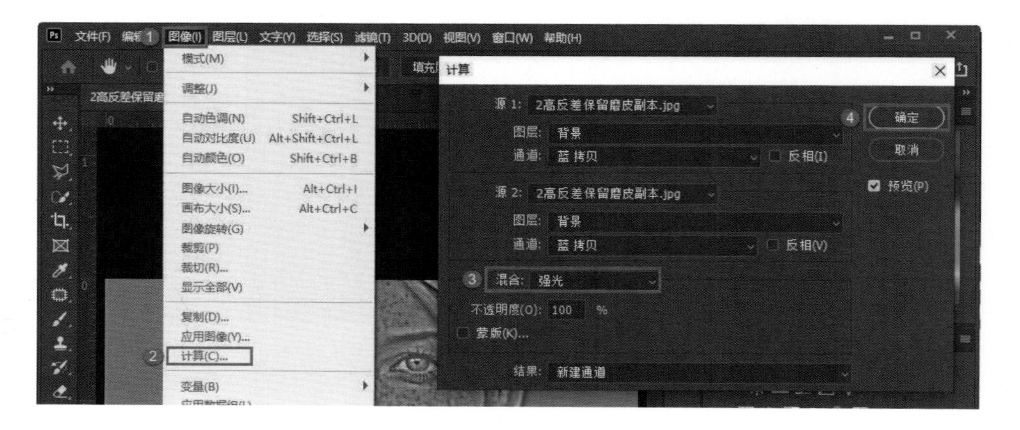

STEP4：这时我们会发现“通道”面板中新增了“Alpha 1”通道。接着单击前景色，在弹出的对话框中，将R、G、B的值都改成160，然后单击“确定”按钮。

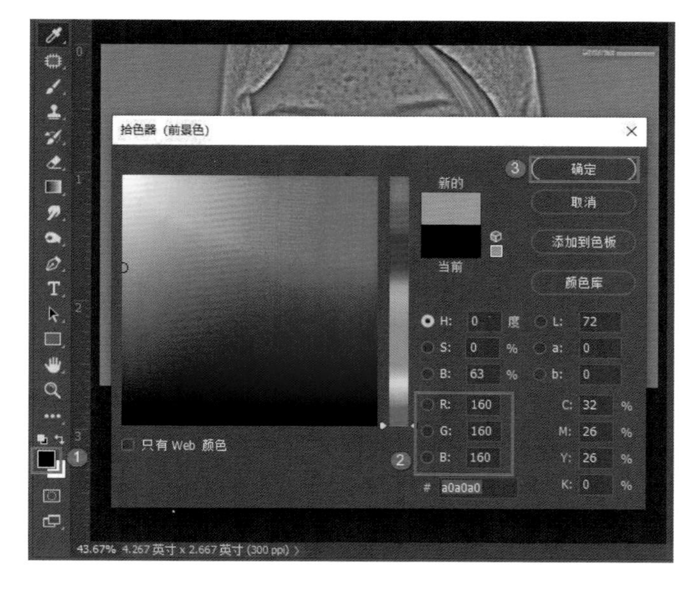

STEP5：选中“Alpha 1”通道，然后单击选择“画笔工具”，右击照片，设置合适的画笔直径，并选择“柔边圆”画笔笔刷，在不透明度和流量都是100%的情况下，对不需要磨皮的区域进行涂抹（头发、眉毛、眼睛、鼻孔、嘴和围巾）。

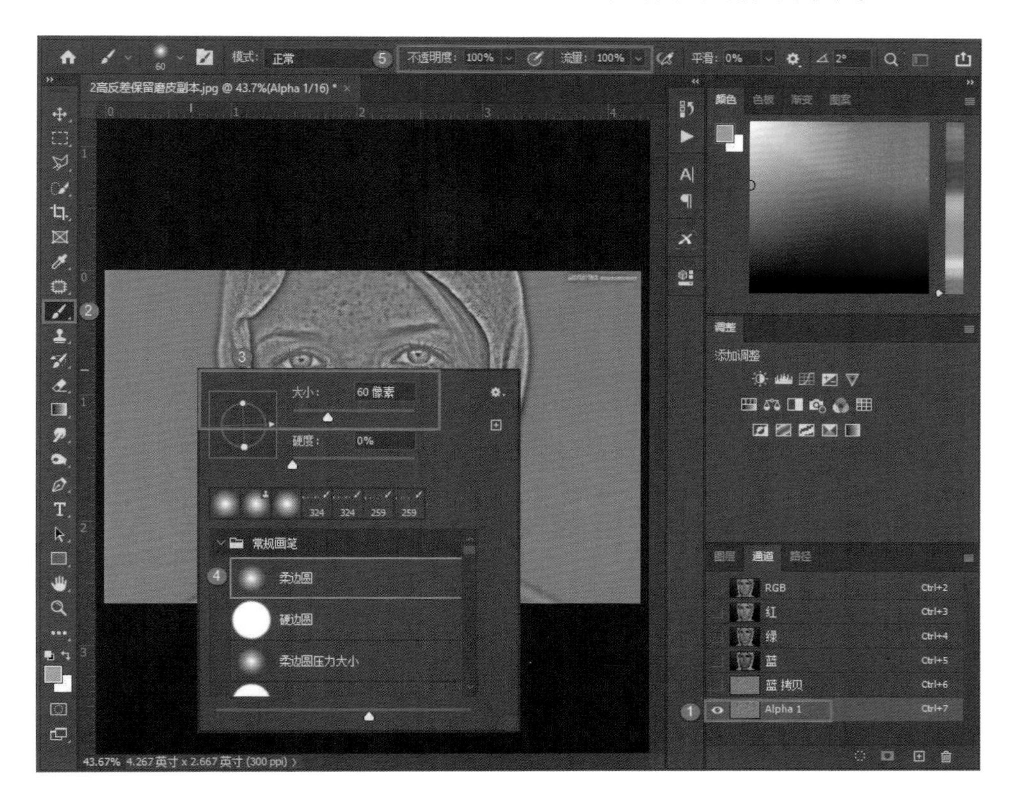

STEP6：实际上“蓝”通道已经做成了蒙版，涂抹的部分都是不需要磨皮的部分。

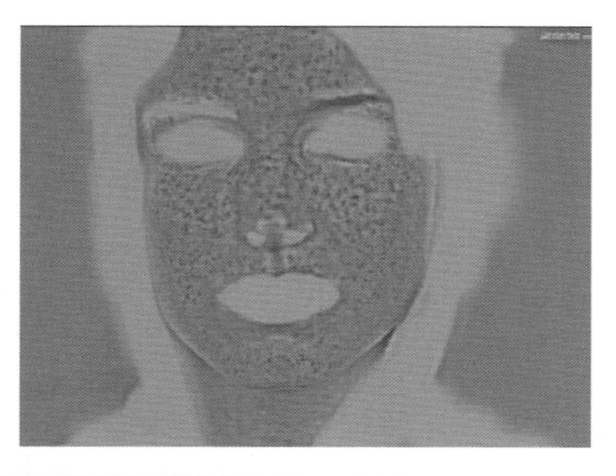

STEP7：涂抹之后在按住 Ctrl 键的同时单击新生成的“Alpha 1”通道的缩览图，这时画面中会产生“蚂蚁线”。接着单击“RGB”通道，再单击进入“图层”面板。

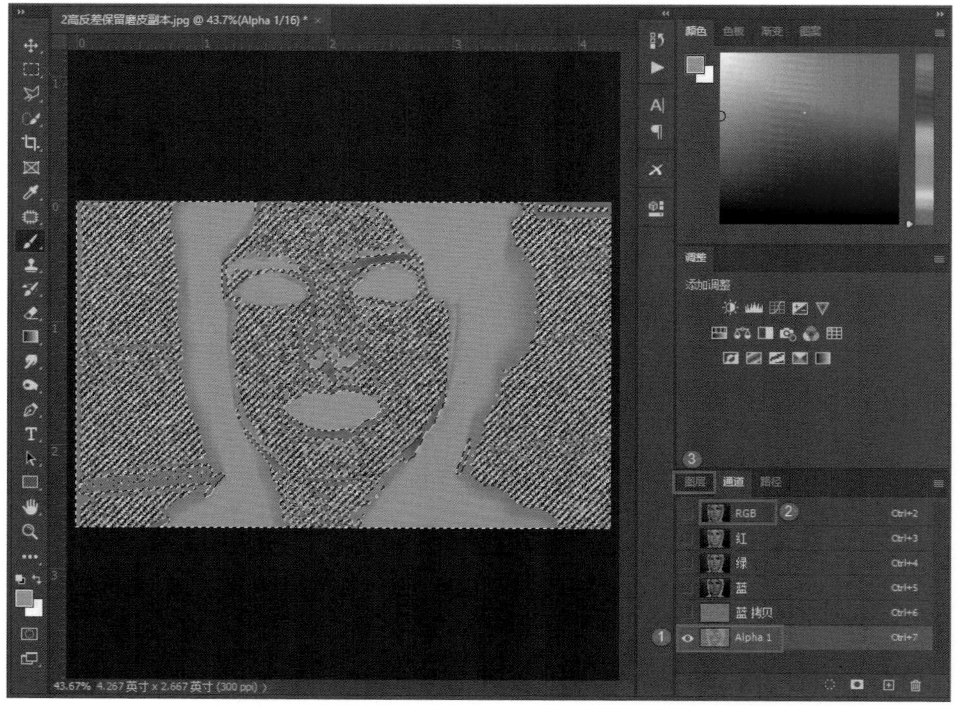

STEP8：按组合键Ctrl+Shift+I进行反选，接着创建一个曲线调整图层，打开“曲线”面板以后“蚂蚁线”就自动隐藏了。将曲线向左上方拖动，人物脸上的斑点就消失了。

STEP9：我们发现人物的眼睛、嘴唇、头巾和环境的颜色也被提亮了，这是我们不期望看到的。由于“曲线 1”图层是带着蒙版的，因此可以用黑色将不想提亮的部分盖住，使“曲线 1”图层的提亮效果不作用于这些区域。单击“曲线 1”图层的蒙版，然后将前景色设成黑色，接着单击选择“画笔工具”，依旧选择“柔边圆”笔刷，同时设置合适的画笔直径，将不透明度和流量都设为 50%，然后对眼睛、嘴唇等区域进行涂抹，这样这些区域的细节又都呈现出来了。

属性
曲线
预设：自定
RGB
自动
纯色...
渐变...
图案...
亮度/对比度...
色阶...
曲线...
曝光度...
自然饱和度...
色相/饱和度...
色彩平衡...
黑白...
照片滤镜...
通道混合器...
颜色查找...
反相
色调分离...
阈值...
渐变映射...
可选颜色...
图层
正常
背景
43.67% 4.267 英寸 x 2.667 英寸 (300 ppi)

文件(F) 编辑(E) 图像(I) 图层(L) 文字(Y) 选择(S) 滤镜(T) 3D(D) 视图(V) 窗口(W) 帮助(H)
模式：正常
不透明度：50%
流量：50%
平滑：0%
2高反差保留磨皮副本.jpg @ 43.7% (曲线 1, 图层蒙版/16) *
大小：40 像素
硬度：0%
常规画笔
柔边圆
硬边圆
柔边圆压力大小
属性
蒙版
图层蒙版
密度：100%
羽化：0.0 像素
调整：
选择并遮住...
颜色范围...
反相
图层 通道 路径
正常
不透明度：100%
填充：100%
曲线 1
背景
43.67% 4.267 英寸 x 2.667 英寸 (300 ppi)

STEP10：我们可以把不透明度和流量都调整为 100%，然后对环境部分进行涂抹，这时照片中的环境又回到了最初的状态。到这里这张照片就制作好了，记得按组合键 Ctrl+E 合并图层，然后保存照片。

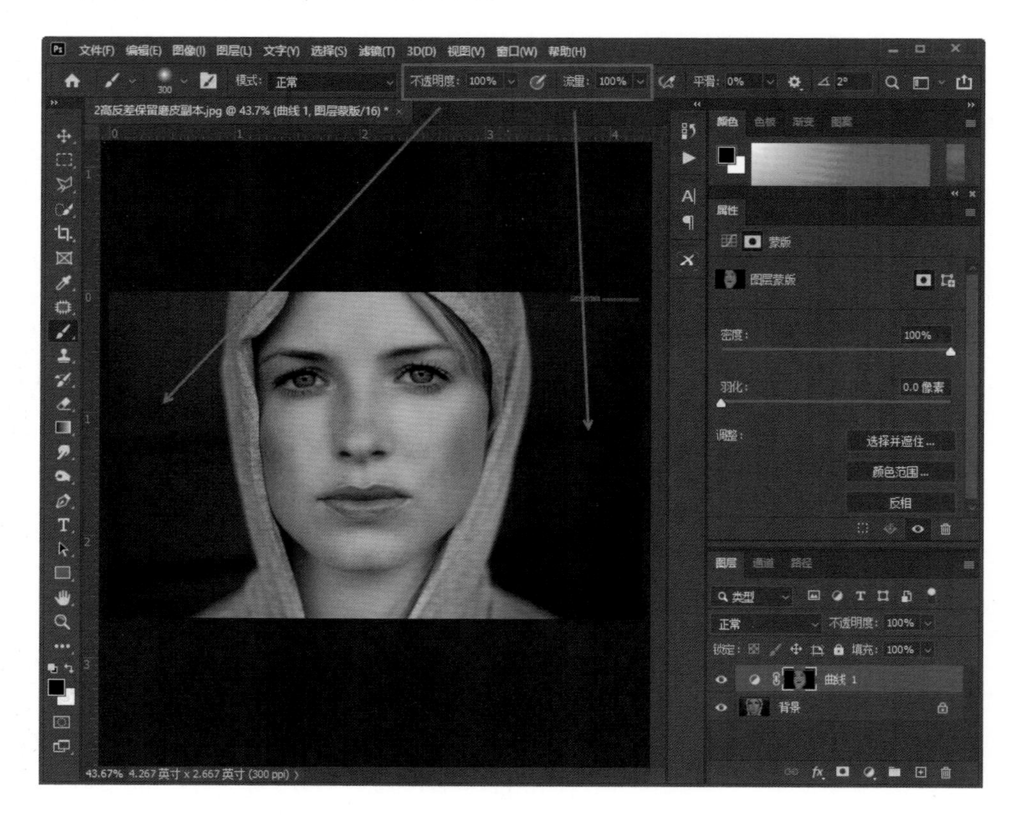

如何把初秋景色变成深秋景色

将素材照片调入ACR。这张照片拍摄的是初秋的景色，我们可以通过调色实现深秋的效果。

STEP1：首先利用前面学到的知识定好照片的黑白场，然后调整阴影值和高光值，接着将对比度调到13，清晰度调到30，色温值调到5200，同时提高自然饱和度。

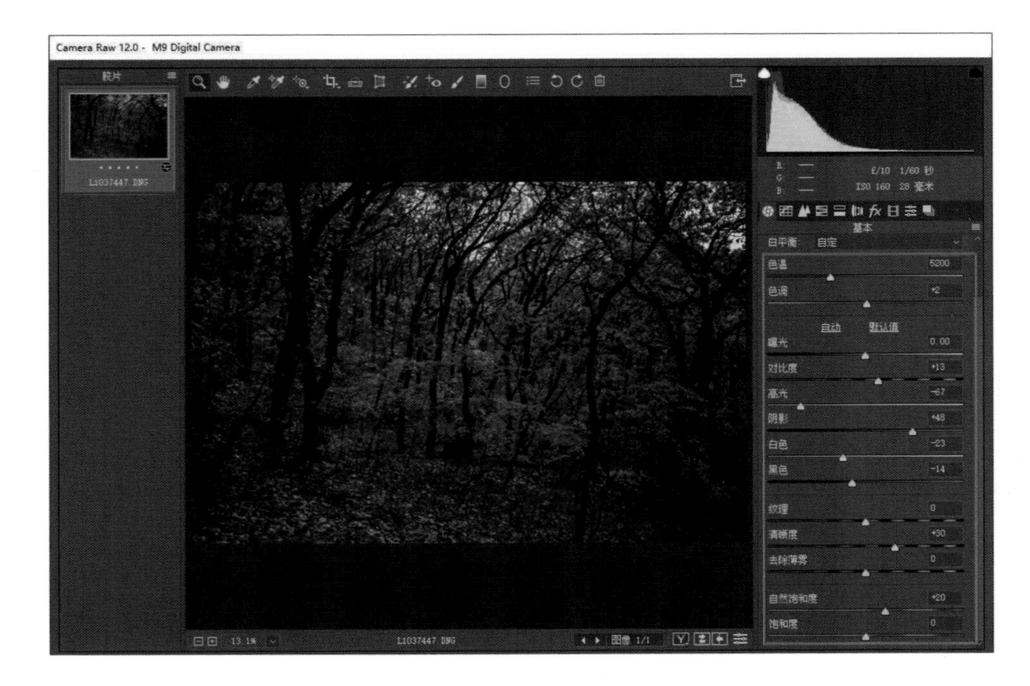

STEP2：打开“HSL 调整”选项卡，在“饱和度”里把除了蓝色以外的其他颜色的参数值都提高。

STEP3：在“明亮度”里将所有颜色的参数值都提高。

STEP4：在“色相”里调整红色、橙色、黄色、绿色和紫色的参数值，使照片展现出深秋的效果。

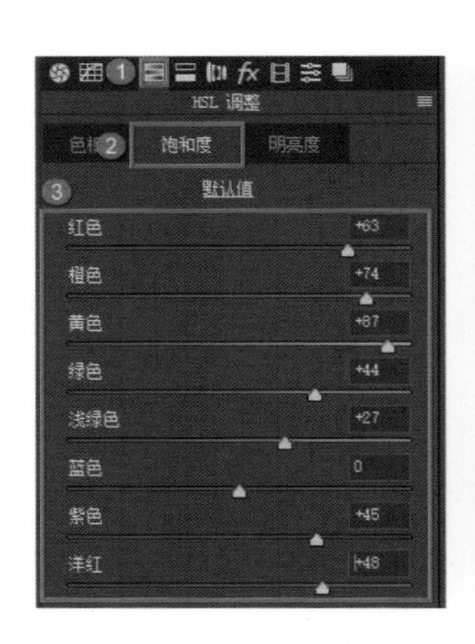

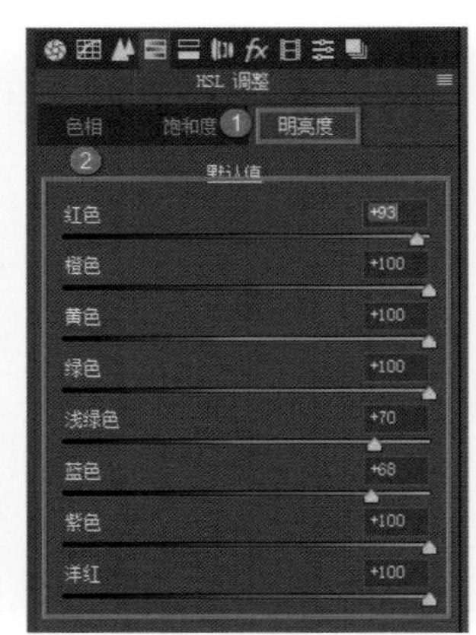

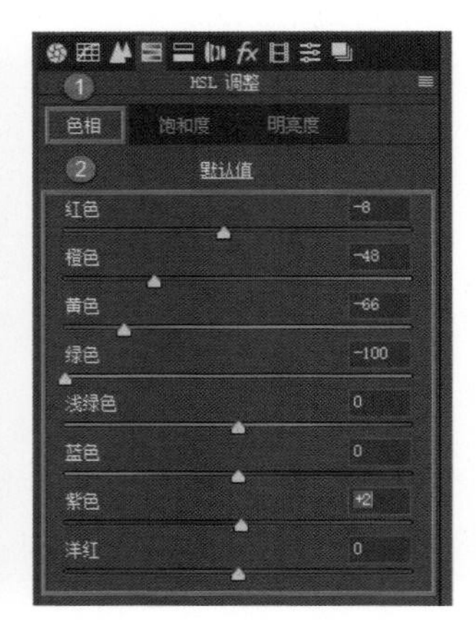

STEP5：回到“基本”选项卡，将色温值增加到6900，这样既调了色又把色彩层次保留下来了（存在一些绿色和黄色），最后再增加一点自然饱和度，深秋色调的照片就制作完成了。

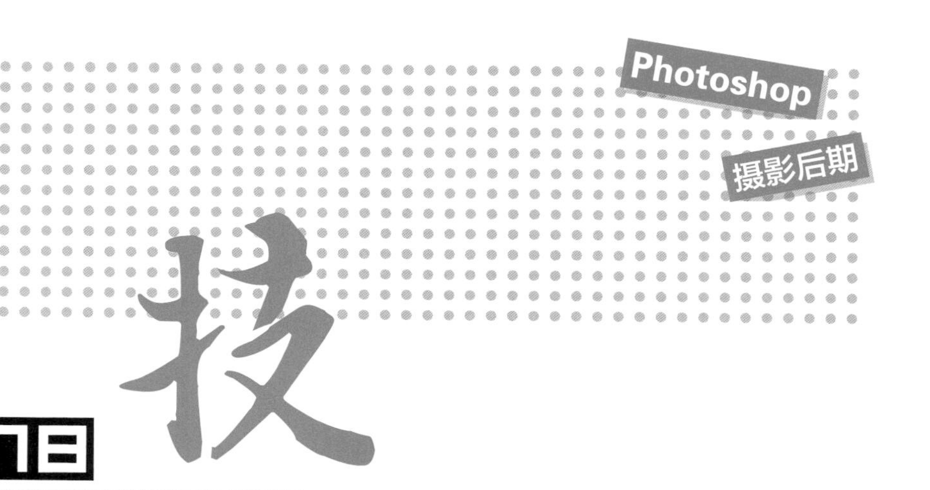

如何制作水面倒影

将素材照片调入PS。

STEP1：按组合键Ctrl++Shift+A打开ACR界面，单击“自动”选项，然后单击“确定”按钮返回PS。

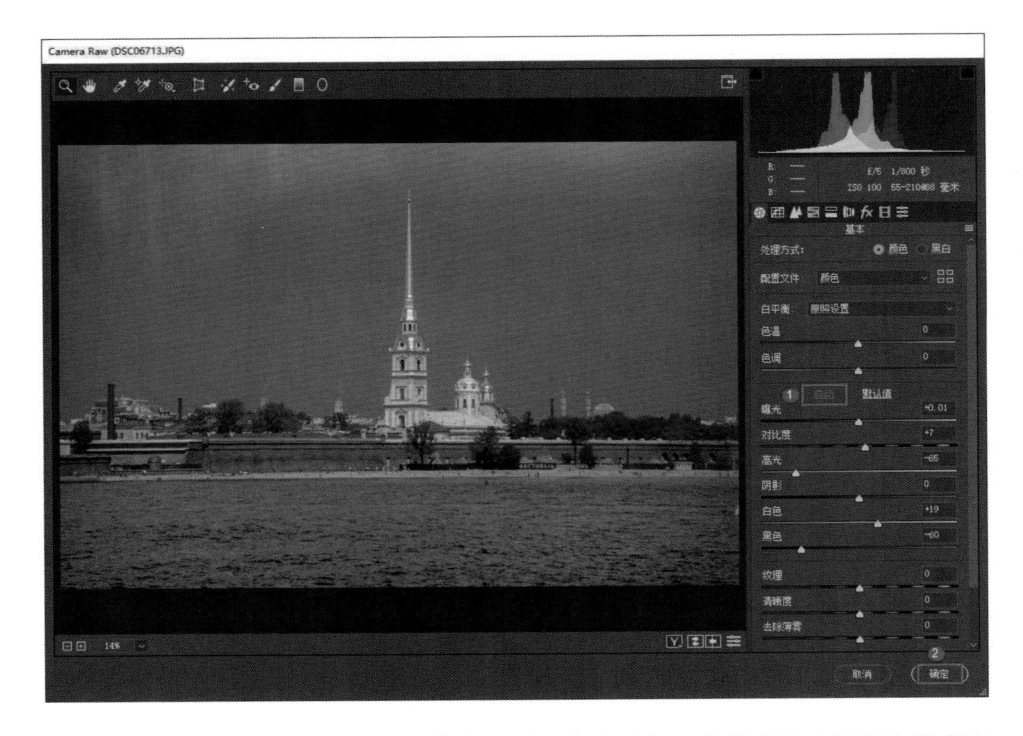

STEP2：依次选择菜单栏中的“图像”→“画布大小”，在弹出的对话框中把高度设成 44，将“定位”中的米字型下方留白，同时将画布扩展颜色设为白色，然后单击“确定”按钮。

STEP3：单击工具栏中的“矩形选框工具”，框选湖面以及湖面下方扩大的白色画布区域，然后单击“吸管工具”，选择相同的白色画布区域，按组合键 Alt+Delete 进行填充。

STEP4：选择“矩形选框工具”在照片上半部分创建一个选区，按组合键 Ctrl+J 把选区复制到一个新的图层（“图层 1”）中，然后按组合键 Ctrl+T 启动自由变换，右击画面，选择“垂直翻转”。

STEP5：把垂直翻转后的这张照片移动到下面，这时将倒立区域的不透明度降低一点，然后向上移动这个图层，可以按组合键 Ctrl+“+”和 Ctrl+“−”来放大或者缩小照片，进行对齐调整，最终保证上下两部分对称。然后将“图层 1”的底边中点往下拖动，消除底部的留白区域。最后双击图像取消自由变换的框线，同时将图层的不透明度恢复到 100%。

STEP6：单击右下角的“添加图层蒙版”按钮，再单击选择“画笔工具”，将前景色设置为黑色，右击画面，选择“柔性圆”画笔笔刷并设置合适的笔刷直径，对中间溢出的蓝色的水进行涂抹。

STEP7：单击选择“图层 1”的缩览图，再选择菜单栏中的“滤镜”→“模糊”→“动感模糊”，在弹出的对话框中，将角度设置为 90，距离自行调整，让水面呈现波纹效果即可，然后单击“确定”按钮。最后按组合键 Ctrl+Shift+Alt+E 盖印图层。

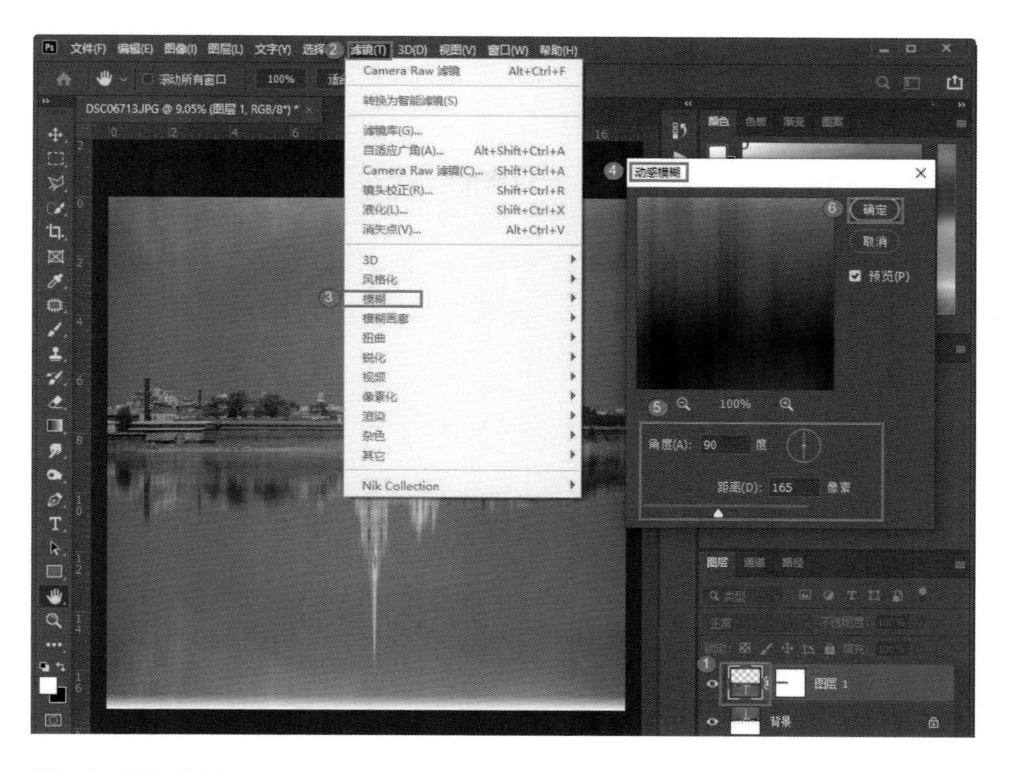

STEP8：按组合键Ctrl+Shift+A调出ACR界面，选择“渐变滤镜”，然后选择“重置局部校正设置”，接着将色温值设置为-24，曝光值设置为-0.95，在天空和水面各添加一个渐变滤镜。

STEP9：回到基础界面，然后打开“效果”选项卡，将数量值和中点值都降低，制作 LOMO 效果。

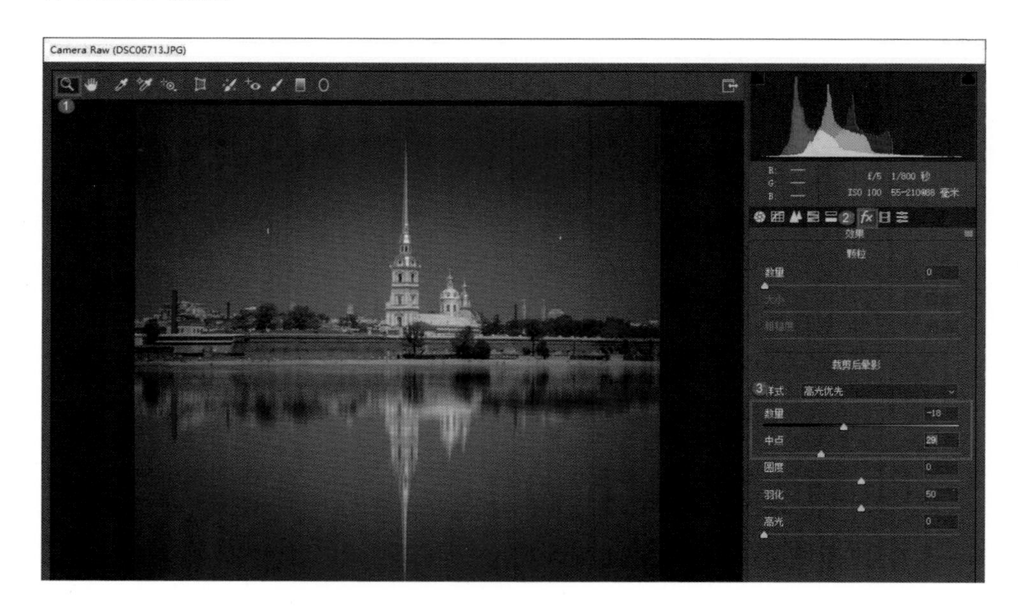

STEP10：进入“色调曲线”选项卡，增大照片的反差，最后单击“确定”按钮，一张有水面倒影效果的照片就制作完成了。

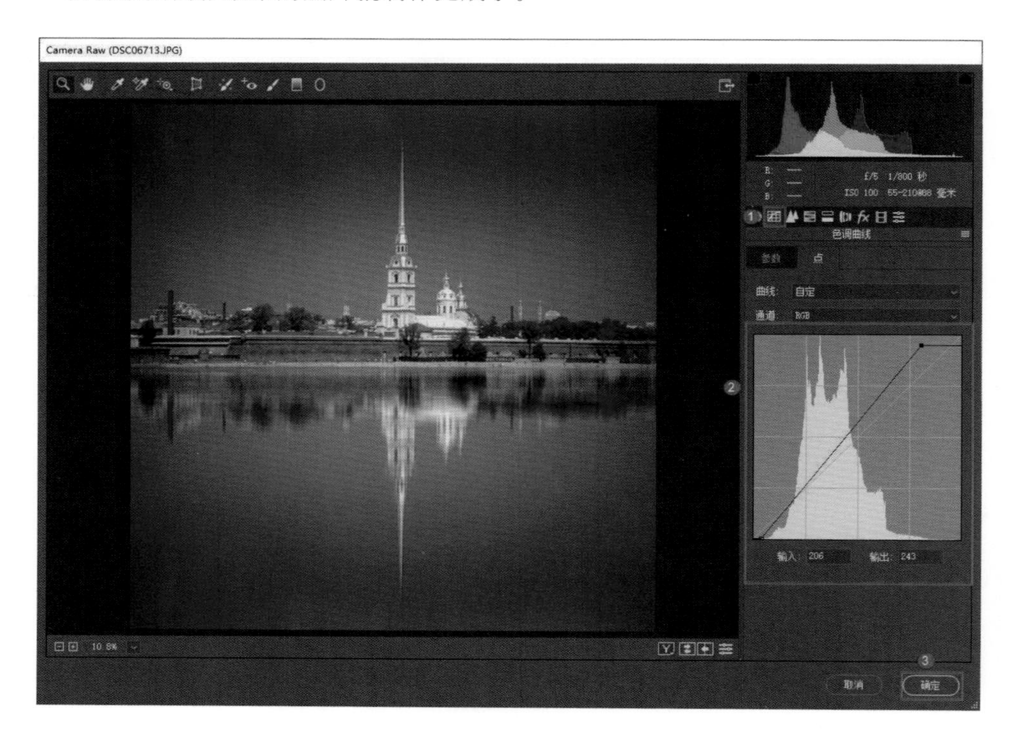

如何批量缩小照片的尺寸

STEP1：打开 PS，依次选择菜单栏中的“文件”→“脚本”→“图像处理器”。

STEP2：在弹出的对话框中选中“选择文件夹”，然后按照计算机存放的路径选择我们存放需要进行处理的照片的文件夹，然后按照下图进行设置。

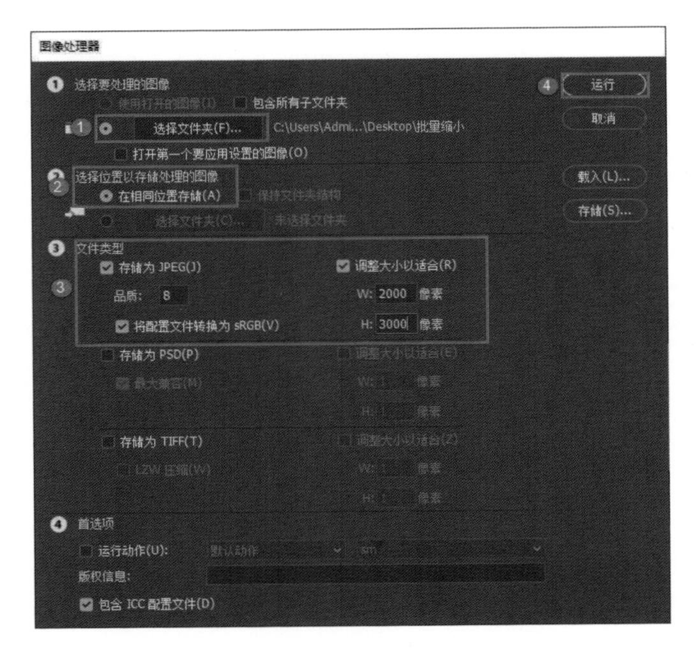

单击“运行”按钮后等待一会儿，PS 就把所有照片都压缩好了，并且批量压缩之后的照片会在原文件夹里自动生成一个 JPEG 文件夹。过去我们一张一张地压缩，而现在可以批量处理，效率已经大幅度提高了。

如何批量处理照片

将一些 RAW 格式的照片调入 ACR 中。这组照片基本是在同一个时间段拍摄的，曝光参数较为一致。

STEP1：单击第一张照片右上角的小方块，选择“全选”。

STEP2：再次单击这个小方块，选择“同步设置”。

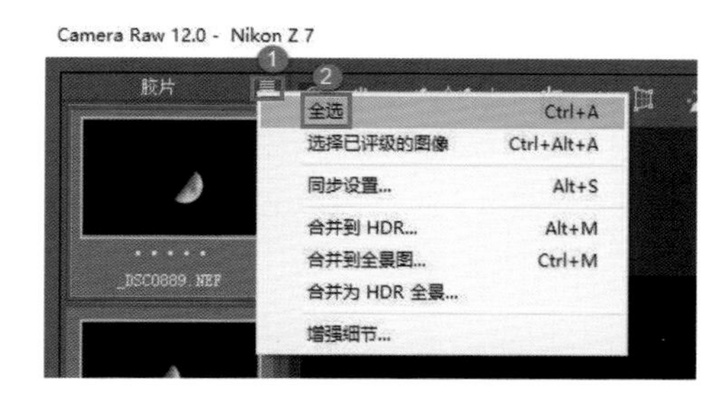

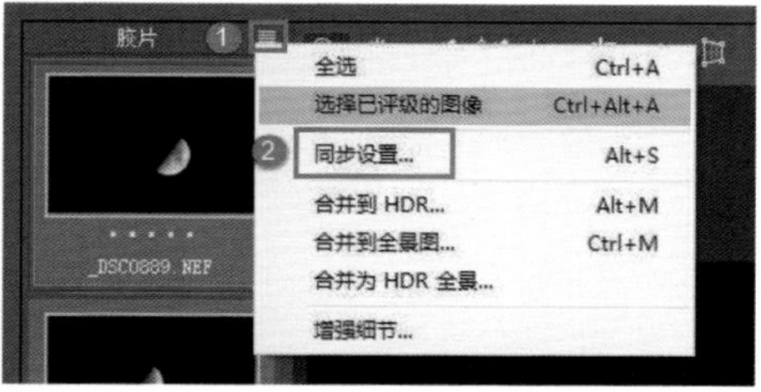

STEP3：在弹出的对话框中，将子集设为“全部”，再单击“确定”按钮。

这时我们对第一张照片的调整都会作用到其他照片上。

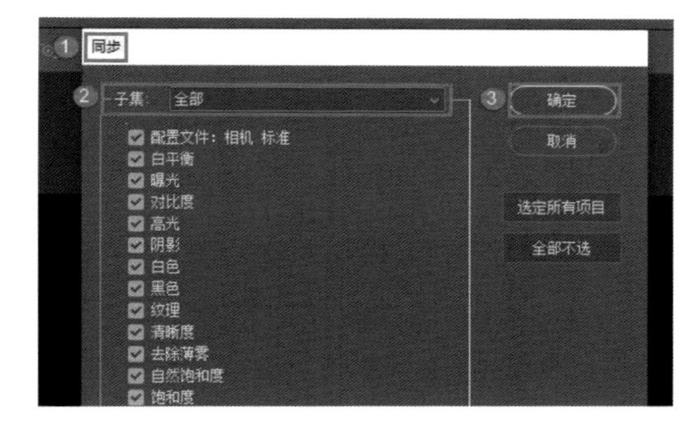

如何把照片贴入模板中

本节我们将介绍如何将一张黑白人像照片放到一个黑白模板中。首先将素材照片调入 PS 中，然后将黑白胶片的模板也调入 PS 中。

STEP1：在黑白胶片的工作窗口中，依次选择菜单栏中的“选择”→“色彩范围”，在弹出的对话框中选择左侧的吸管单击黑白模板的胶片区域，“本地化颜色簇”不用选中，将颜色容差调到最高即200，选区预览设为灰度，然后单击“确定”按钮。

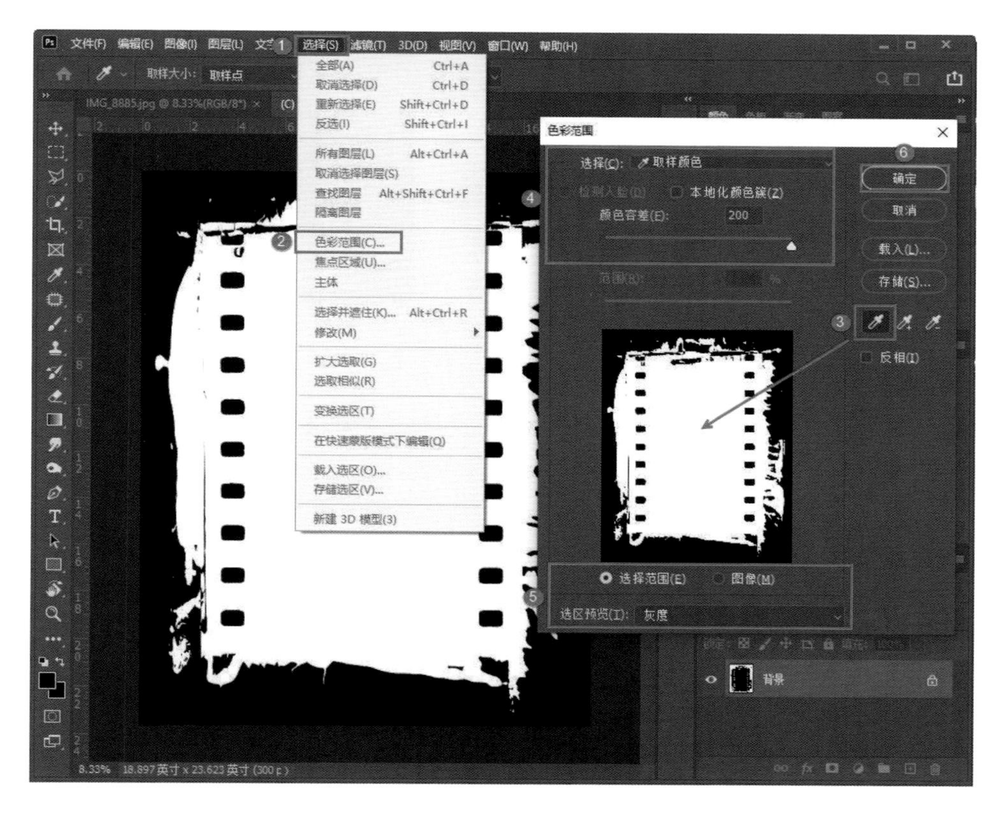

STEP2：打开人像照片的工作窗口，然后按组合键 Ctrl+A 全选，按组合键 Ctrl+C 复制。

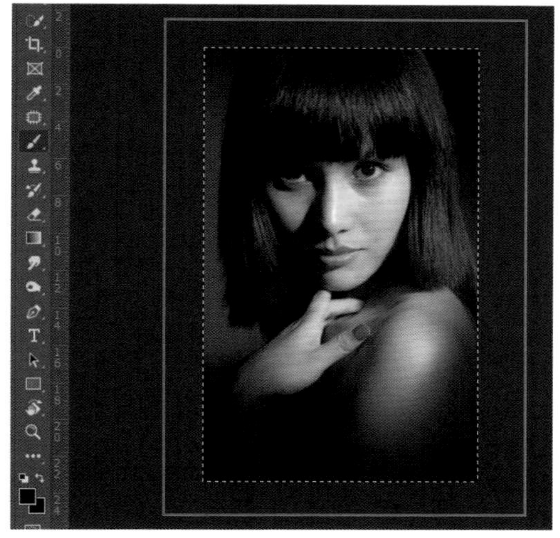

STEP3：返回黑白胶片的工作窗口中，依次选择菜单栏中的“编辑”→“选择性粘贴”→“贴入”。

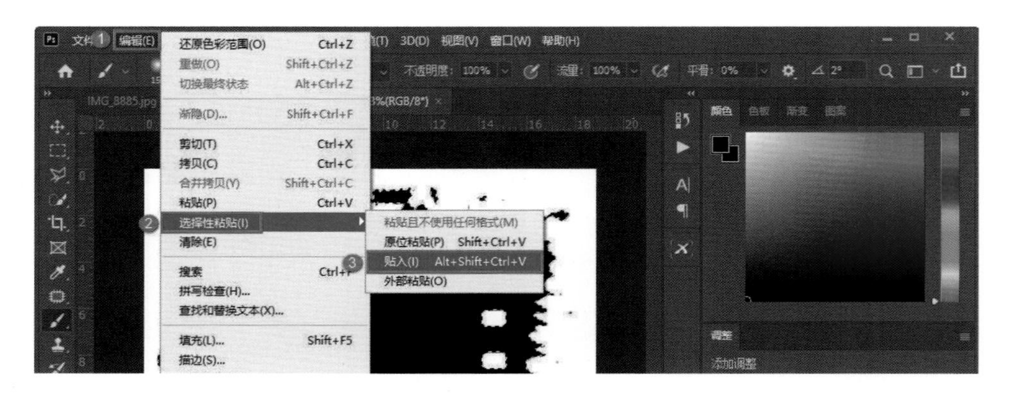

STEP4：若弹出的对话框显示颜色不匹配，直接单击“确定”按钮即可。此时人物将被顺利地植入黑白胶片中，按组合键 Ctrl+T 调出“自由变换工具”，按住 Shift 键的同时选中照片的一个边角对照片进行等比例缩放，让人物占满整个画面，然后移动照片到合适的位置，最后双击照片即可。一张怀旧的照片或者说胶片效果的照片就制作好了，接着按组合键 Ctrl+Shift+Alt+E 合并图层。

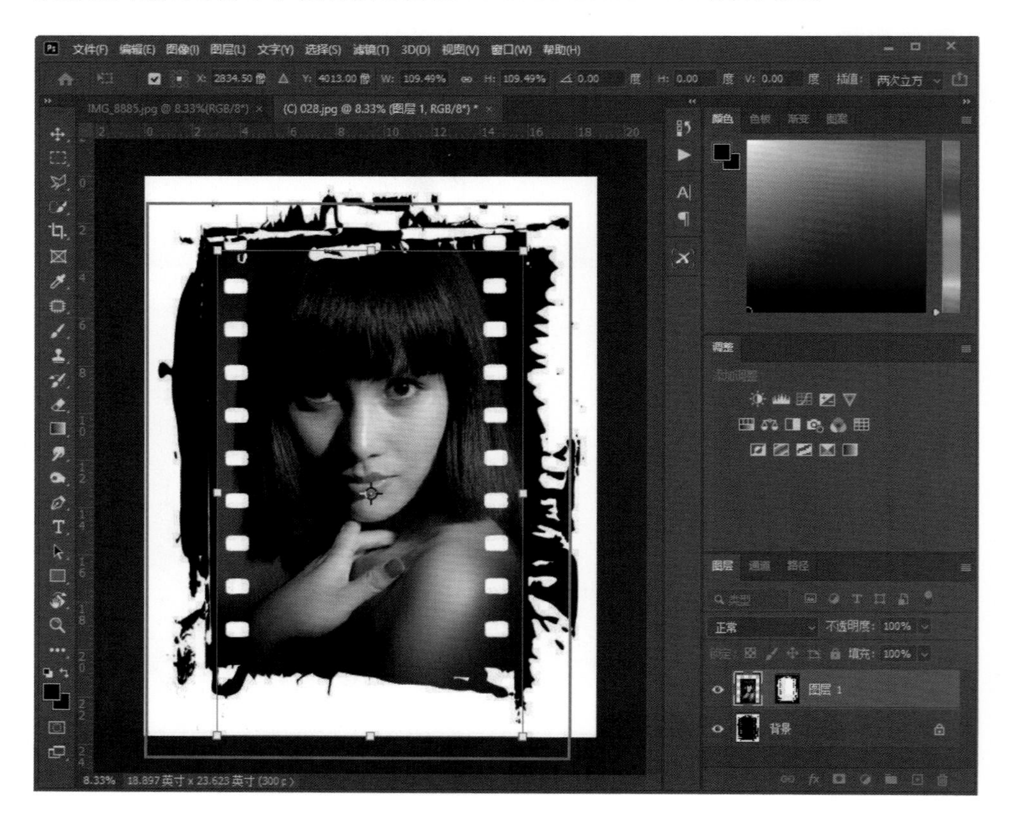

如何使用快速蒙版修饰照片

将素材照片调入 PS，这张素材照片拍摄的是残壁，有点曝光不足。

我们使用快速蒙版对残壁进行修饰，要将整个残壁调出一些层次感。

STEP1：单击“以快速蒙版模式编辑”，接着单击“画笔工具”，选择合适的画笔直径和“柔边圆”画笔笔刷，在不透明度和流量都是 100% 的情况下对残壁进行涂抹。

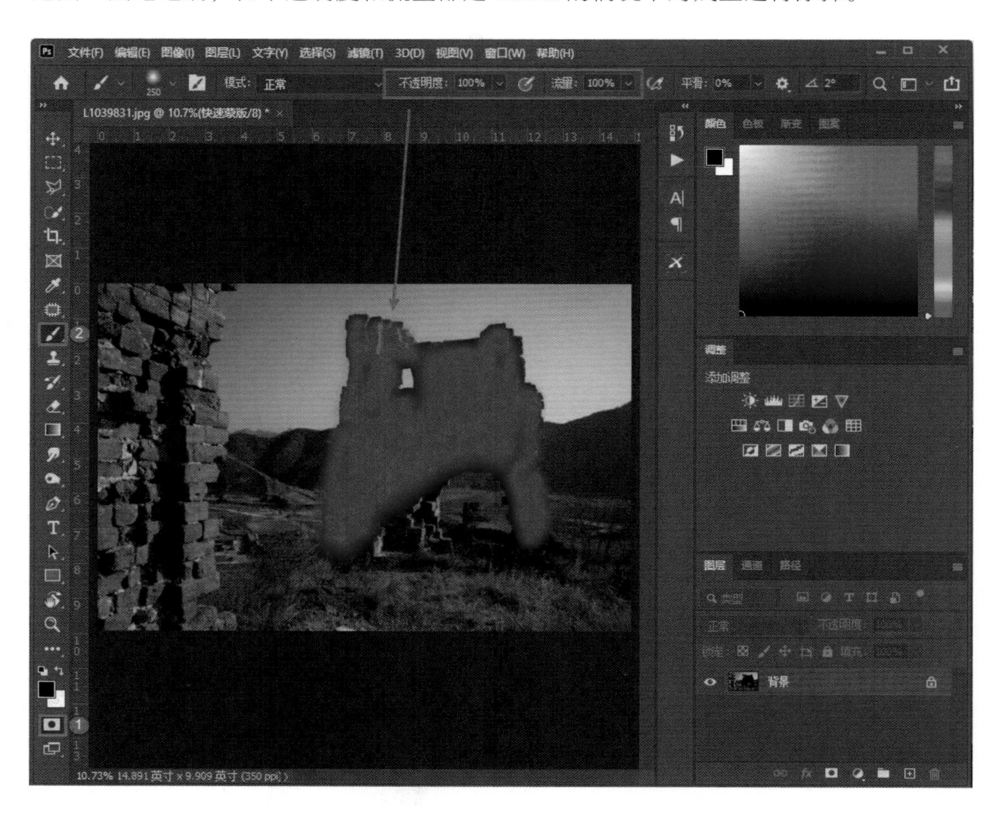

STEP2：红色区域是不进行选择的选区。按 Q 键，画面中将出现“蚂蚁线”，这时已经将残壁以外的区域选上了。

STEP3：按组合键 Ctrl+Shift+I 进行反选，创建一个曲线调整图层，在弹出的面板中将曲线向左上方适当拖动，提亮残壁即可。

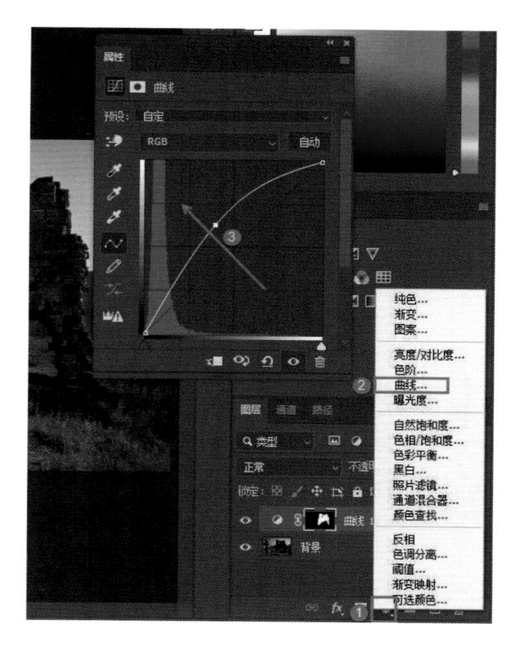

STEP4：按组合键 Ctrl+Shift+Alt+E 合并图层，最后记得保存文件。如果上一步不想反选，可以双击“以快速蒙版模式编辑”按钮，在弹出的对话框中选中“所选区域”，然后单击“确定”按钮。这样下次我们在涂抹的时候就不用反选了，直接按 Q 键出现的选区就是我们要涂抹的区域。

如何使用反相蒙版

将素材照片调入 PS。

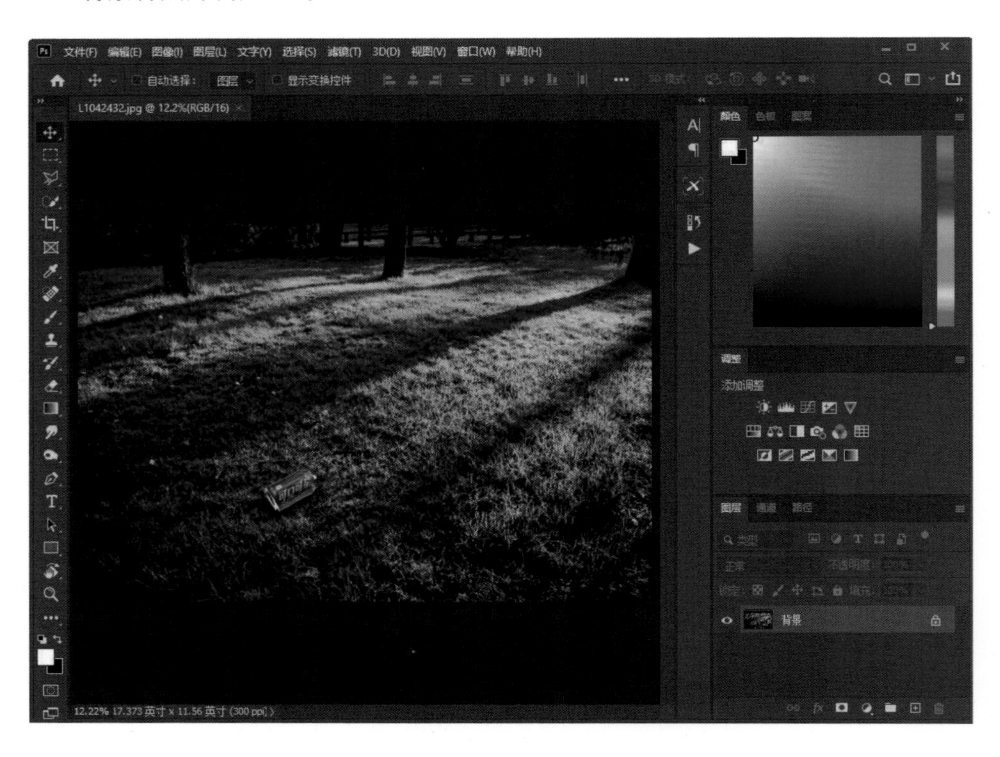

我们发现这张照片中的草坪上有一个易拉罐，现在要把它去掉。以往碰到这种

情况时，我们会使用“仿制图章工具”或者“修补工具”。这两个工具在使用的时候多多少少会在画面上留下些痕迹，不过若用反相蒙版来处理就不会留下痕迹。

STEP1：单击“背景”图层，复制一个新图层，将不透明度降到 50%。

STEP2：这时单击“移动工具”，将草坪向左下方移动并覆盖到易拉罐上。

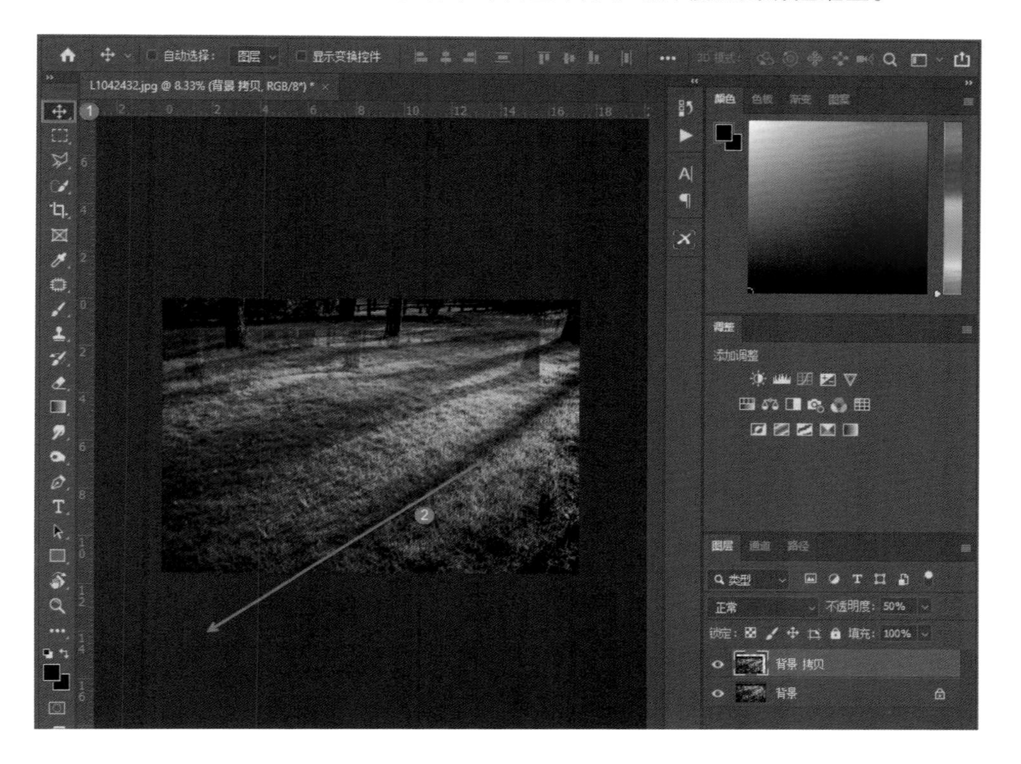

STEP3：将不透明度还原为 100%，然后在按住 Alt 键的同时单击“添加蒙版”按钮，添加一个反相蒙版。单击选择“画笔工具”，将前景色设为白色，选择“柔边圆”画笔笔刷和合适的画笔直径，然后在不透明度和流量都是 100% 的情况下，对易拉罐进行涂抹。这样这个易拉罐就消失了。

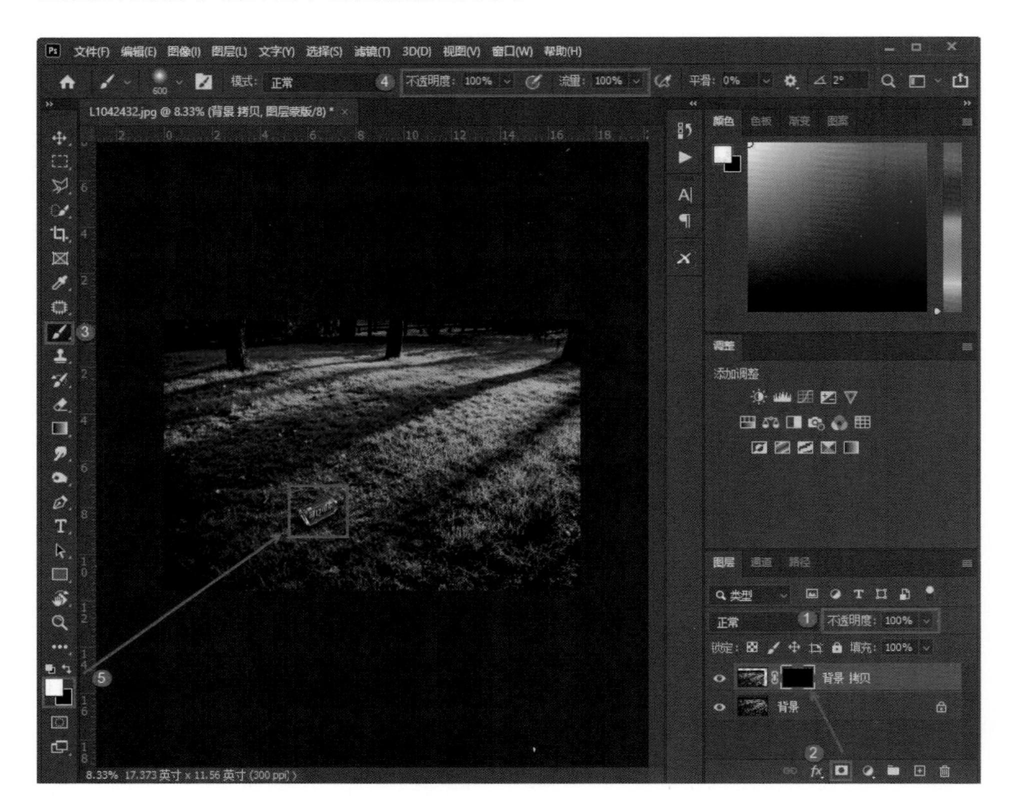

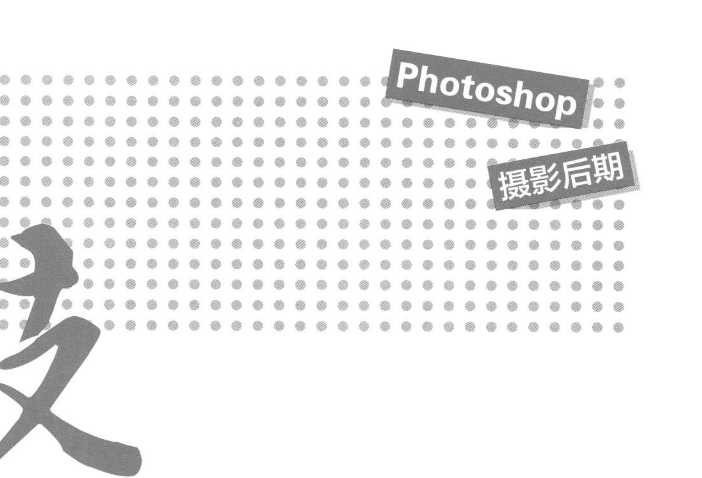

084 技 如何使用剪贴蒙版调色

将素材照片调入 ACR。

这张照片是秋天拍摄的，整个画面非常杂乱而且其饱和度和明亮度都没有达到令人满意的效果。

STEP1：对照片进行基础调整，参数如下图所示。

STEP2：单击“打开对象”按钮进入PS，如果觉得照片左下角不太美观，可以使用“修补工具”进行修饰，对于不太显眼的边缘杂物也可以使用“仿制图章工具”进行修复。

STEP3：新建一个空白图层（“图层 1”），在按住 Alt 键的同时将光标移动到“图层 1”的底边处，此时将出现一个直角图标，然后单击生成剪贴蒙版。还有一种方式：只需右击“图层 1”的名称，然后选择“创建剪贴蒙版”即可。

STEP4：剪贴蒙版的作用是对上方的图层进行涂抹，然后颜色会自动应用于下方图层，不会产生任何穿帮现象。接下来我们操作一遍。单击“背景”图层，依次选择菜单栏中的“选择”→“色彩范围”，用“吸管工具”选取树叶的颜色，其他参数的设置见下图，然后单击“确定”按钮，画面中将出现“蚂蚁线”（选区）。

STEP5：单击“图层 1”，然后按组合键 Ctrl+H 隐藏“蚂蚁线”，这样便于更好地观察画面。选中“背景”图层，选择工具栏中的“吸管工具”，然后按组合键 Ctrl+“+”放大照片，按住 Space 键的同时可以移动照片，接着用“吸管工具”选取树叶上鲜艳的颜色，按 Ctrl+0 将照片调整到适合屏幕的大小。

STEP6：选择“画笔工具”，右击画面，选择“柔边圆”画笔笔刷和合适的画笔直径，在不透明度和流量都为 100% 的情况下，单击选择“图层 1”，然后将其混合模式改成“叠加”。现在对画面中的树进行涂抹，上一步选取的颜色就自动应用于刚才的选区上，涂抹结束后，会发现照片呈现出了深秋的效果。

STEP7：再次使用“吸管工具”，放大照片选取草地的绿色，然后按组合键Ctrl+0将照片调整到适合屏幕的大小。接着使用“画笔工具”对地面进行涂抹，地面的颜色也就变绿了。如果不小心把树也涂上了绿色，则可以选取黄色来对树进行涂抹。

STEP8：因为是带着蒙版进行操作的，所以不会涂抹到没有选中的区域（比如天空）。首先按组合键Ctrl+H使“蚂蚁线”可见，然后按组合键Ctrl+D取消“蚂蚁线”。如果觉得画面颜色太夸张了，可以把“图层 1”的不透明度适当降低一点。

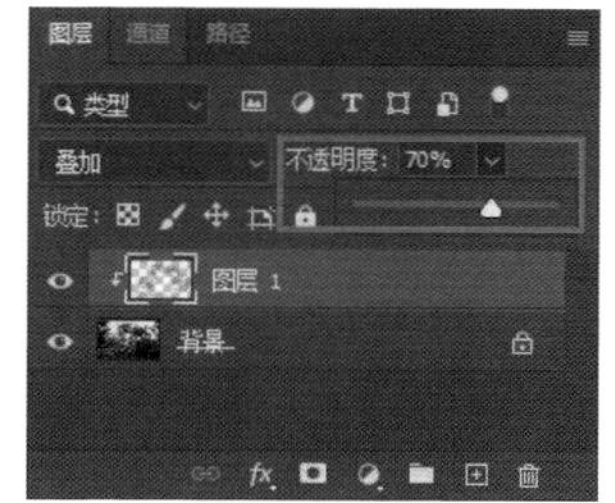

“叠加”的图层混合模式用于屏蔽照片里的灰色。我们利用“叠加”的图层混合模式和剪贴蒙版可以准确地把颜色应用于底下的区域。这种调色方法适用于阴天拍摄的一些植被照片，特别是使用佳能相机拍摄出来的照片。有时在感光度比较高或者光照较暗的情况下拍摄的照片，也可以用这种方法来进行调整，效果非常好。

室内调色教程

将素材照片调入 ACR。

从色温上看，照片色调偏黄、曝光有些不足，反差比较弱、比较浑浊。

STEP1：单击选择工具栏中的“白平衡工具”，单击一块灰色区域，对画面的白平衡进行初步校正。接着定好照片的黑白场，降低高光值，增加清晰度、对比度、自然饱和度和饱和度，将色温值降低，让照片偏蓝一点会比较好看。这时发现照片的颜色曝光不足，于是在按住 Alt 键的同时向右拖动“曝光”滑块至 0.75。

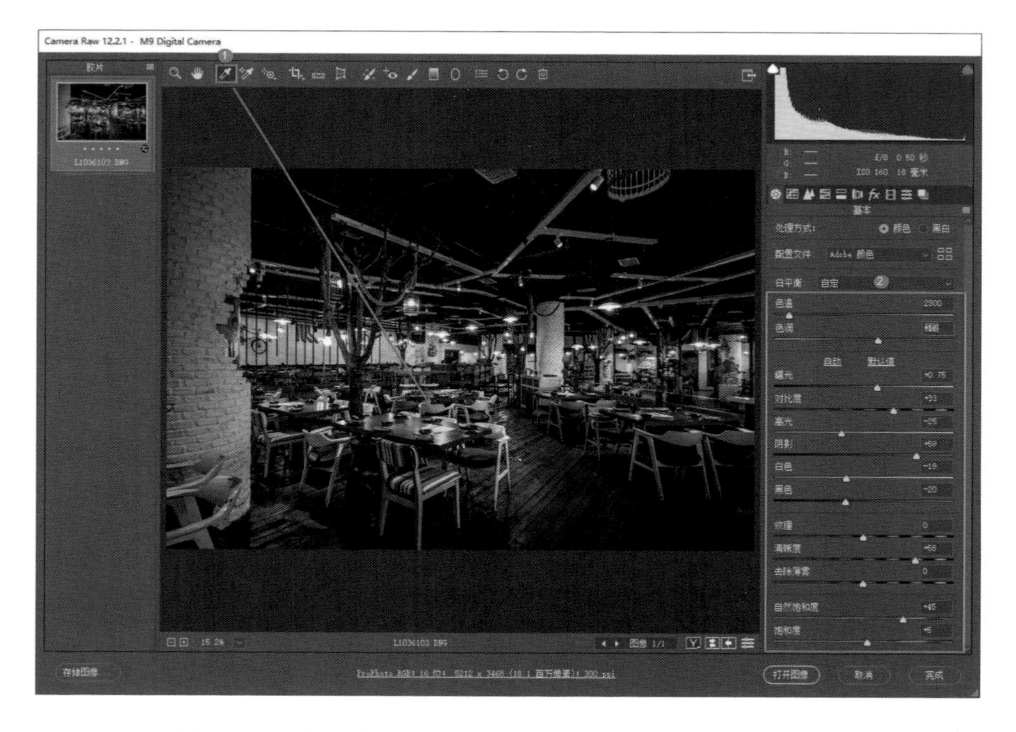

STEP2：打开“HSL 调整”选项卡，在“饱和度”中，将各种颜色的滑块往右拖动。不用担心画面中会出现噪点，因为照片在 ACR 界面中进行调整，而 ACR 的宽容度非常大。

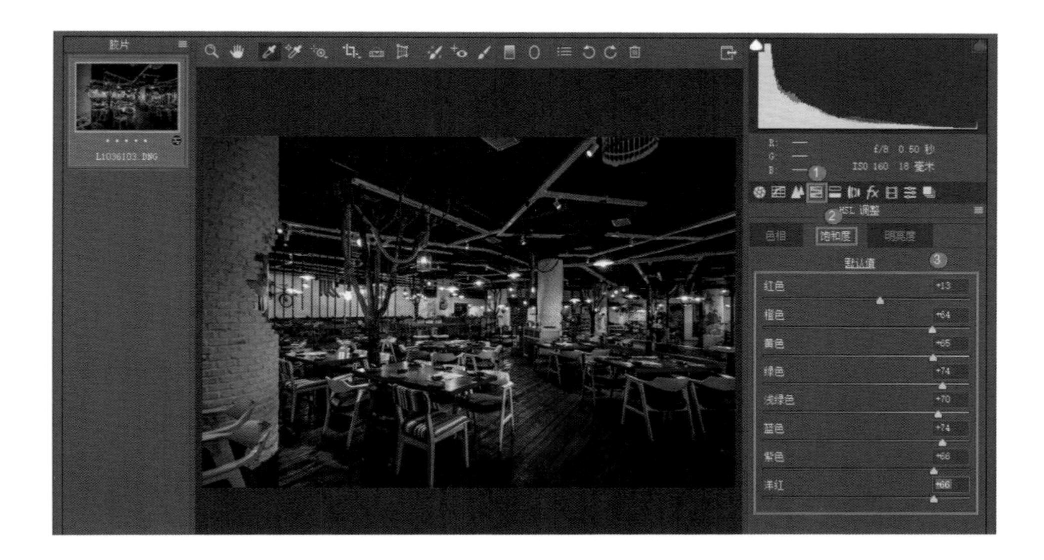

STEP3：选择“明亮度”，把各种颜色的参数值提高。我们可以把照片放大至200%~300% 进行检查，照片中几乎没有噪点，调整得非常好。这张照片在拍摄的时候没有使用任何灯光。

此时发现天花板拍摄出来的效果不是太理想，光线比较暗。

STEP4：单击选择工具栏中的“渐变滤镜”，然后单击直方图右下角的小方块，选择“重置局部校正设置”，然后将曝光值设置为 1.35，在照片顶部从上往下拖动，再在照片底部从下往上拖动，稍微提亮画面，然后再从右上方往左下方拖动，提亮画面的右上角。

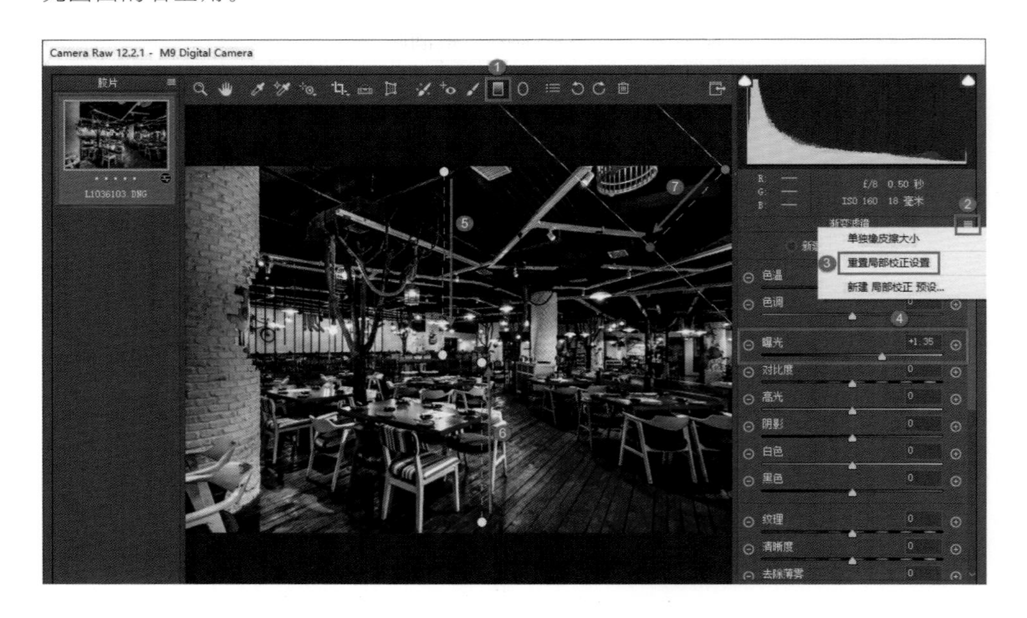

STEP5：回到“基本”选项卡，将对比度、清晰度提高一点，色温值稍微降低，将色调值增加，调整色调的时候是根据个人的主观意识调的，喜欢什么样的色调就

往哪个方向调。高光修剪是打开的，单击直方图的右上角把它关掉，画面看着就舒服了很多，打开高光修剪的目的是控制高光不要过度。

STEP6：将原始照片和调整后的照片进行比较，会发现照片完成了跨越式的过渡。不想把这张照片调得太亮，因为这种主题餐厅跟酒吧一样，光线暗一点更好。

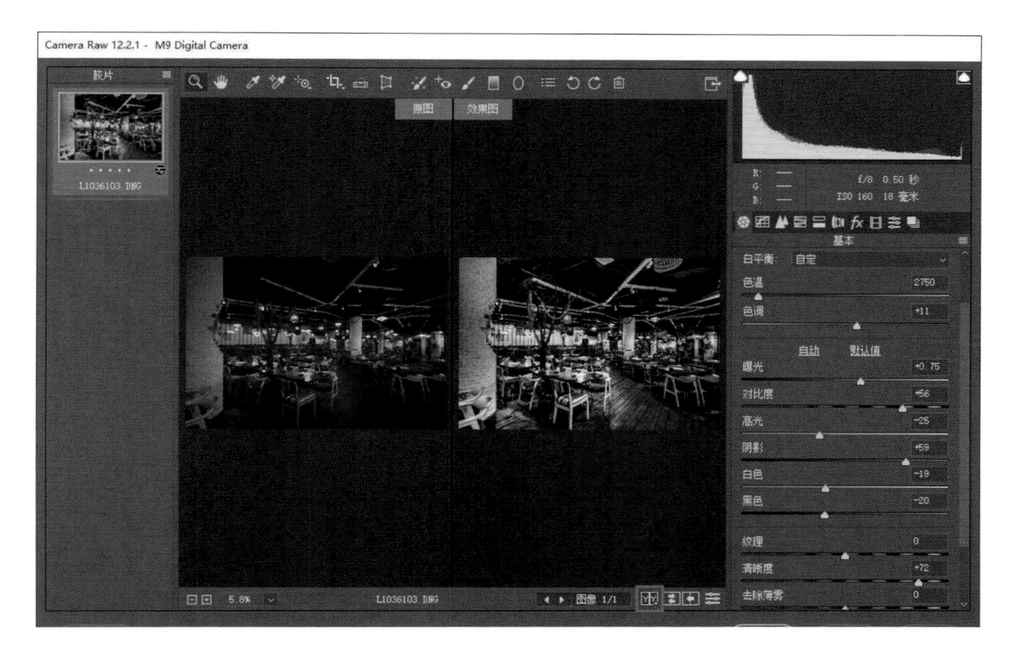

STEP7：单击“效果”选项卡，将数量值和中点值降低，让四周变暗，增加餐厅的神秘感。

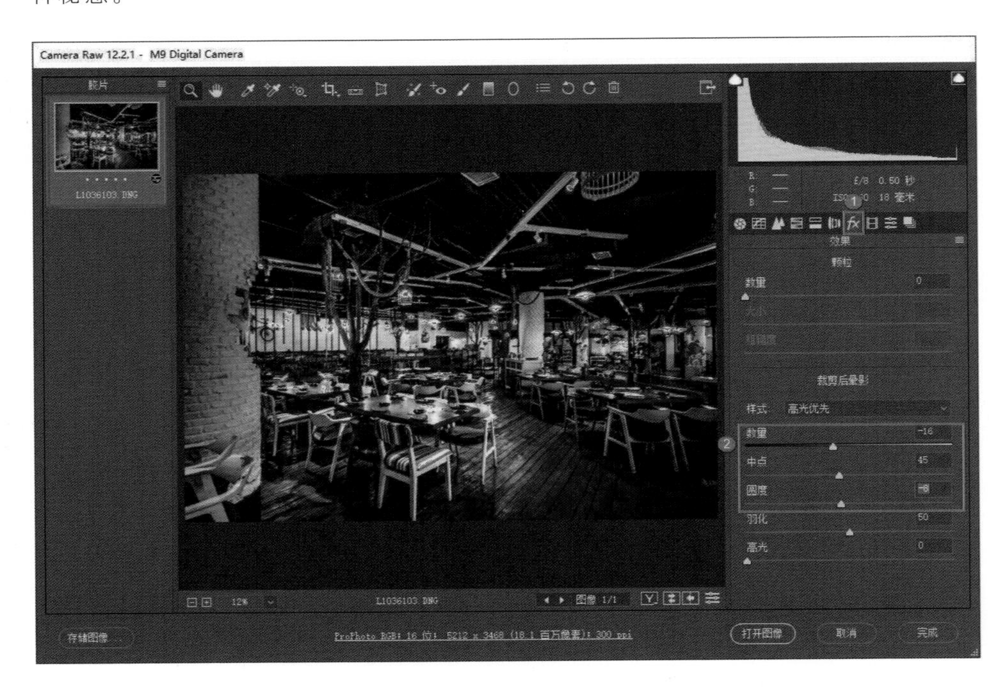

STEP8：单击“基本”选项卡，将曝光值提高一点。

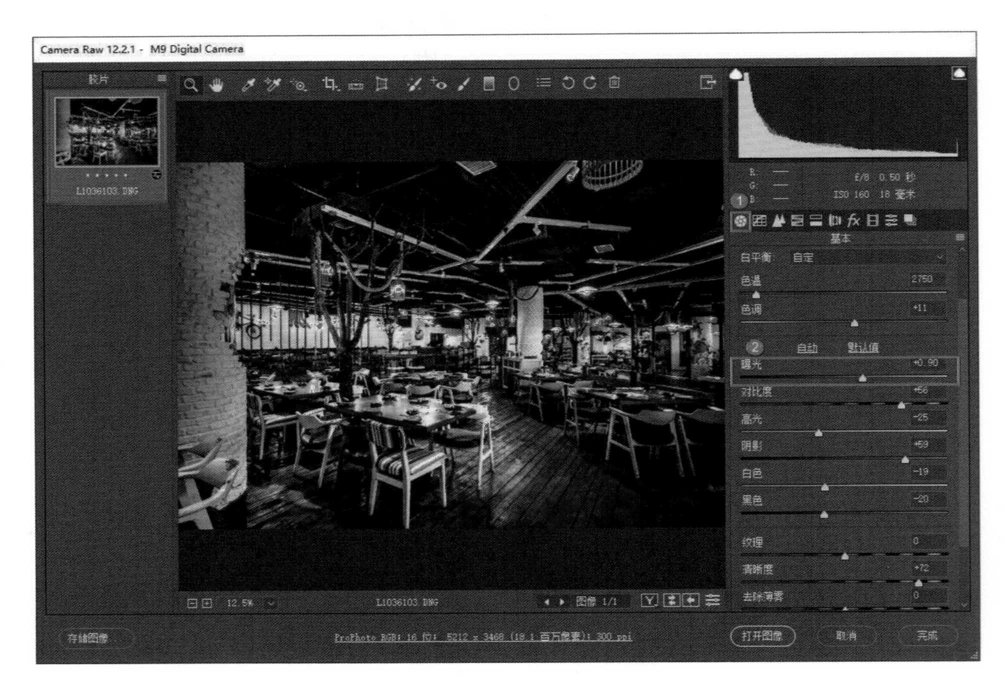

STEP9：单击“细节”选项卡，增加数量值但不要超过 50，在按住 Alt 键的同时向右拖动“蒙版”滑块，将它的范围设置到照片中物体的边缘。现在这张照片的清晰度非常好，接着单击“打开对象”按钮进入 PS。

在 PS 中要进行一些细致的修剪操作，对色彩的调整基本上已经完成了，这种调色思路使照片达到了想要的效果。如果再创建一个可选颜色调整图层就会有点画蛇添足。对一张照片的调整在什么时候停下来尤为重要，保持最初的那种感受是非常重要的。

如何快速提升人物皮肤的质感

本节介绍如何利用通道提升人物皮肤的质感。将素材照片调入 PS 中，这是原始照片，人物的脸上还有瑕疵，为了突出教程的效果，我们不去除瑕疵。

STEP1：首先按组合键 Ctrl+J 复制一个图层（“图层 1”），接着依次选择菜单栏中的“图像”→“应用图像”，弹出的对话框中的参数设置如下图所示。在这里强调一下，一定要选择“绿”通道，因为“红”通道太浅，“蓝”通道太深，只有“绿”通道颜色适中，即“绿”通道包含的层次比较丰富。然后单击“确定”按钮。

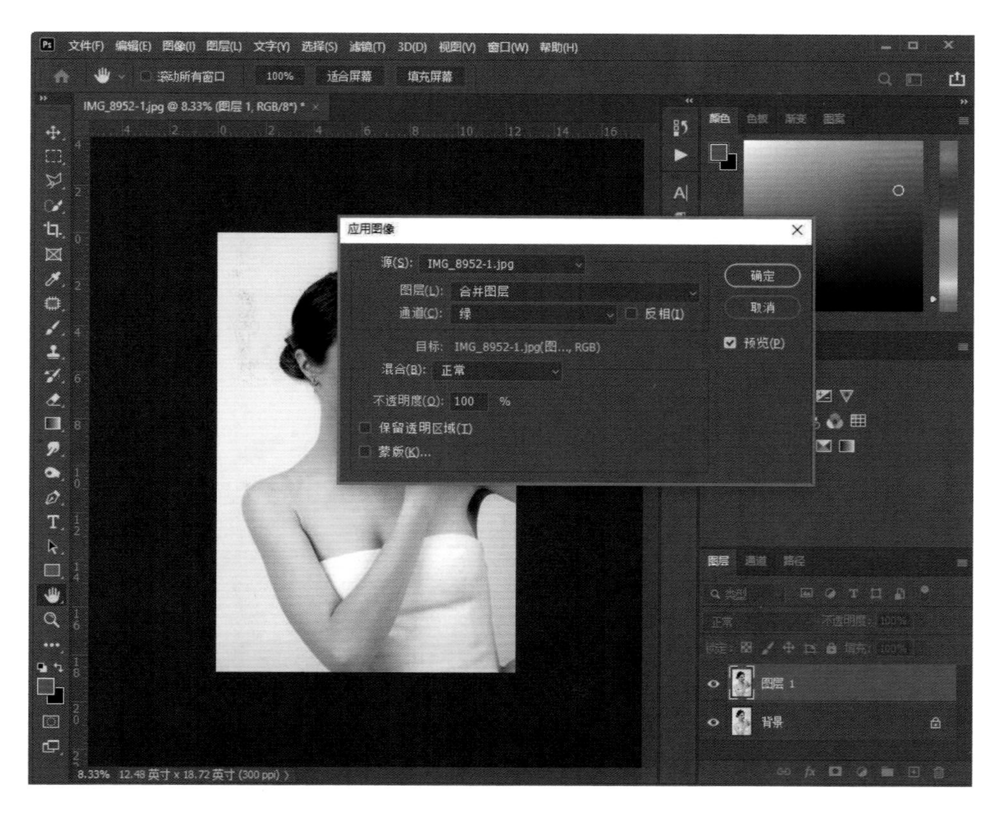

STEP2：将“图层 1”的混合模式改为“明度”，到这里就已经完成调整了。我们可以通过选中和取消选中“图层 1”左侧的“小眼睛”图标来查看整体效果。现在已经增大了照片的反差并且没有破坏它的颜色，同时人物皮肤的质感也得到了提升。

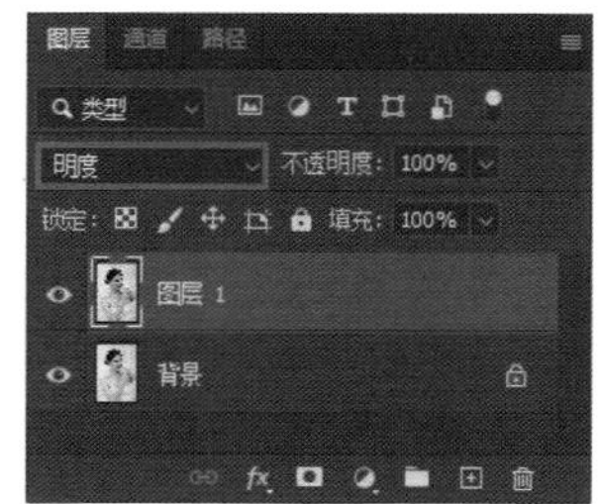

本节所用方法的原理是把“绿”通道复制出来，然后把图层混合模式变成明度，就可以增大照片的反差且不会破坏原始照片的颜色。这个方法非常简单也非常好用。

如何“拯救”一张风光照片

将素材照片调入ACR中。在这张照片的作者拍日出的时候，恰巧有一个人进入了他的画面中，于是这个人正好成了照片的前景。本节我们来讲解一下应如何对这类照片进行调试。

STEP1：照片打开以后，先做基础调整，参数设置如下页图所示。

STEP2：把照片中穿帮的地方修饰掉。单击工具栏中的“污点去除工具”，修饰画面右下角穿帮的地方。如果没有去除干净就多操作几次。使用“污点去除工具”的时候一定要选取临近穿帮位置的区域去覆盖要去除的部分。

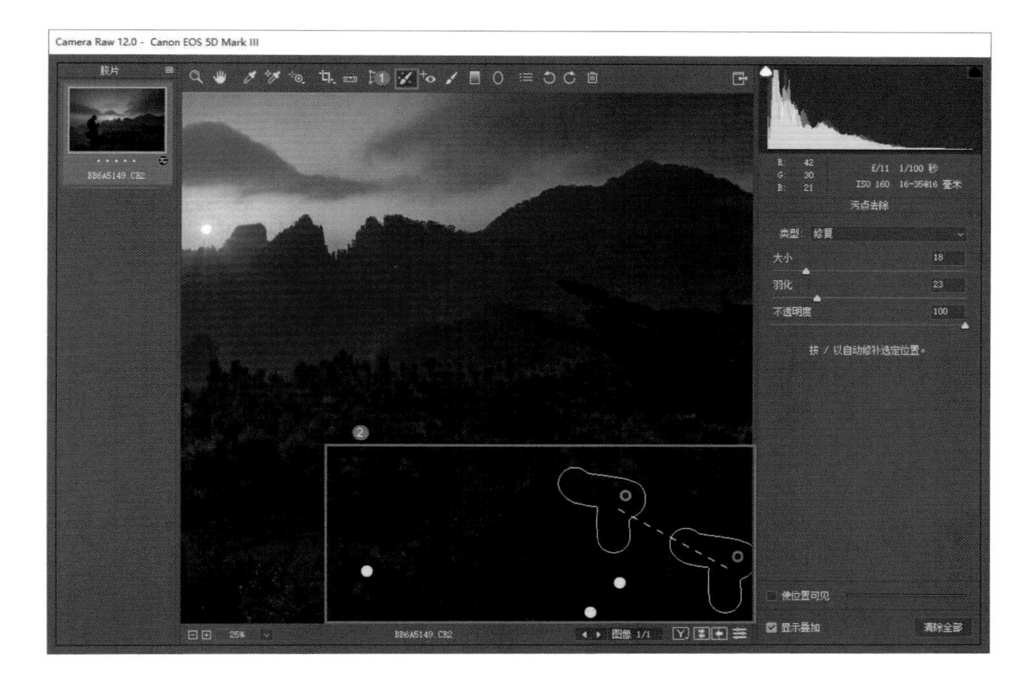

STEP3：单击“缩放工具”进入“基本”选项卡，这时放大照片后发现照片中存在很多噪点。因此进入“细节”选项卡，将明亮度调整到 50，噪点瞬间就消失了。

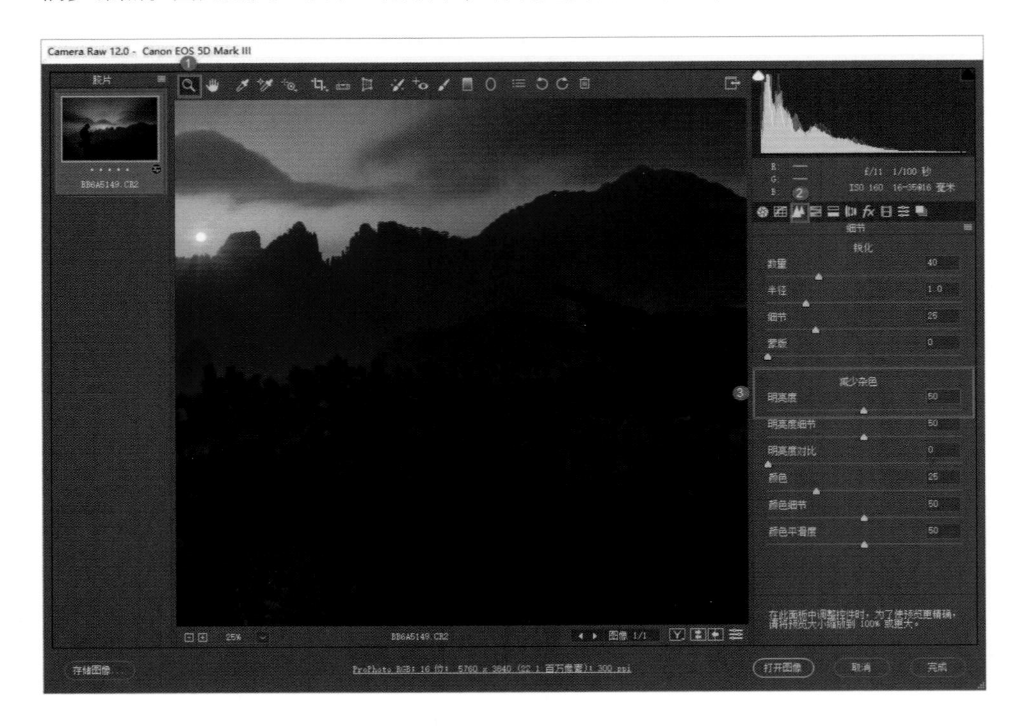

STEP4：选择“调整画笔工具”，接着选择“重置局部校正设置”，目的是将所有设置归零，然后增加一点色温值和曝光值，接着选择合适的半径和羽化值，涂抹前景中的松树，增加它的层次感。

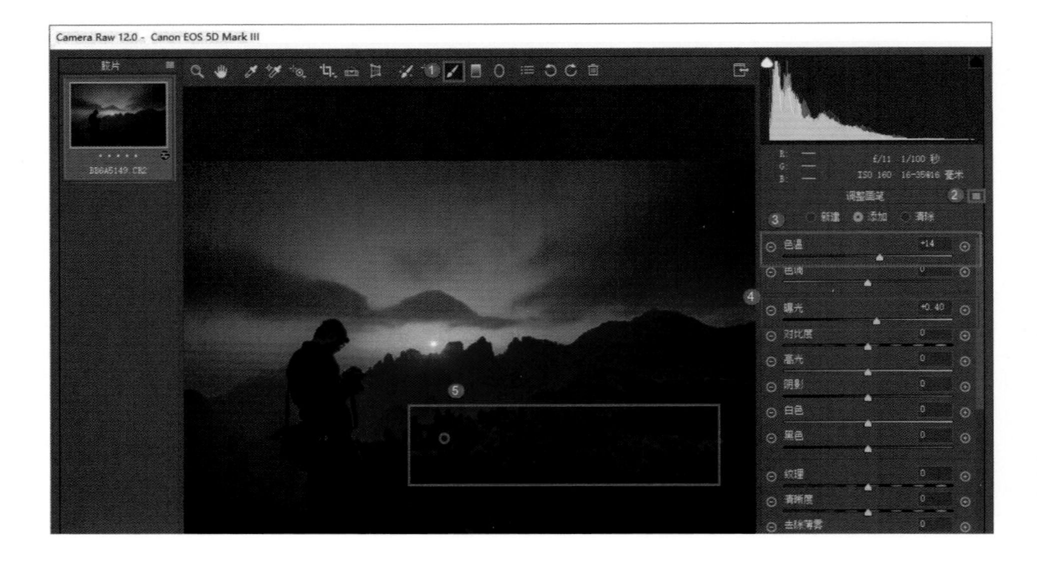

STEP5：单击“渐变滤镜工具”，再单击选中直方图下方的“新建”，然后将色温值和曝光值降低，在照片底部从下往上拖动，形成渐变效果。

STEP6：再次单击选中“新建”，将“色温”滑块拖动到最右边，再提高一点曝光值，在照片上方从上往下拖动，形成渐变效果，使蓝天的颜色加深，最后按快捷键 V 隐藏“渐变滤镜工具”的虚线。

STEP7：单击“缩放工具”回到“基础”界面，单击“HSL 调整”选项卡，在“饱和度”里将红色、橙色、黄色、绿色、浅绿色、蓝色和紫色的参数值提高，渲染画面。

STEP8：回到“基本”选项卡，将色温值再提高一点，同时我们观察到直方图跌落至左边，说明曝光不足，所以再增加一点曝光值。

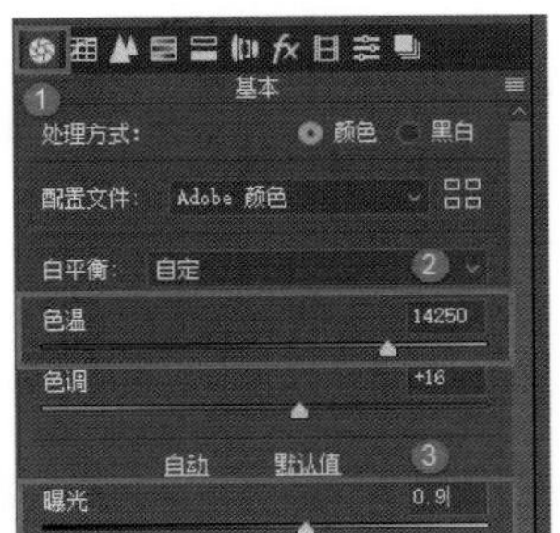

STEP9：我们把天空再压暗一点。选择“渐变滤镜工具”，单击直方图右下角的小方块，选择“重置局部校正设置”，降低曝光值后，在照片上方从上往下拖动形成渐变效果。

STEP10：单击"缩放工具"回到"基础"界面，单击"色调曲线"选项卡，调整曲线增大照片的反差，一定要注意照片的层次不能丢失。

这样照片就调整好了，接下来对比调整前后的照片，可以看到效果截然不同，最后记得保存照片。

088 技

如何制作老照片

将黑白照片调入 PS。

STEP1：首先新建一个空白图层（“图层 1”），将前景色设置为黑色，然后按组合键 Alt+Delete 给“图层 1”填充黑色，这时把不透明度降到 13%。

STEP2：选择菜单栏中的“滤镜”→“杂色”→“添加杂色”，在弹出的对话框中选中“高斯分布”和“单色”，同时将数量值调到 400，然后单击“确定”按钮，这时杂色效果就出来了。

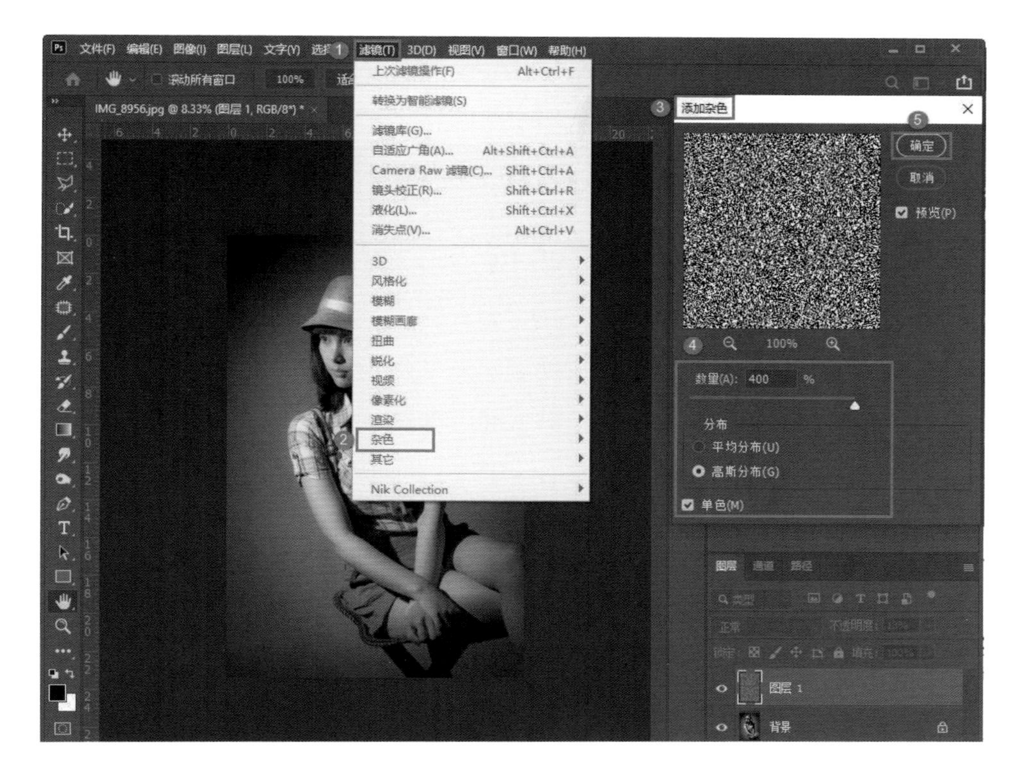

STEP3：创建一个色相 / 饱和度调整图层，在弹出的面板中，选中“着色”，同时滑动“色相”滑块将照片调成土黄色调。

STEP4：这时会发现照片有点亮，于是单击“背景”图层，按组合键 Ctrl+M 弹出“曲线”对话框，将曲线向右下方拖动，然后单击“确定”按钮。

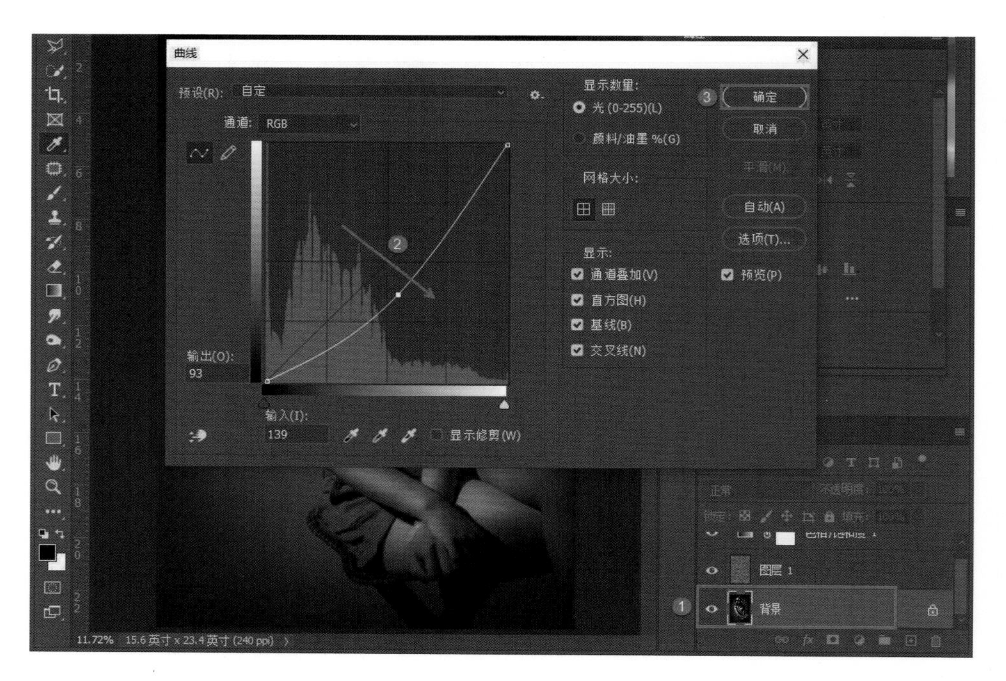

STEP5：找一张背景墙照片导入 PS 中，按组合键 Ctrl+M 弹出“曲线”对话框，适当调整曲线增大照片的对比度，然后单击“确定”按钮。

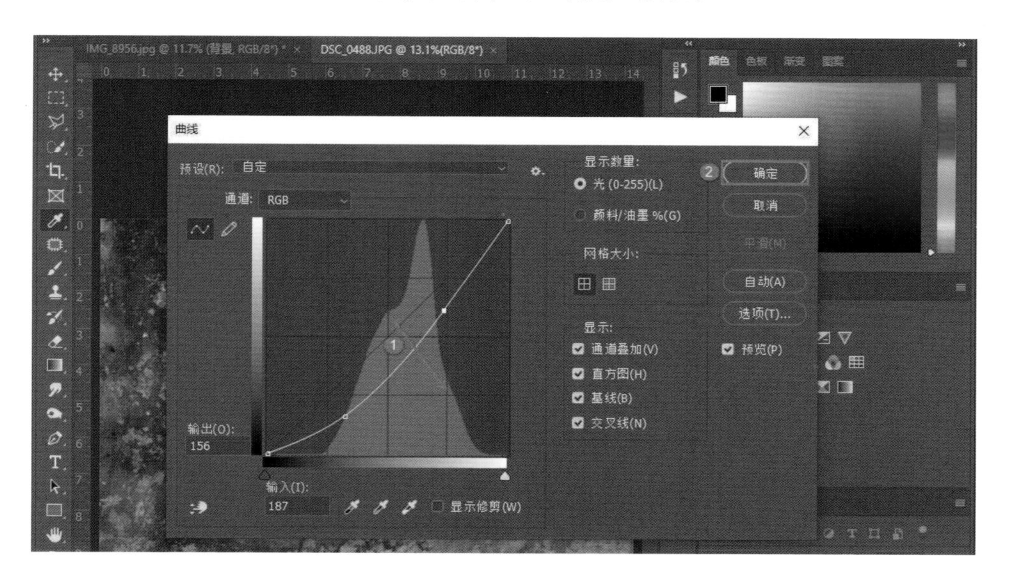

STEP6：按组合键 Ctrl+Shift+U 对其进行去色，现在背景墙照片变成单色调了。再按组合键 Ctrl+I 进行反相操作，然后单击“移动工具”，把背景墙照片移动到人物照片的工作窗口中生成“图层 2”。接着按组合键 Ctrl+T 启动自由变换，右击画面，选择“顺时针旋转 90 度”，然后放大“图层 2”，把人物照片覆盖，双击画面确定。

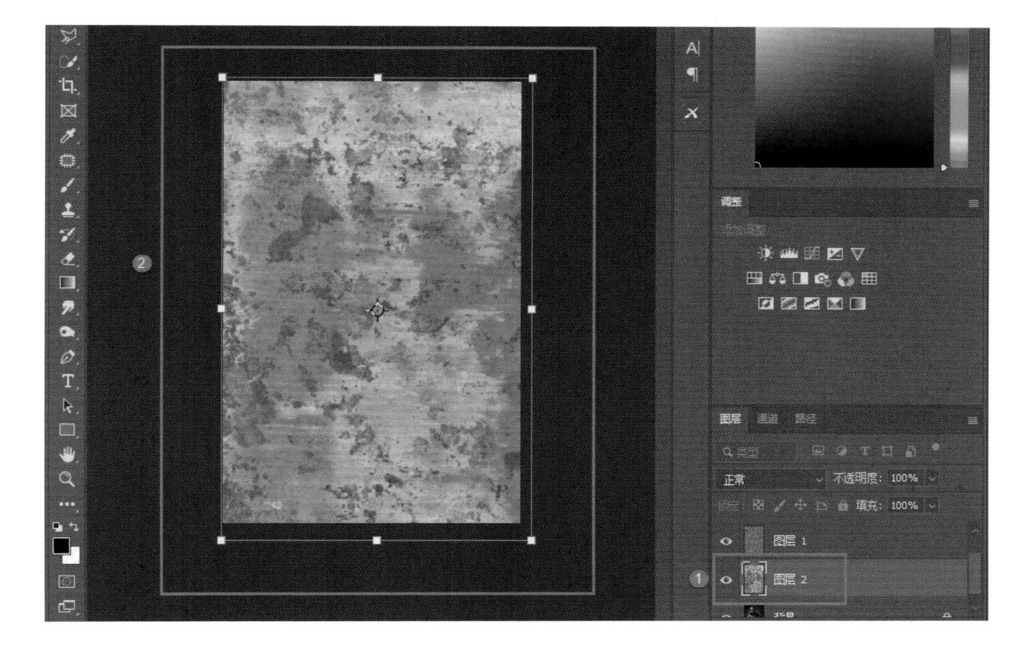

STEP7：把“图层 2”的混合模式改为“叠加”。

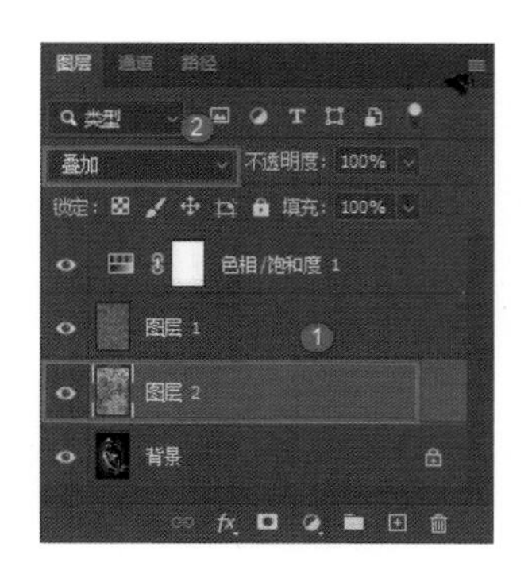

STEP8：双击“色相 / 饱和度 1”图层左侧的图标，在弹出的面板中设置一个符合老照片效果的色相值，同时要适当降低饱和度。

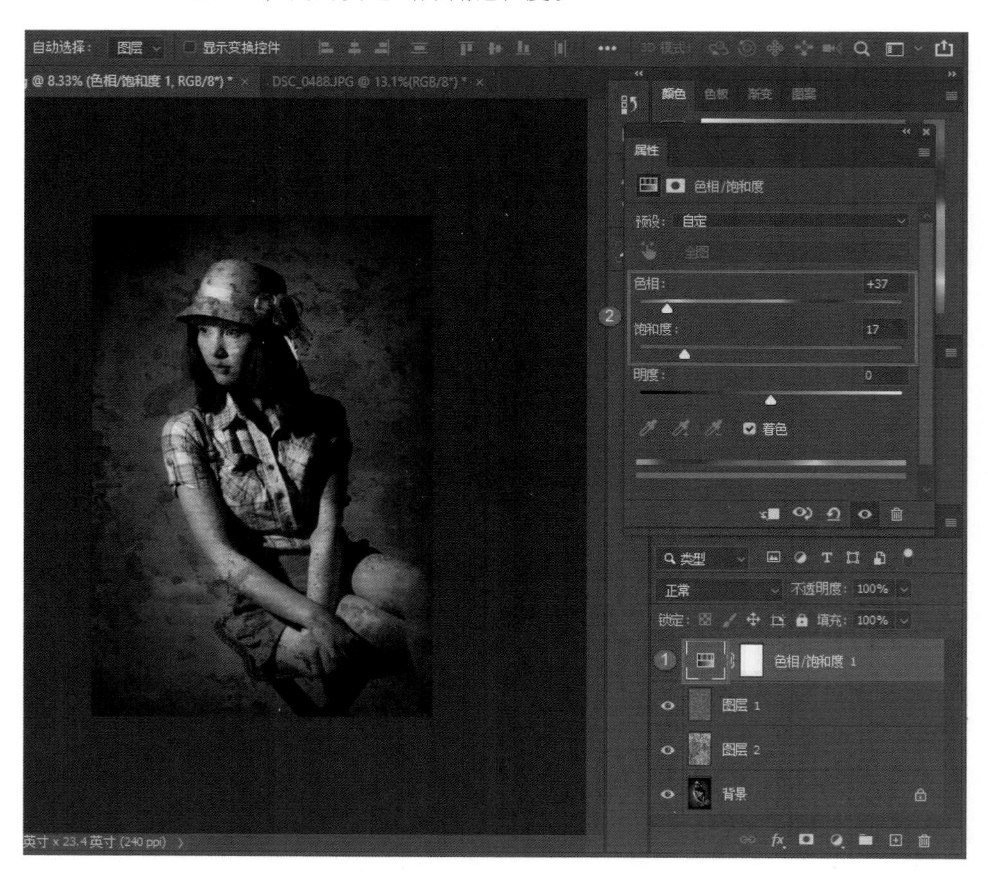

STEP9：选择“图层 2”，将不透明度降到 70%，再添加一个蒙版，然后单击“画笔工具”，选择“柔边圆”画笔笔刷，将前景色设置为黑色，涂抹脸、胳膊、腿等部位。按常理来说人物的衣服上应该带一点褶皱，但是这里我们为了美观把褶皱去掉了。

STEP10：按组合键 Ctrl+Shift+Alt+E 盖印图层。如果还觉得不满意，可以再按组合键 Ctrl+Shift+A 把照片导入 ACR 界面，单击“效果”选项卡，增加中点值，降低数量值，将四角压暗，这样一张老照片就制作好了。

如何调出高质感的黑白照片

将素材照片调入 ACR。

这张照片几乎没有光影，并且背景还非常亮，因此看起来效果一般。接下来我们要把它调成黑白效果的照片。

STEP1：照片打开以后，对其进行黑白场定位，增加阴影值，降低高光值，同时将对比度调到 13，清晰度调到 30。实际上照片的焦点是在人物的眼睛上，他的胡须并不清晰，准确来说是焦点不够清晰。这里不降噪是因为想保持照片的颗粒感。接着我们将处理方式设为黑白。

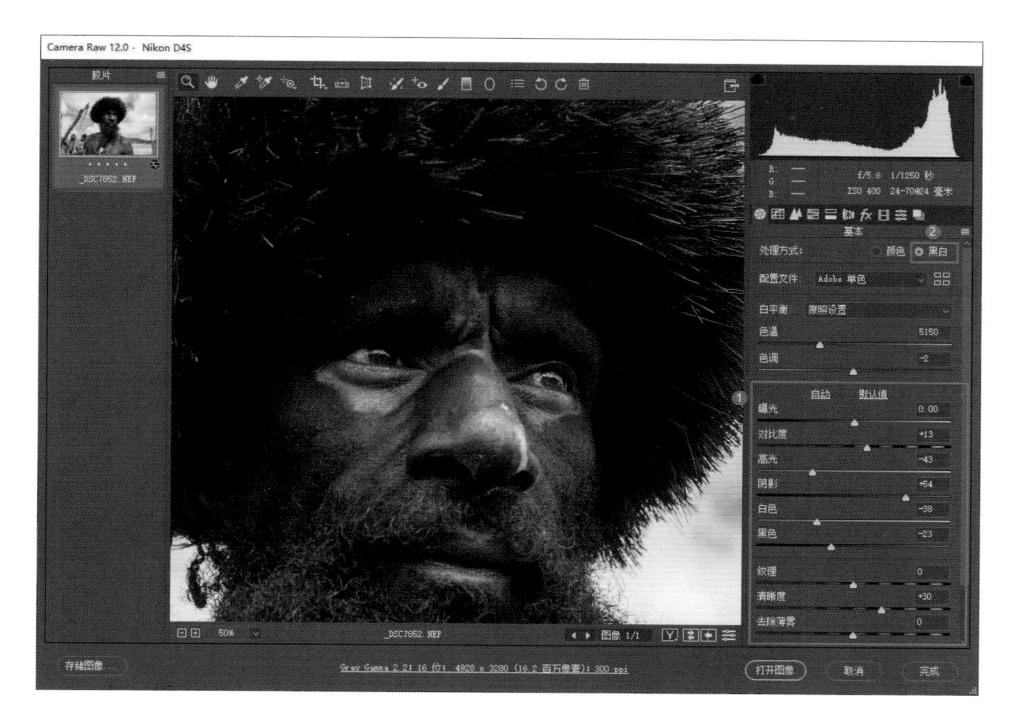

STEP2：单击“黑白混合”选项卡，调整各颜色的参数值。

STEP3：单击“细节”选项卡进行锐化，细节值不超过 45，然后在按住 Alt 键的同时将“蒙版”滑块向右拖动。

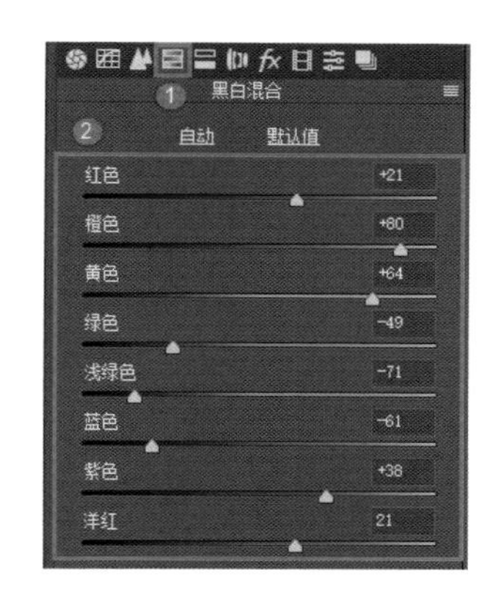

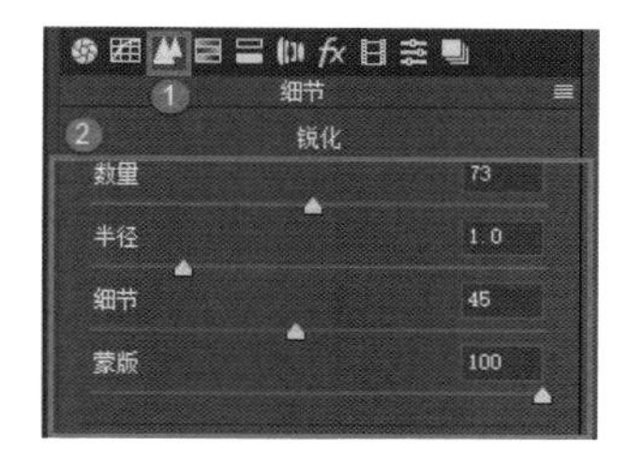

STEP4：单击“渐变滤镜工具”，然后单击直方图右下角的小方块，选择“重置局

部校正设置”，将曝光值降低一点，然后在照片上拖动，将画面四角压深一点。我们需要一点一点地压，不要一次到位。如果觉得虚线有点影响视线，只需按 V 键就可以隐藏“渐变滤镜”的虚线。

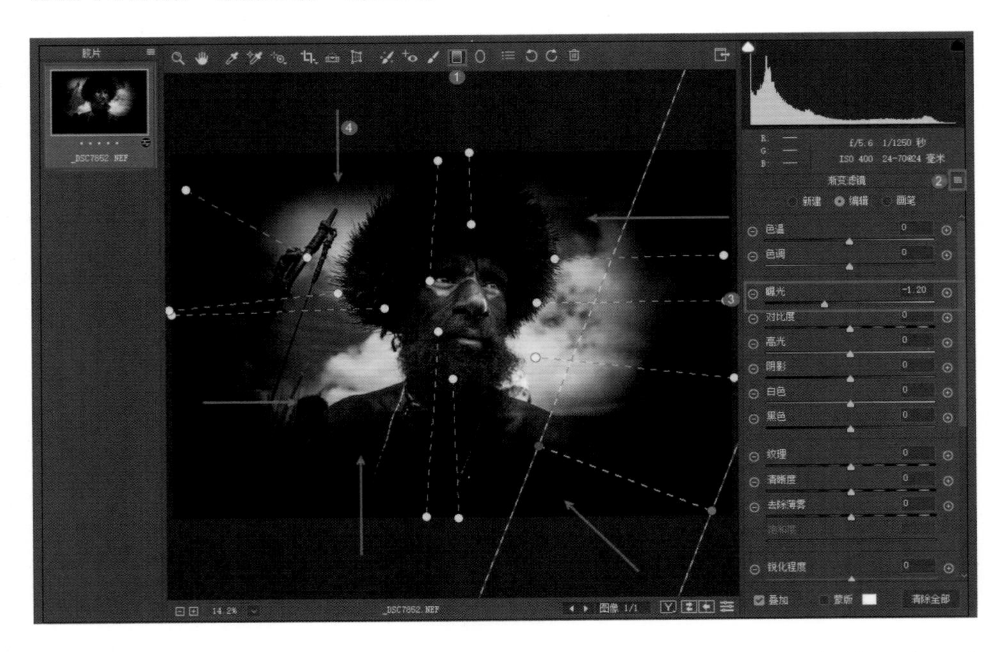

STEP5：单击“调整画笔工具”，再选中“新建”，这次把画笔直径调小一点，对脸两侧的空白区域进行涂抹，不要一次涂抹到位是因为想保留层次，一点一点地压暗，不能着急。然后调整曝光值，接着再把脸周围的区域压暗一点，淡淡的黑即可。

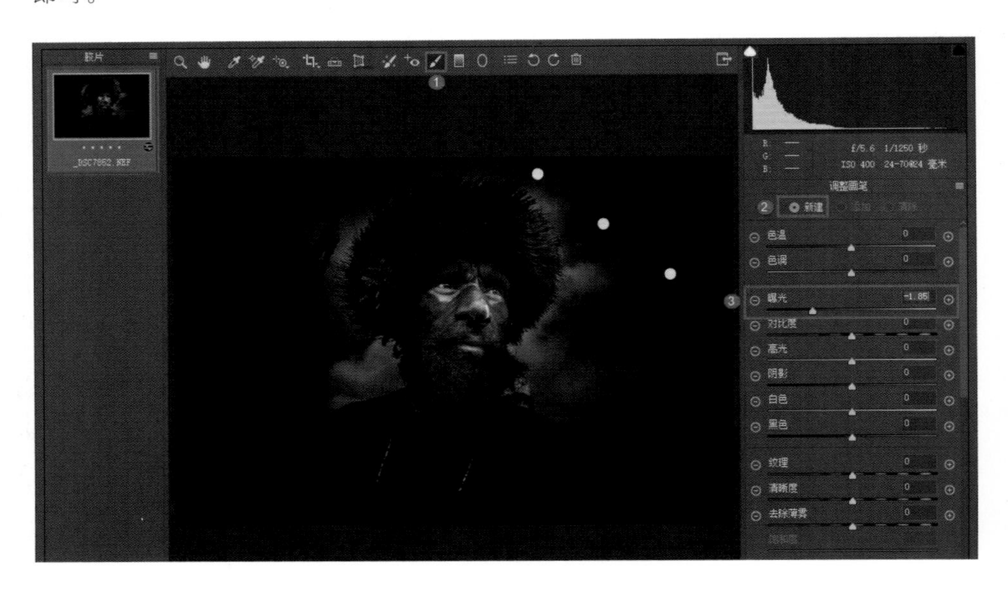

STEP6：单击“调整画笔工具”，选中“新建”，然后单击直方图右下角的小方块，选择“重置局部校正设置”，降低曝光值，将清晰度提高到60，锐化程度调到30，然后对人物进行锐化。锐化的过程会增大反差，导致脸部被提亮，因此我们可以多新建几次，降低曝光值，通过多次涂抹来对照片进行处理。若在调整过程中发现头发边缘太亮，则可以重复压暗的步骤，将边缘压暗，让照片效果更加自然。

STEP7：单击“打开对象”按钮进入PS，单击“加深工具”（若大家打开的时候是智能对象模式，则需右击图层，选择“栅格化图层”），右击画面，选择“柔边圆”画笔笔刷，将前景色设置为白色，范围设置为中间调，曝光度设置为18%，同时设置合适的笔刷直径，然后涂抹人物的嘴唇，增加立体感。同时对眼睛、鼻子以及头发边缘进行涂抹。

STEP8：使用“污点修复画笔工具”去除脸部的瑕疵。

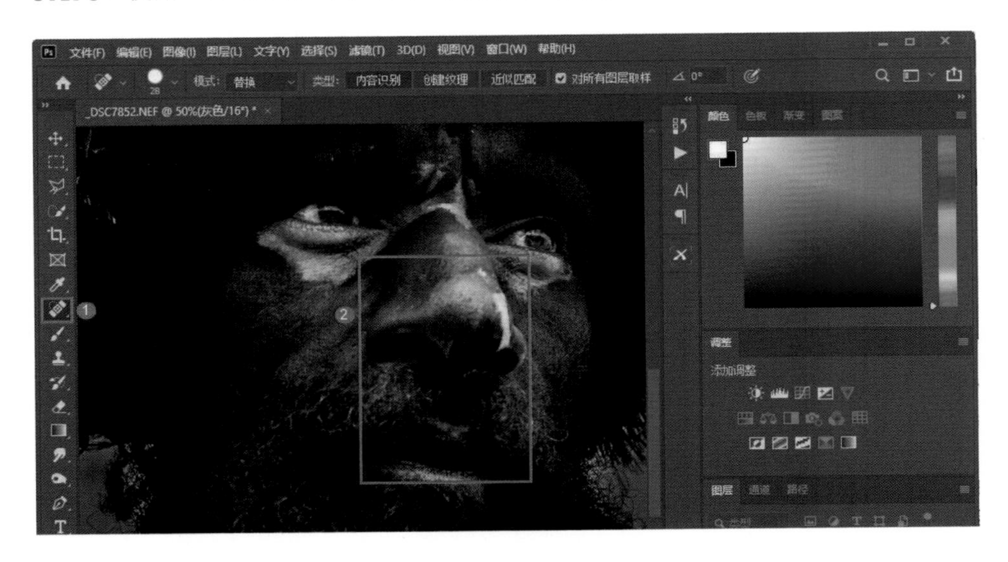

STEP9：开始提亮胡须。复制一个图层，然后把图层混合模式改成“滤色”，这样照片整体都被提亮了。接着在按住 Alt 键的同时单击“添加蒙版”按钮添加一个反相蒙版，然后将前景色设置为白色，单击“画笔工具”，选择“柔边圆”画笔笔刷和合适的画笔直径，接着涂抹胡须。

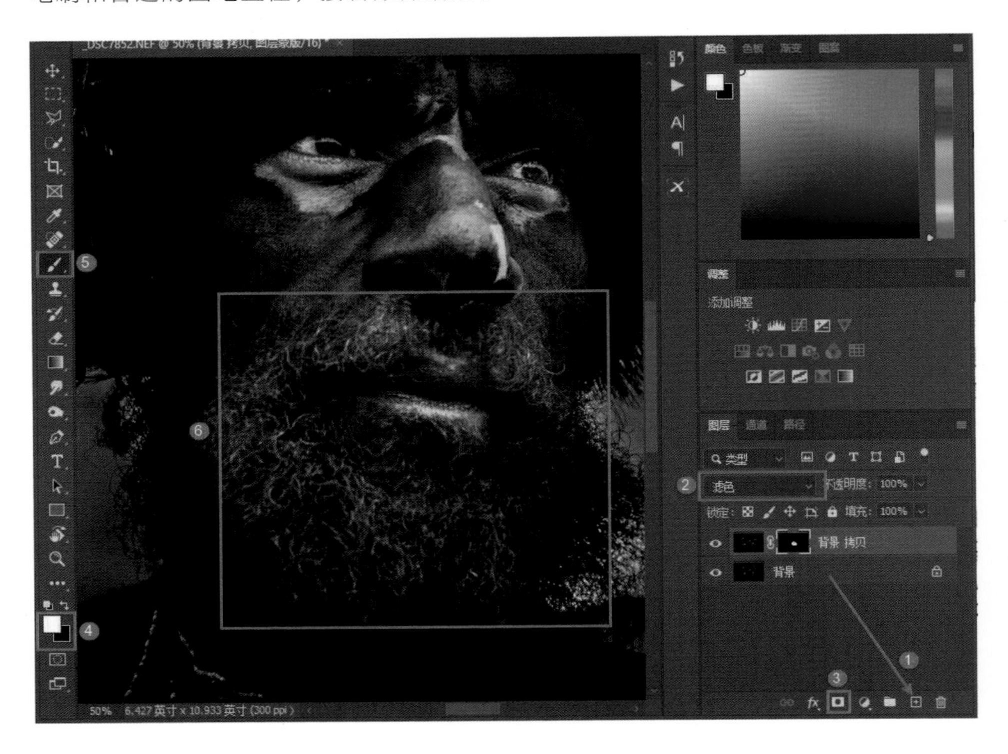

STEP10：按组合键 Ctrl+E 合并图层。接着使用“加深工具”，将前景色设置为白色，对鼻子部分的白色区域进行涂抹。

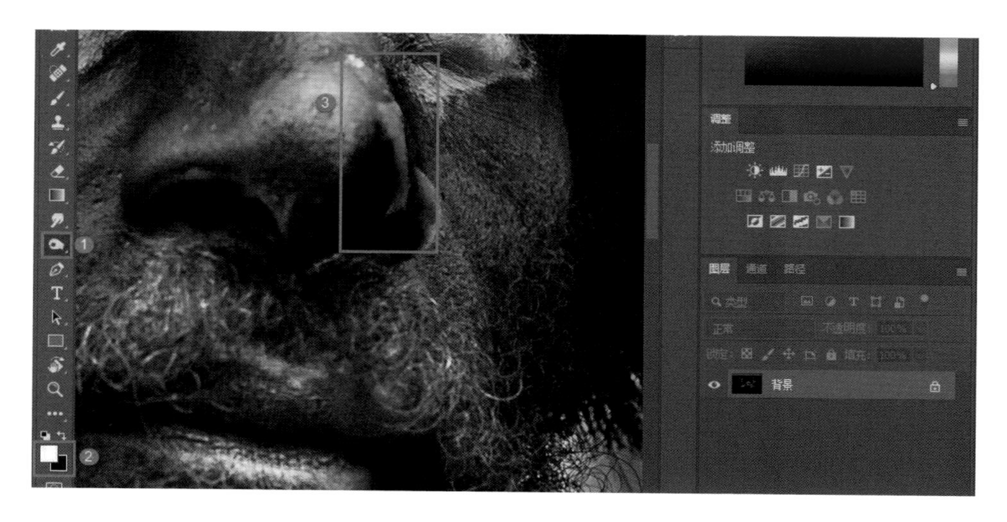

STEP11：按组合键 Ctrl+Shift+Alt+@ 选取高光区域，然后按组合键 Ctrl+Shift+I 进行反选，反选完之后按组合键 Ctrl+J 把暗部区域复制到新的图层（“图层 1”）中。依次选择菜单栏中的“滤镜”→“锐化”→“USM 锐化”，在弹出的对话框中，将数量设置为 85，半径设置为 1.0，阈值设置为 2，然后单击“确定”按钮，只对“图层 1”（即暗部区域）进行锐化。然后按组合键 Ctrl+Alt+F 重复几次锐化操作，到此照片就调整好了。

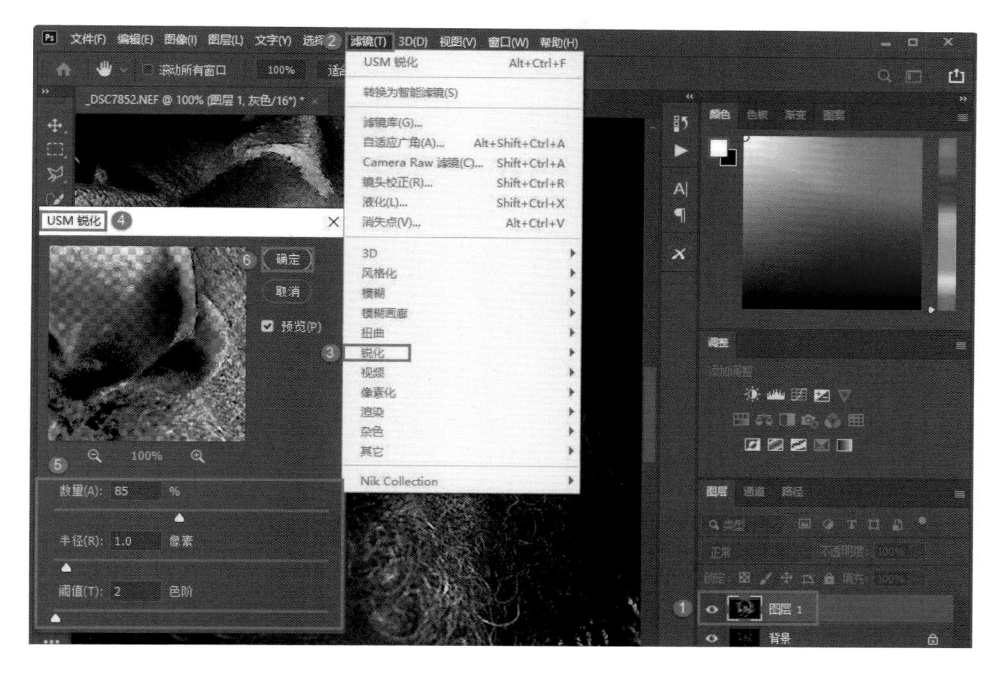

如何制作工笔画效果的照片

一些古装题材的照片适合制作成工笔画效果，同时使用平均光拍摄的照片来制作效果会更佳，不建议使用侧光、侧逆光和逆光拍摄出来的照片。所谓平均光就是在影棚里打两盏灯以 45 度照射到被摄者身上，这样的效果是比较理想的。以后要想制作这种工笔画效果的照片，就尽量使用平均光拍摄出来的照片。由于特殊的原因没有找到平均光拍摄的且为古装题材的素材照片，本节所用的素材照片是在影棚顺光下拍摄的照片。

将素材照片调入 PS，我们已经提前把人物抠出来了。

STEP1：将前景色设置为白色，单击选择“图层 1”，然后按组合键 Alt+Delete 填充白色。单击“背景 拷贝”图层，创建黑白调整图层，按组合键 Ctrl+Shift+Alt+E 盖印图层。

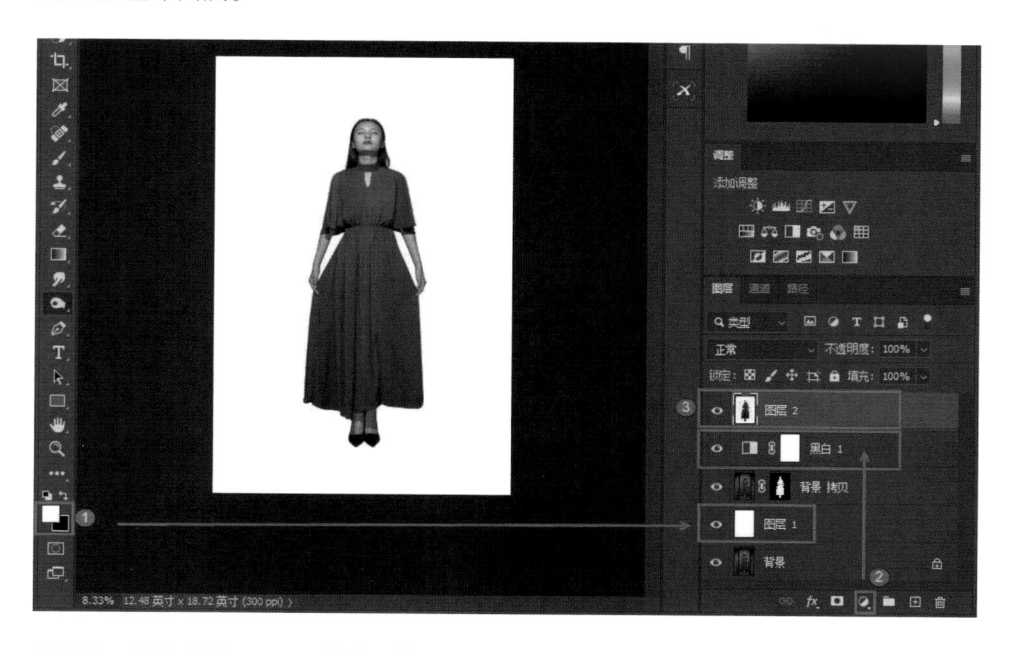

STEP2：按组合键 Ctrl+I 进行反相操作，然后依次选择菜单栏中的“滤镜”→“其他”→“最小值”，将半径设为 1，然后单击“确定”按钮。

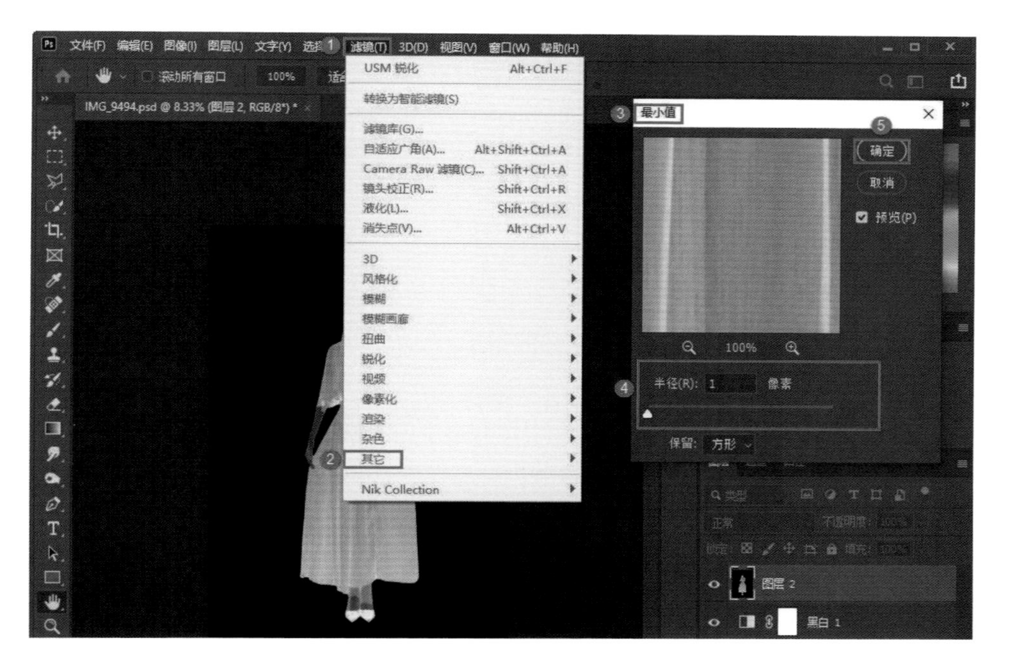

STEP3：将图层混合模式改为“颜色减淡”，工笔效果的雏形就显现了，接着按组合键 Ctrl+Shift+Alt+E 盖印图层。

STEP4：将图层混合模式改为“正片叠底”强化效果，然后按组合键 Ctrl+Shift+Alt+E 盖印图层，再将新图层的混合模式改为“正片叠底”。这时将“背景 拷贝”图层移动到顶部，然后双击“背景 拷贝”图层名称右侧的空白区域。在弹出的对话框中，在按住 Alt 键的同时将“混合颜色带”中“本图层”的白色三角滑块的左半部分拖动到最左边，然后单击“确定”按钮。

STEP5：在“图层”面板右下角单击“创建新的填充或调整图层”按钮，选择“色彩平衡”，在弹出的面板中参数设置如下方左图所示。

STEP6：将色调分别修改为“高光”和“阴影”，参数设置如下方右图所示。

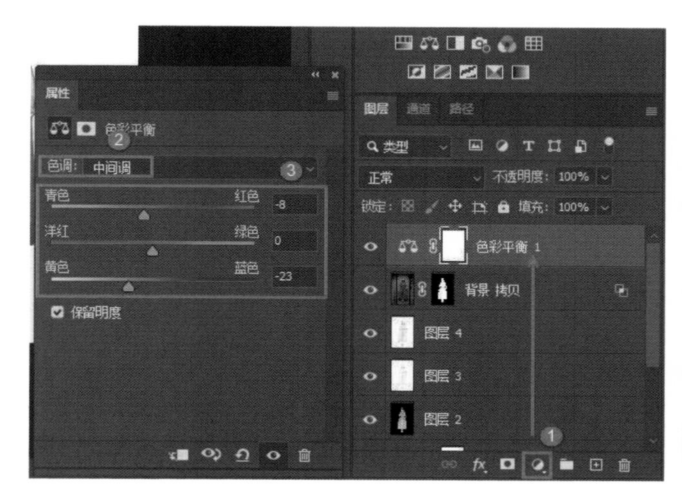

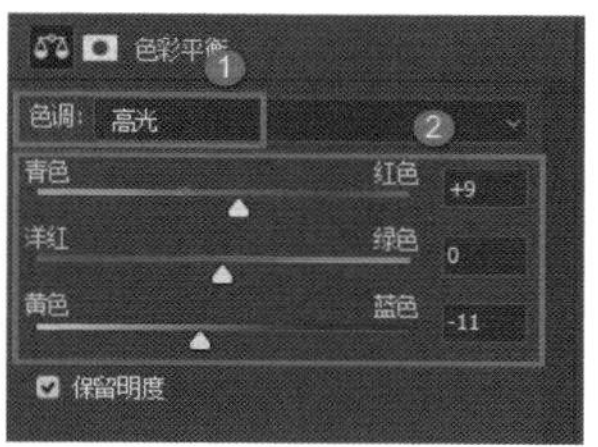

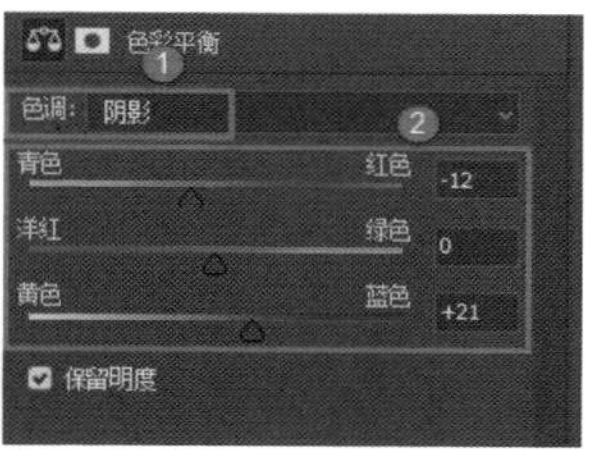

STEP7：按组合键 Ctrl+Shift+Alt+E 盖印图层。现在植入另外一张牛皮纸素材照片，选择“移动工具”，将该素材的“图层 6”移动到第一个任务的工作窗口中。按组合键 Ctrl+T 做自由变换，在按住 Shift 键的同时放大牛皮纸照片使其完全覆盖在人物照片上，然后将图层混合模式改为“正片叠底”，不透明度调到 70%。

STEP8：单击“背景”图层，按组合键 Ctrl+J 复制一个图层（“背景 拷贝 2”），然后将这个图层移动到顶部，接着按组合键 Ctrl+Shift+A 打开 ACR 界面，可以放大人物的脸部进行观察。我们想把人物的皮肤状态改善一下。首先在“基本”选项卡中将清晰度降为 13，再到“细节”选项卡中将明亮度调整为 20，再到“HSL 调整”选项卡中选择“明亮度”，然后提高红色、橙色和黄色的参数值。最后单击“确定”按钮返回 PS。

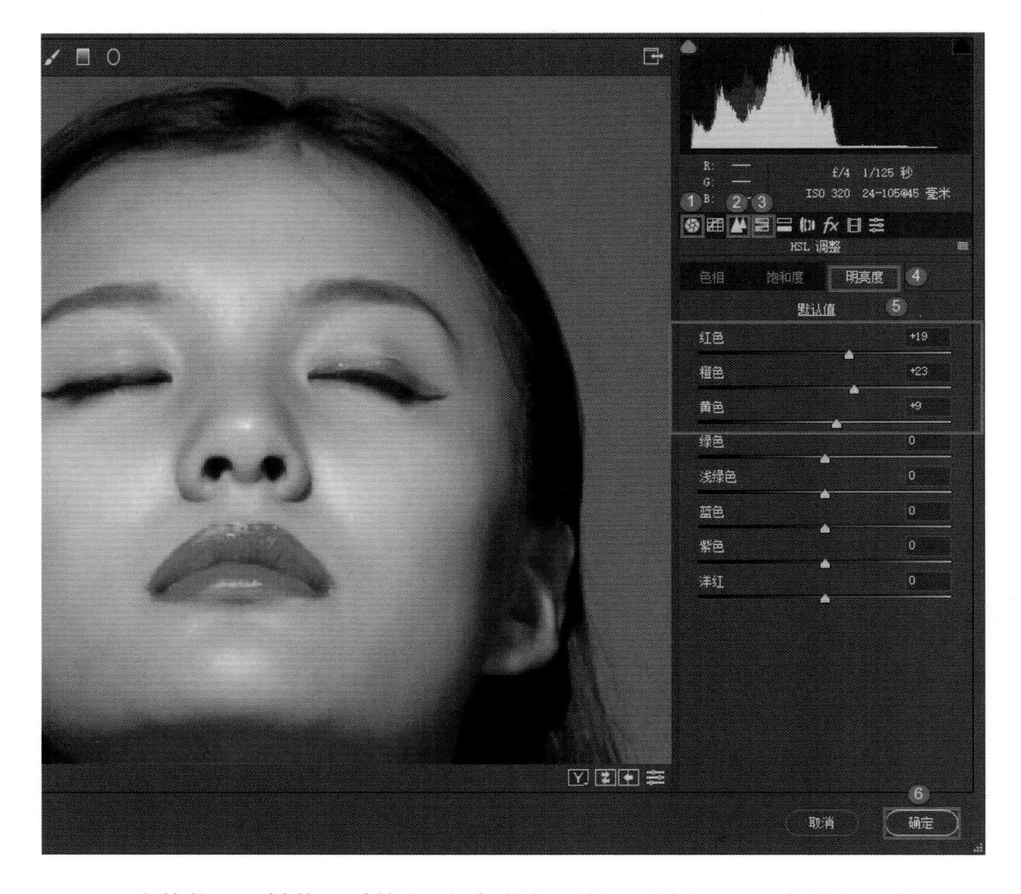

STEP9：在按住 Alt 键的同时单击“添加蒙版”按钮，创建一个反相蒙版，选择“画笔工具”将前景色设置为白色，在不透明度和流量都是 100% 的情况下，右击画面，选择“柔边圆”画笔笔刷和合适的画笔直径，涂抹人物裸露的皮肤。如果不这样操作，人物的皮肤会呈现牛皮纸纹理，并不好看，反而会破坏人物皮肤的质感。接着将“背景 拷贝 2”的不透明度设为 77%，目的是让人物尽量跟背景融合。

STEP10：单击选中“背景 拷贝 2”图层，接着在按住 Ctrl 键的同时单击“图层 5”，同时选中“背景 拷贝 2”和“图层 5”。再按组合键 Ctrl+T，接着在按住 Shift 键的同时将人物缩小并移动到牛皮纸中间的位置，最后按 Enter 键确定。

STEP11：创建一个色阶调整图层，在弹出的面板中，将直方图下方的滑块由两边向中间拖动，目的是增大反差。

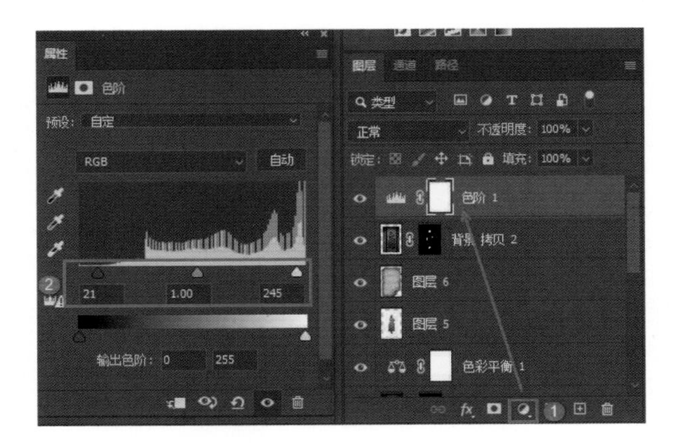

STEP12：为了更能体现出怀旧的感觉，再创建一个色相 / 饱和度调整图层，在弹出的面板中，将饱和度降低，从而产生旧牛皮纸的效果，最后按组合键 Ctrl+Shift+Alt+E 盖印图层。

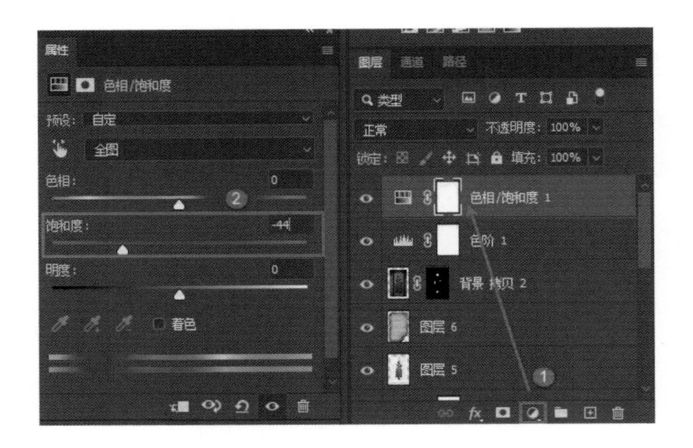

STEP13：盖印完图层以后把衣服上的瑕疵用“修饰工具”修掉，使人物完全融入背景中。至此，这张照片就调整完成了。

如何制作古铜色皮肤

将素材照片调入 ACR。

STEP1：首先定好照片的黑白场，增加阴影值，降低高光值，同时将对比度调到 14，清晰度调到 30 左右，不对照片进行锐化和降噪调整，然后单击“打开图像”按钮进入 PS。

STEP2：创建曲线调整图层，稍微增大照片的反差。

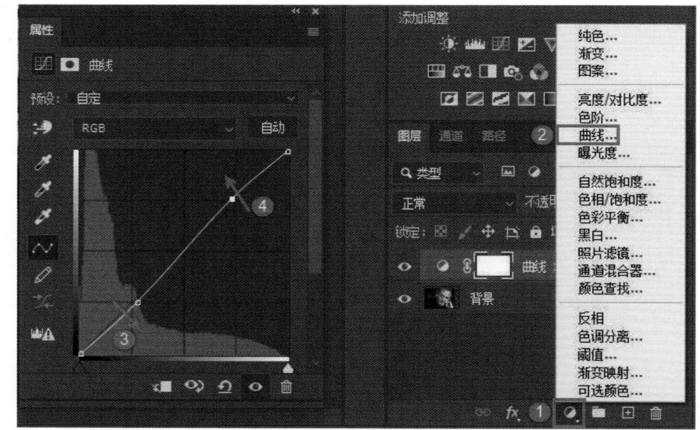

STEP3：创建可选颜色调整图层，先选择“红色”，增加青色、洋红和黄色的参数值。

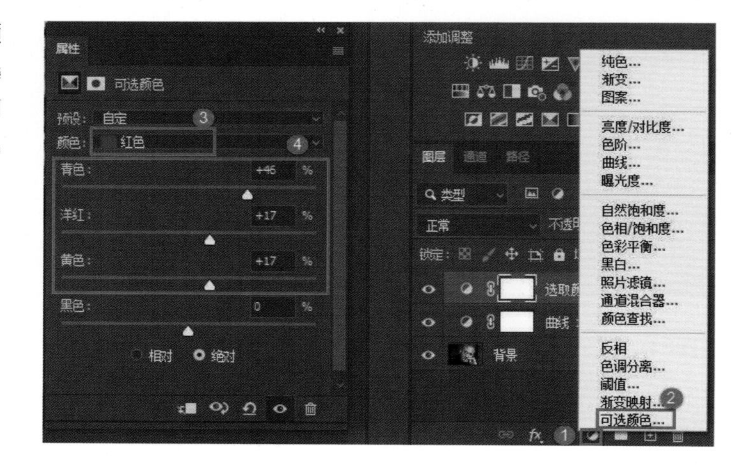

STEP4：选择“黄色”，增加青色、洋红的参数值，减少黄色的参数值。

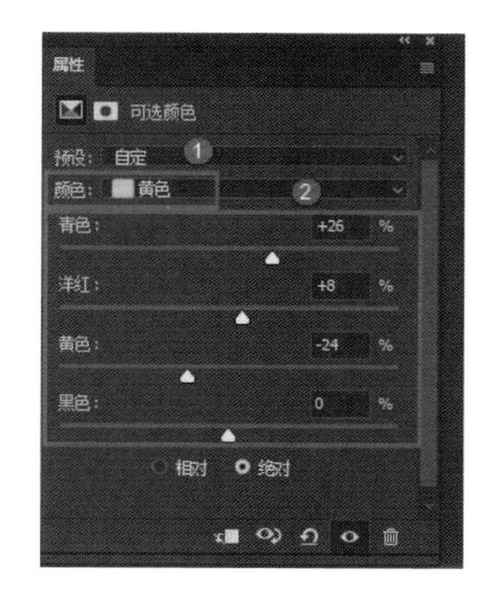

STEP5：选择“白色”，将青色、洋红、黄色的参数值都大幅度降低，这样照片就会呈现古铜色的效果了。

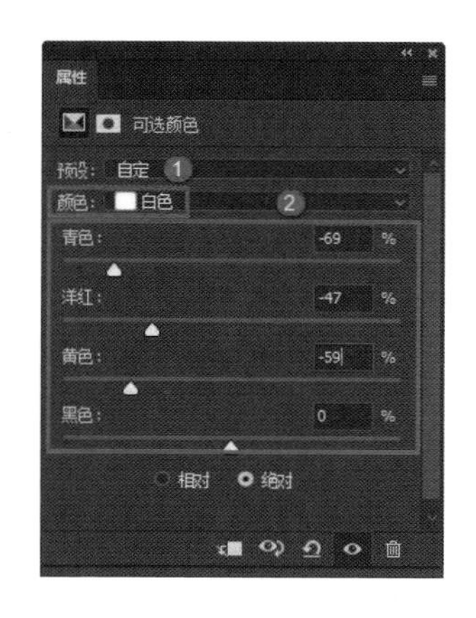

STEP6：创建色彩平衡调整图层，选择“中间调”，增加一点红色的参数值。

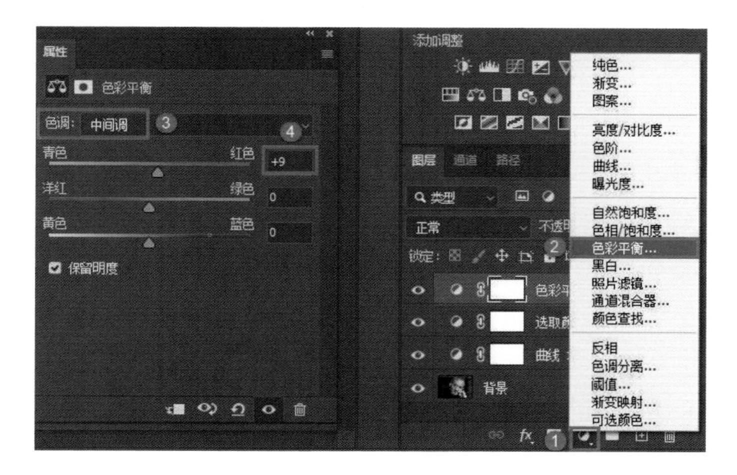

STEP7：选择“阴影”，增加一点青色的参数值。

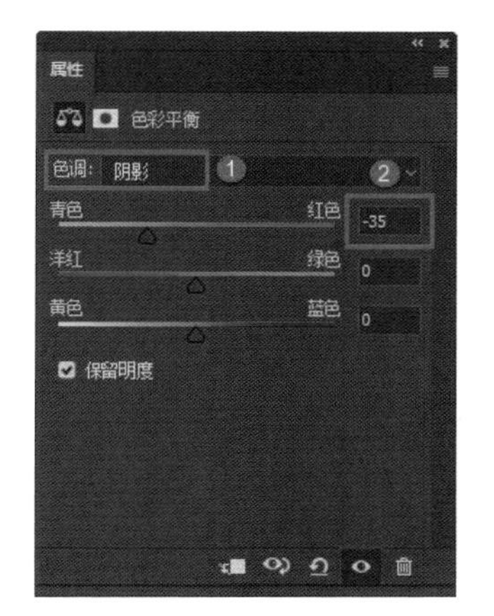

STEP8：选择“高光”，增加一点红色的参数值，控制好色调。

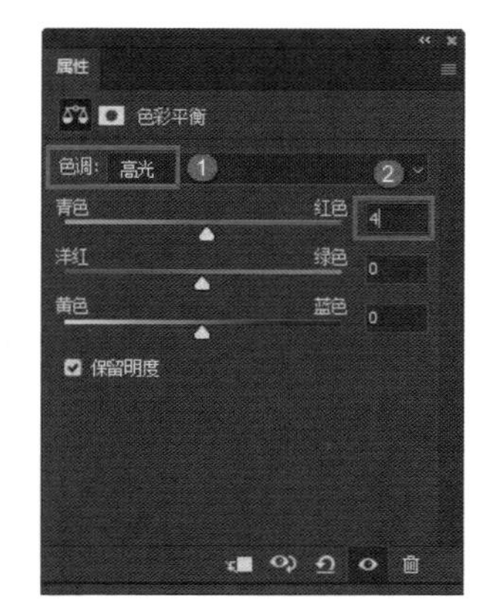

STEP9：创建色相/饱和度调整图层，将饱和度调到最低，图层混合模式改为“柔光”，不透明度降到50%。

STEP10：单击“画笔工具”，右击画面，选择合适的画笔直径和“柔边圆”画笔笔刷，将前景色设置为黑色，在不透明度和流量都为 100% 的情况下涂抹胡子和头发等部位，可以将原有的颜色显现出来。

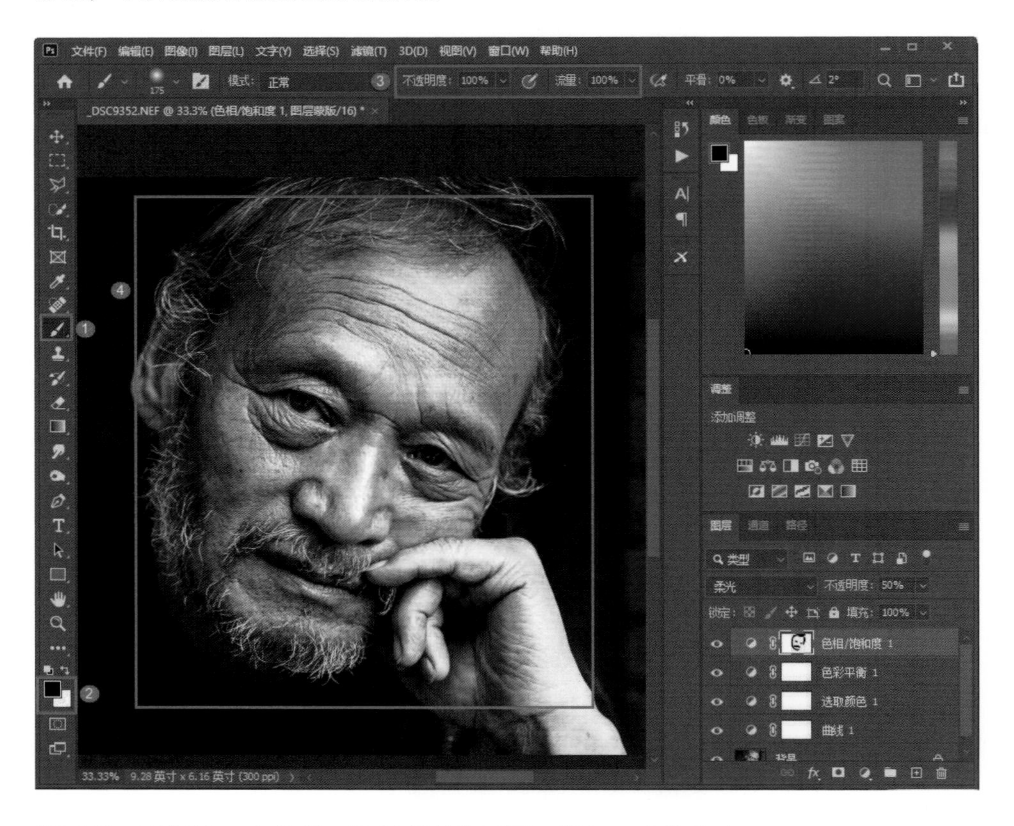

STEP11：再创建一个色相 / 饱和度调整图层，增加一点饱和度。

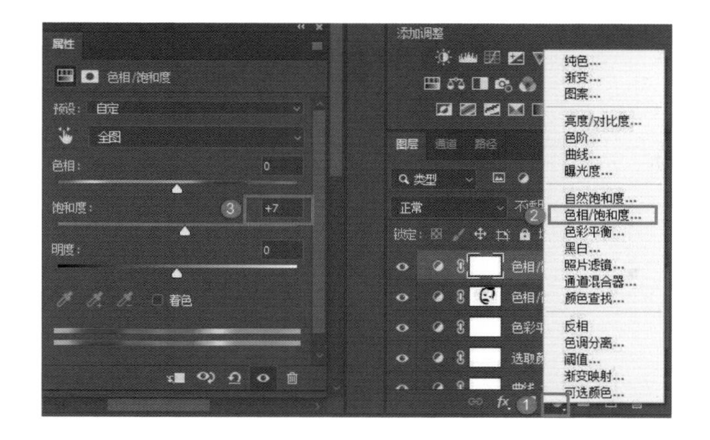

STEP12：按组合键 Ctrl+Shift+Alt+E 盖印图层，然后按组合键 Ctrl+Shift+A 进入 ACR 界面。单击“渐变滤镜工具”，接着单击直方图右下角的小方块，选择“重置局部校正设置”，然后把曝光值降下来，把人物四周都压暗。

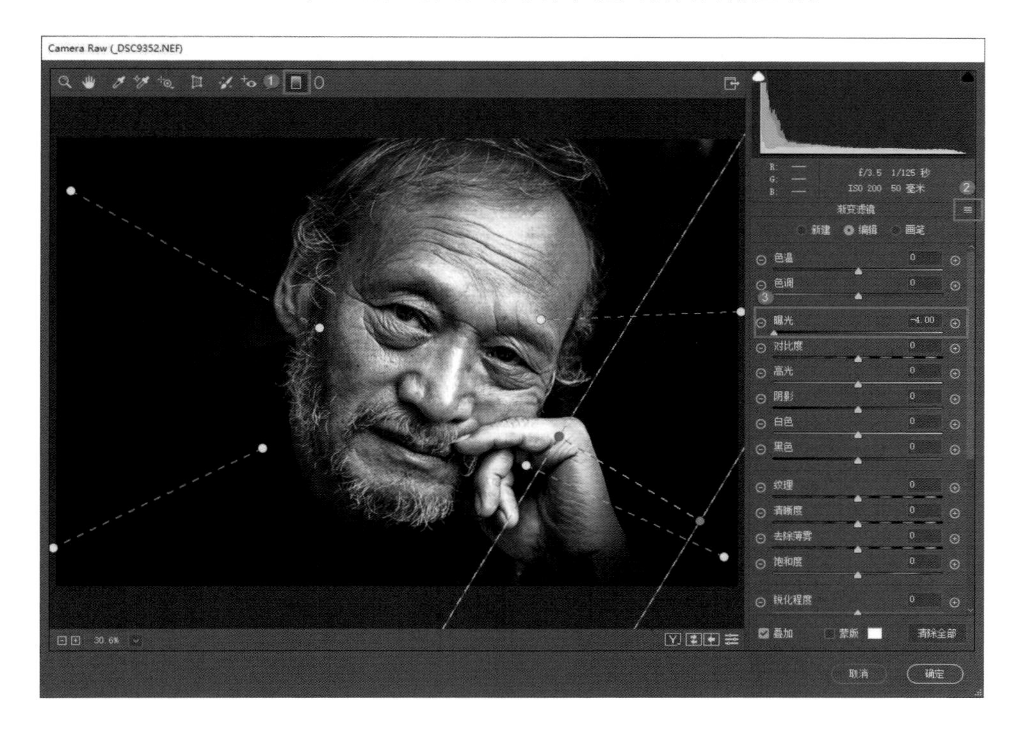

STEP13：选择“调整画笔工具”，单击直方图右下角的小方块，选择“重置局部校正设置”，增加清晰度和锐化程度，对人物的眼袋、胡子、额前的头发、手部等区域进行涂抹，最后单击“确定”按钮。

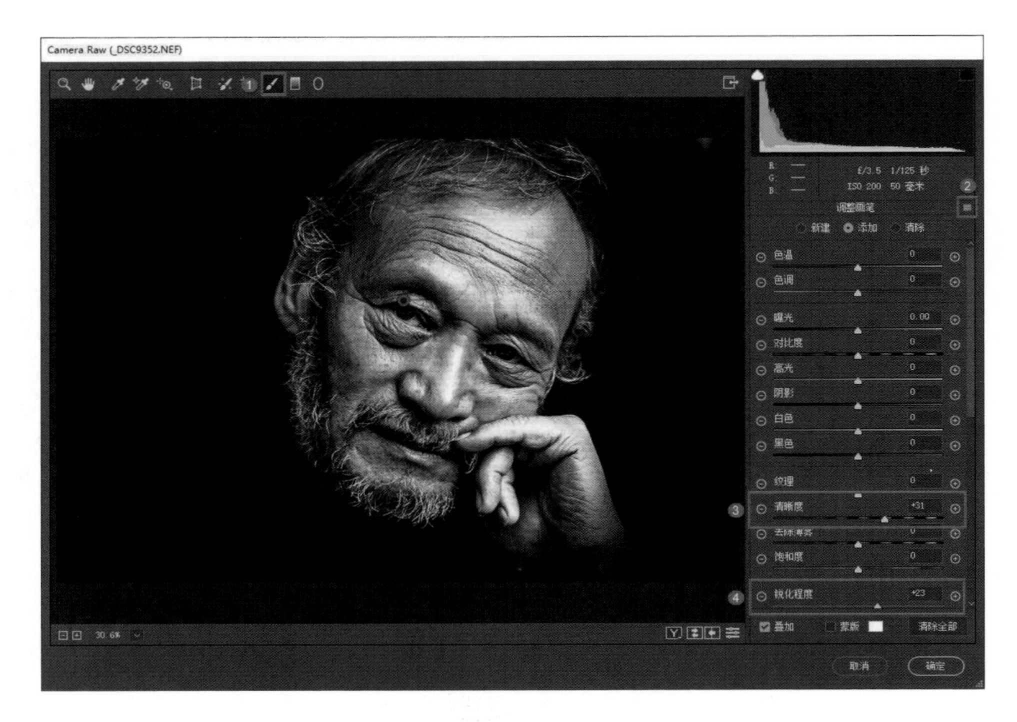

单击“确定”按钮返回 PS，这时把原始照片调出来进行比较，可以看到调整后的照片更有艺术感，更深邃，呈现出意大利早期胶片的效果。

如何利用高反差保留进行锐化

将素材照片调入 ACR。

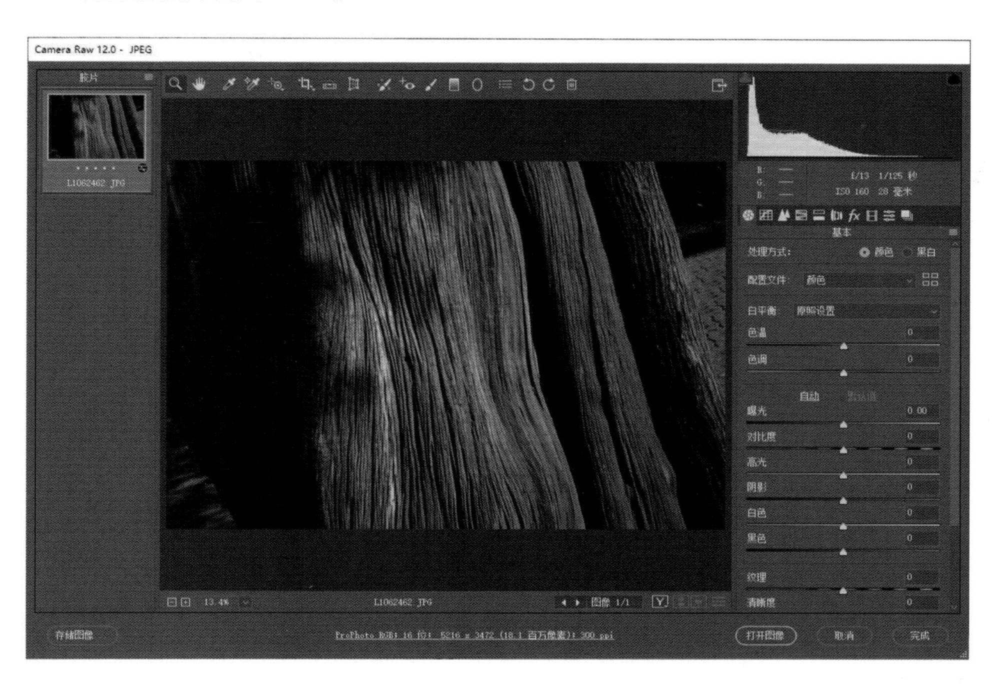

STEP1：单击 “自动”，再将处理方式设为“黑白”，然后进行微调。

STEP2：单击“渐变滤镜工具”，接着单击直方图右下方的小方块，选择“重置局部校正设置”，然后降低曝光值，把比较亮的地方加深一点，最后将照片导入 PS 中。

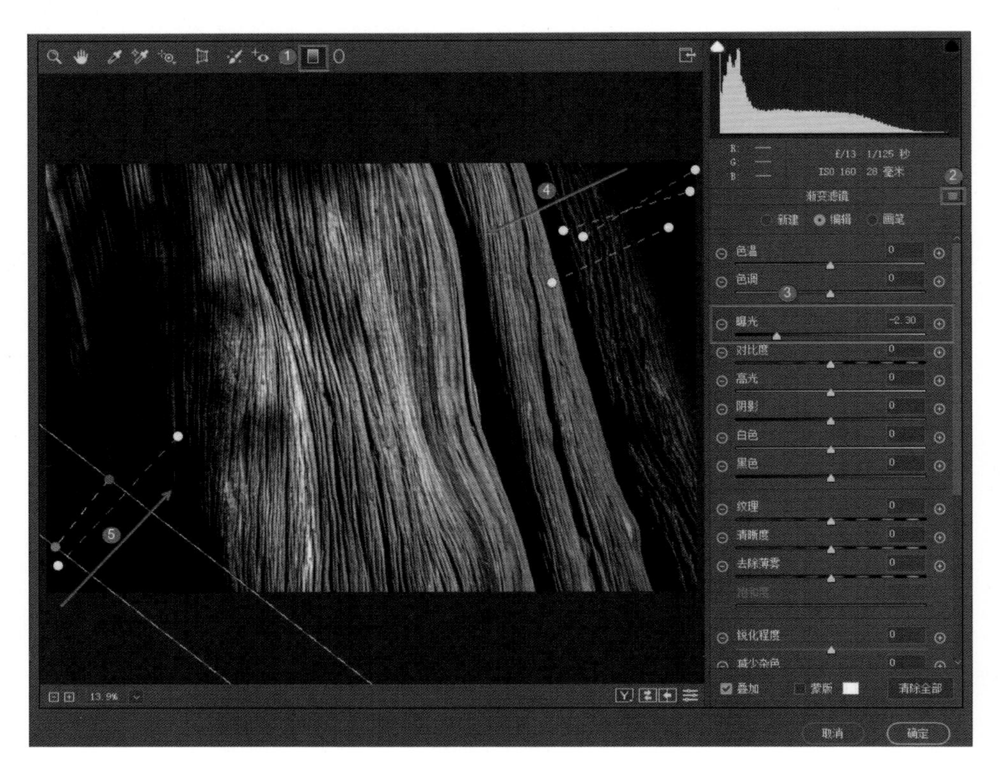

STEP3：按组合键 Ctrl+J 复制一个图层，单击选中复制出来的图层，然后依次选择菜单栏中的“滤镜”→“其它”→“高反差保留”，将半径调到 3，再单击“确定”按钮。

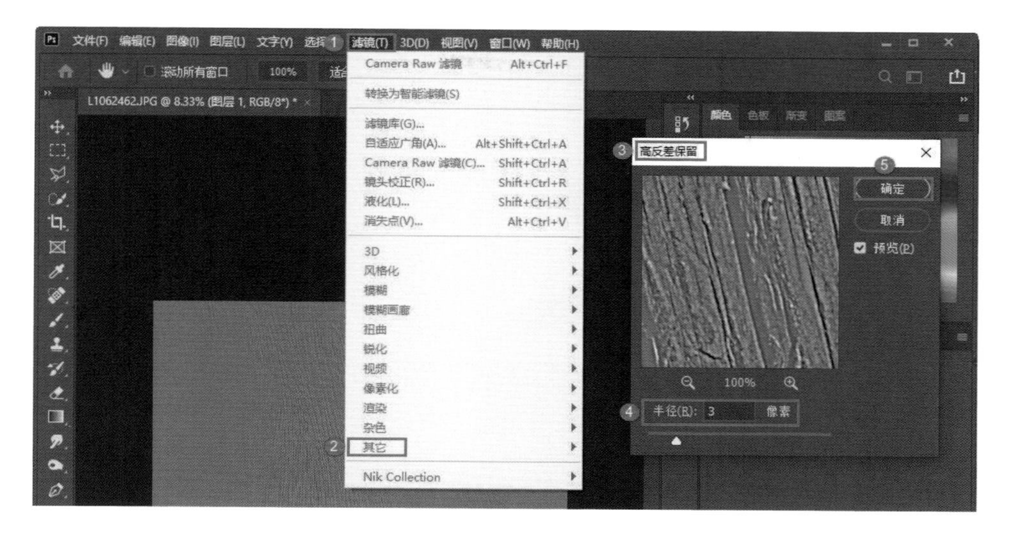

STEP4：这时照片已呈灰色，计算机已经计算出了它的纹理，只需把图层混合模式改成“柔光”，就锐化完成了。如果觉得效果不明显，可以将图层混合模式改为“叠加”或者“线性光”。混合模式的 3 个选项里，效果从弱到强依次为：柔光、叠加、线性光。

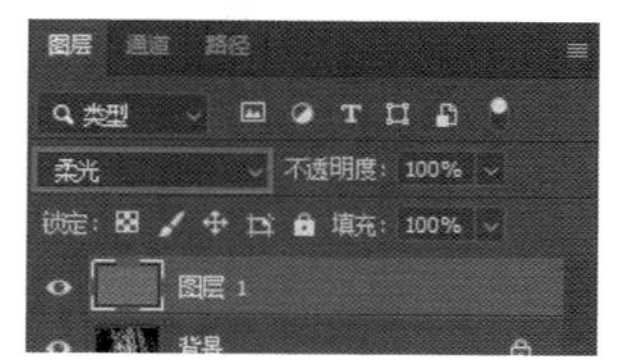

以上就是利用高反差保留来进行全局锐化的过程，也可以利用它来进行局部锐化，比如加一个蒙版，不需要锐化的地方可以用黑色画笔涂抹掉。我们还可以通过调整图层不透明度的大小来控制锐化程度。

技 093

两底拼合小教程

首先将两张 RAW 格式的原始照片调入 ACR，分别称为 A 照片和 B 照片。

STEP1：单击 ACR 界面左上角的小方块，选择“全选”。

Camera Raw 12.0 - Canon EOS 5D Mark II

STEP2：再次单击左上角的小方块，选择“同步设置”，然后单击“确定”按钮。

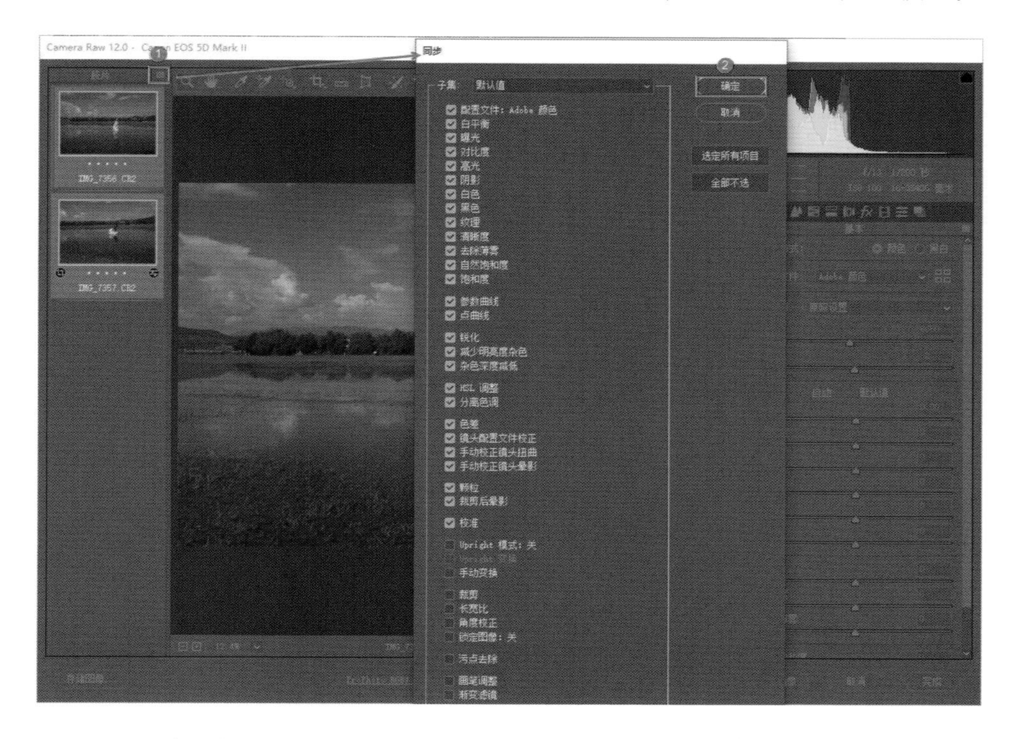

STEP3：开始调色。先进行基础调整，参数设置见下图。

STEP4：单击“HSL 调整”选项卡，在“明亮度”中增加橙色的参数值，将人物皮肤提亮，同时提高黄色、绿色、浅绿色的参数值，稍微降低蓝色的参数值。

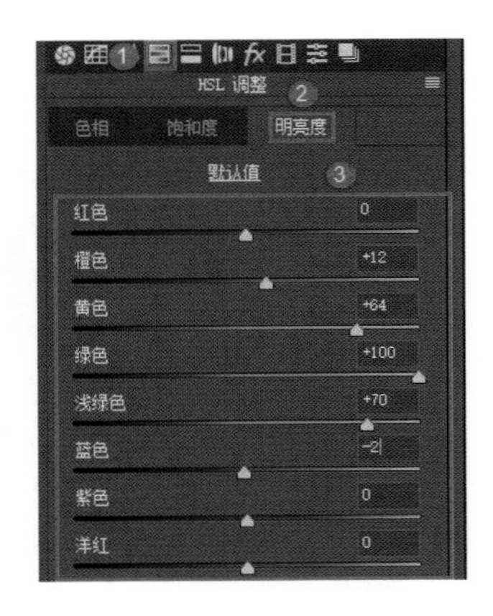

STEP5：这时如果对画面还不太满意，可以回到“基本”选项卡中，将色温值降到 4400，“饱和度”增加到 14，然后单击“打开图像”按钮进入 PS 中。因为已选择为“同步设置”，所以两张照片将同时进入 PS 中。先在 A 照片中复制一个图层得到“背景 拷贝”图层，然后使用“移动工具”将人物往左移动，接着选择“矩形选框工具”在画面右侧创建一个选区，按组合键 Ctrl+T，移动右边框使新建的图层完全覆盖“背景”图层，双击确定后再按组合键 Ctrl+D 取消“蚂蚁线”。最后按 Ctrl+E 合并图层。

STEP6：进入 B 照片的工作窗口中。单击选择“移动工具”将其拖进 A 照片中，然后将不透明度降到 50%。接着拖动 B 照片中的人物使其位于 A 照片人物的右侧，同时可以按组合键 Crtl+T 来旋转 B 照片，改变其角度，调整好后双击画面确定，然后把不透明度恢复到 100%。

STEP7：在按住 Alt 键的同时单击右下角的“添加蒙版”按钮生成反相蒙版，于是就把 B 照片中的人物隐藏起来了。然后将前景色设置为白色，单击“画笔工具”，在不透明度和流量都为 100% 的情况下，右击画面，选择“柔边圆”画笔笔刷，涂抹刚刚隐藏的人物区域，人物就显现出来了。这时画面过渡得很自然，看不出这是抠图拼贴的效果。因为之前在调整的时候使用了“同步设置”，所以两张照片的参数基本是一致的。接下来按组合键 Ctrl+E 合并图层，合成画面显得有互动感了，如果画面上只有一个人就会显得太单薄。

STEP8：使用“修补工具”去除画面中的一些瑕疵。

STEP9：实际上到这里照片就制作完成了，但是我还不满足，还想使后面的景色变得模糊。右击图层，选择“转换为智能对象”，接着依次选择菜单栏中的“滤镜”→“模糊”→“动感模糊”，在弹出的对话框中，将角度设置为 90，距离设置为 97，然后单击“确定”按钮。

STEP10：依次选择菜单栏中的“滤镜”→“模糊”→“高斯模糊”，在弹出的对话框中，将半径设置为 6.4，这样模糊效果的线条就不会显得特别生硬，而会比较柔和。

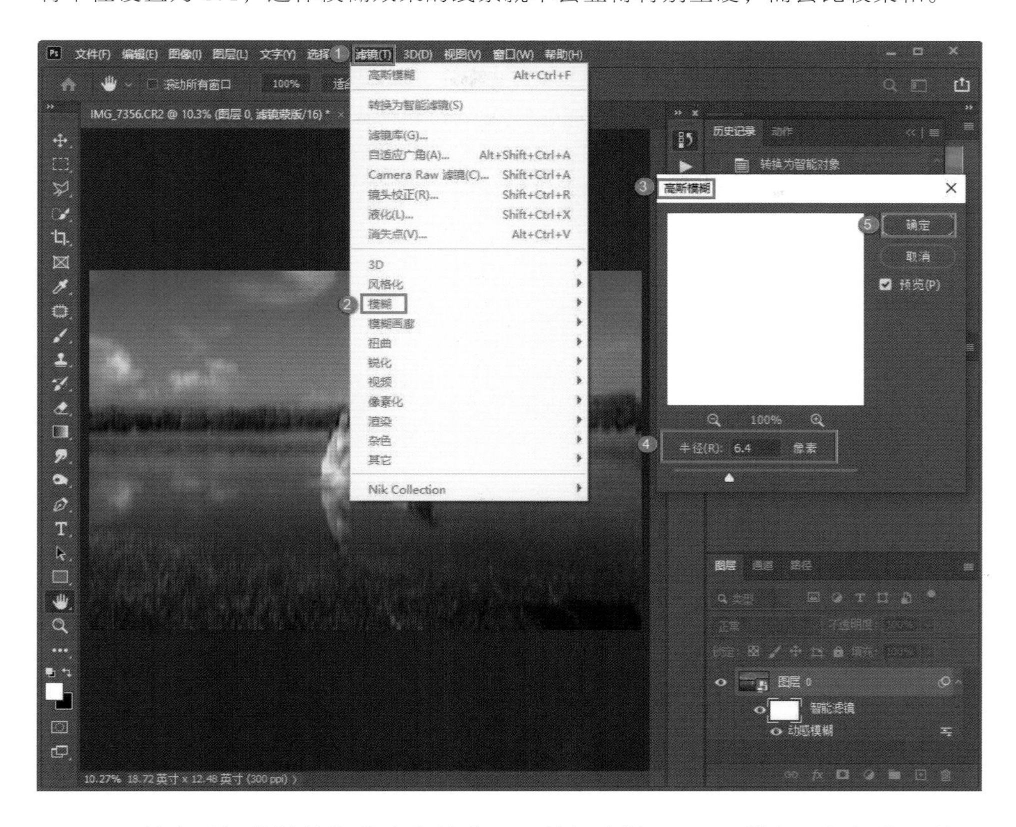

STEP11：单击“智能滤镜”的白色缩览图，按组合键 Ctrl+I 进行反相操作，然后选择“画笔工具”，将前景色设置为白色，在不透明度和流量都为 100% 的情况下，右击画面，选择“柔边圆”画笔笔刷，然后涂抹人物后面的树和草坪，这时想要的效果就出来了。制作这种效果的目的是转移人们的注意力，不让人们过多地关注风景，而是将注意力集中在人物身上。在涂抹风景区域的时候一定要细致，可以按组合键 Ctrl+“+”把照片放大，再进行涂抹。像这样两张普通的照片拼合在一起的效果非常好。

如何把照片变得艳丽且饱和

将素材照片调入 ACR。

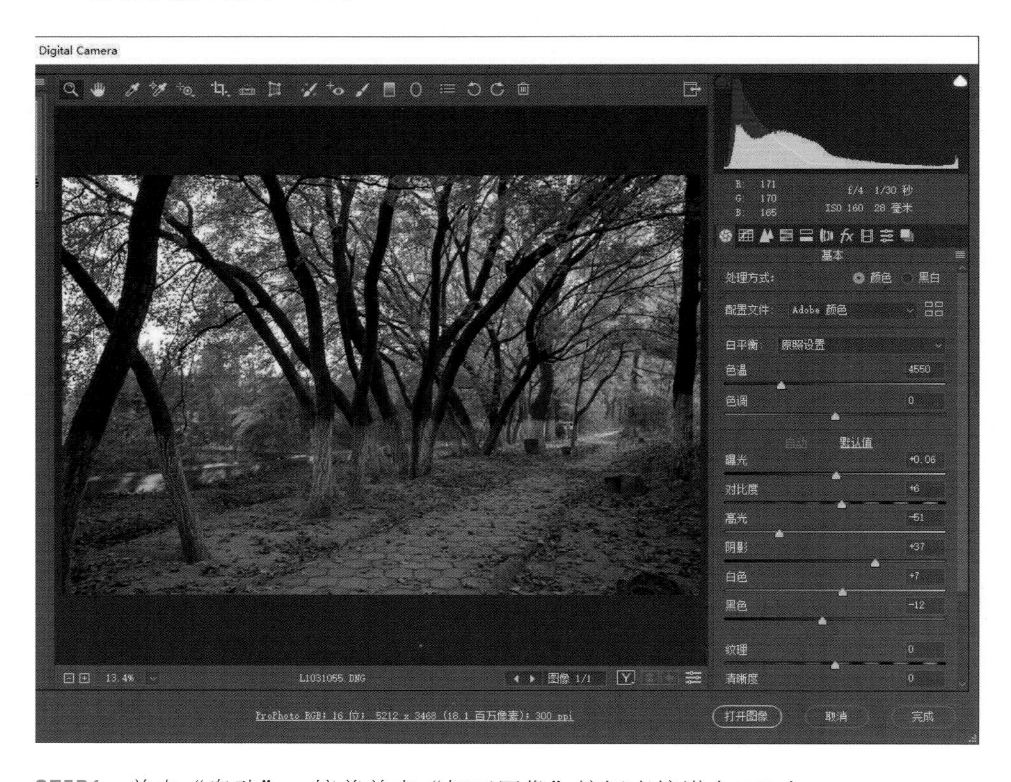

STEP1：单击“自动”，接着单击“打开图像”按钮直接进入 PS 中。

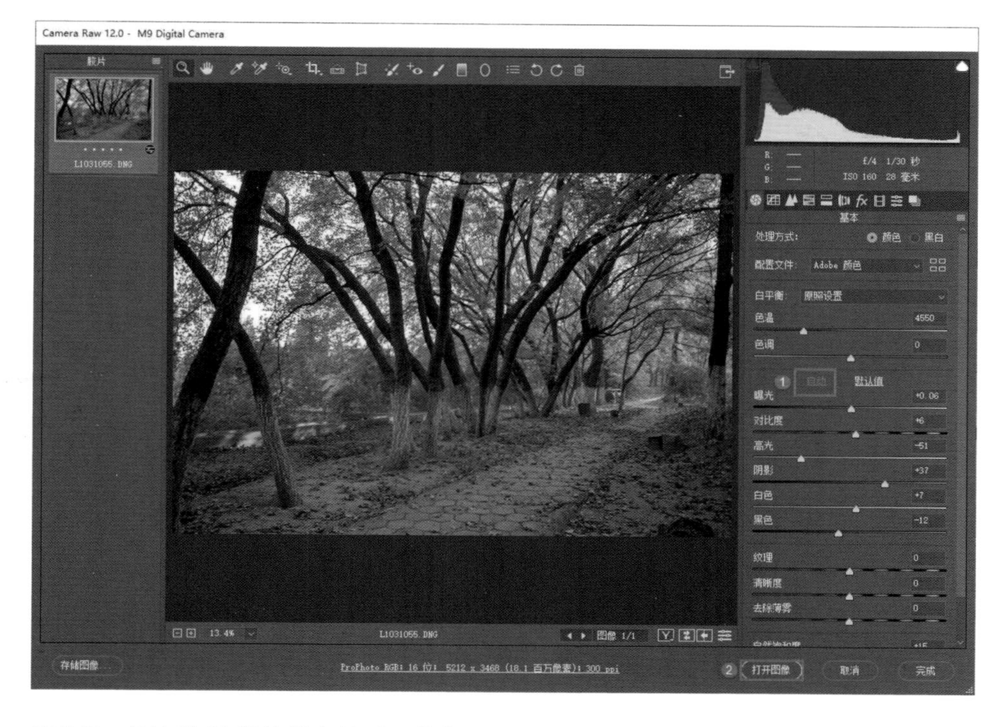

STEP2：依次选择菜单栏中的“图像”→“模式”→“Lab 颜色”。

STEP3：单击进入“通道”面板，选中“明度”通道，再单击“Lab”通道左侧的“小眼睛”图标，把所有通道的“小眼睛”图标都选中，接着依次选择菜单栏中的“图像”→“应用图像”，在弹出的对话框中，将通道设置为“a”，混合模式设为“叠加”，然后单击“确定”按钮。

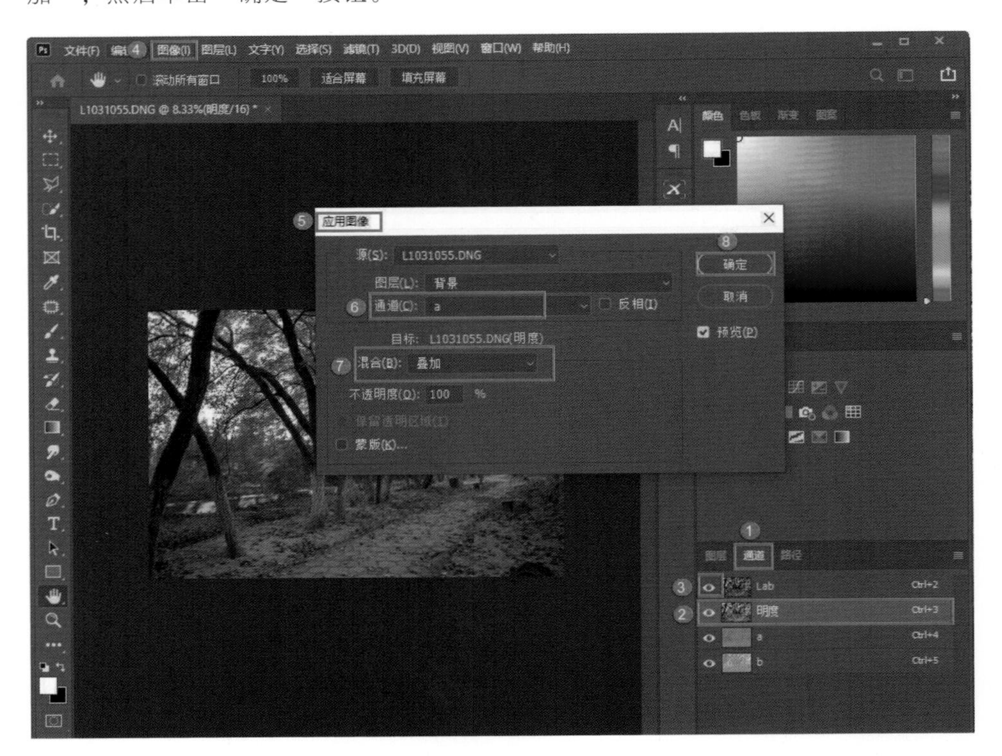

STEP4：单击“a”通道，再依次选择菜单栏中的“图像”→“应用图像”，在弹出的对话框中，将通道改为“a”，混合模式设为“叠加”，然后单击“确定”按钮。

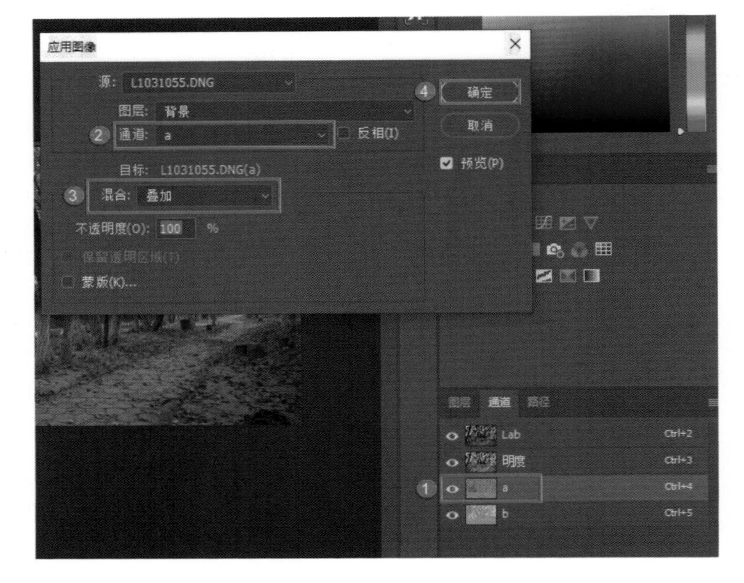

STEP5：单击“b”通道，再依次选择菜单栏中的“图像”→“应用图像”，在弹出的对话框中，将通道改为“b”，混合模式设为“叠加”，然后单击“确定”按钮。

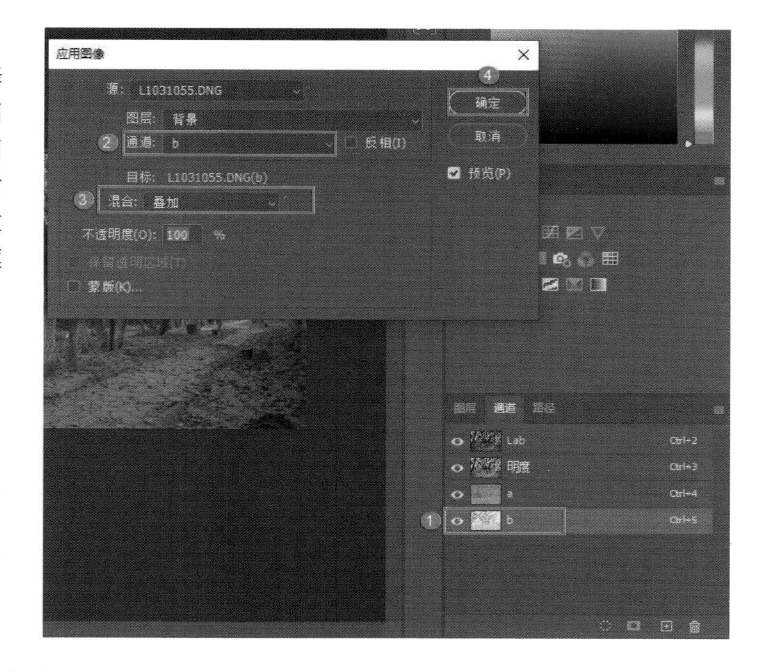

之所以在 Lab 颜色模式下进行这 3 个通道的相互叠加，是因为“Lab”通道中的黑白通道跟彩色通道是分离的，它的大部分细节都在“明度”通道中，“a”通道含有品红和绿，“b”通道含有蓝和黄，3 个通道合在一起就是“Lab”通道。

STEP6：单击“通道”面板中的“Lab”通道的名称，然后返回“图层”面板，按组合键 Ctrl+Shift+Alt+@ 选择高光区域，然后按组合键 Ctrl+Shift+I 反选低光区域，再按组合键 Ctrl+ J 将低光区域复制出来得到“图层 1”。接着单击“背景”图层，新建一个空白图层（“图层 2”），先将前景色设置为白色，然后按组合键 Alt+Delete 填充白色。

STEP7：画面中的风景已经很艳丽了，但如果觉得这种效果不好，那就选中“图层 1”，再按组合键 Ctrl+U，在弹出的对话框中，自行调整参数值，然后单击“确定”按钮。至此，一张艳丽的照片就制作好了。

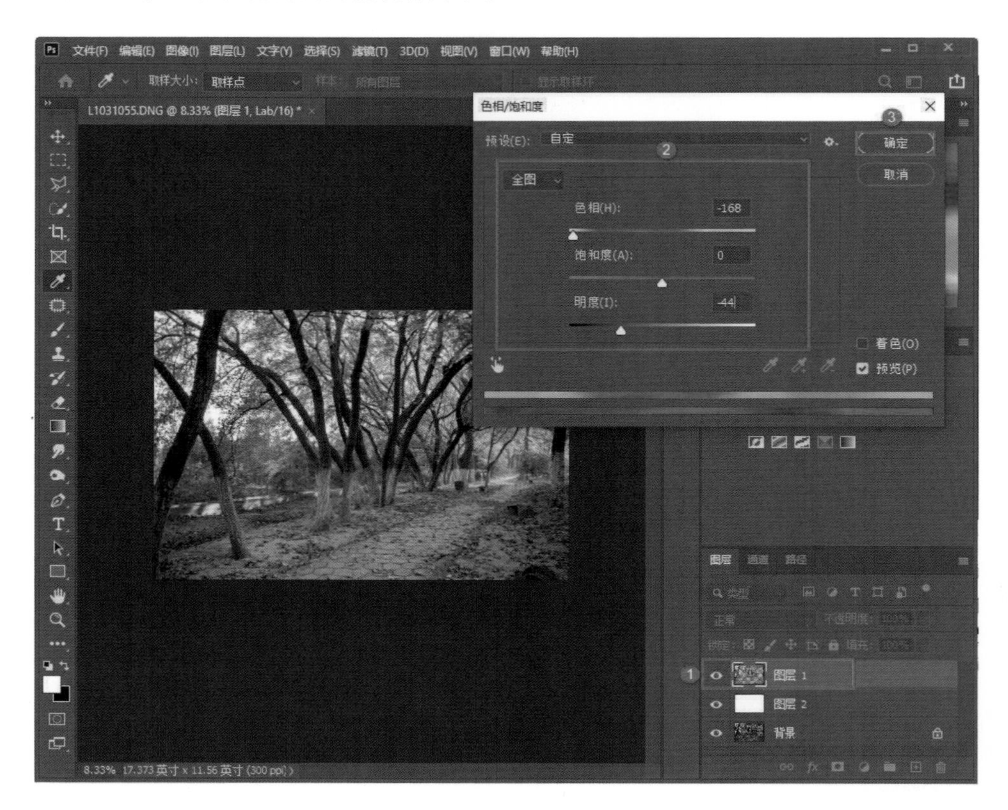

技 095

如何在 Lab 颜色模式下转黑白色调

将 RAW 格式的素材照片调入 ACR。

STEP1：先简单地调整一下照片（参数设置见下图），然后进入 PS。

STEP2：依次选择菜单栏中的“图像”→“模式”→“Lab 颜色”。

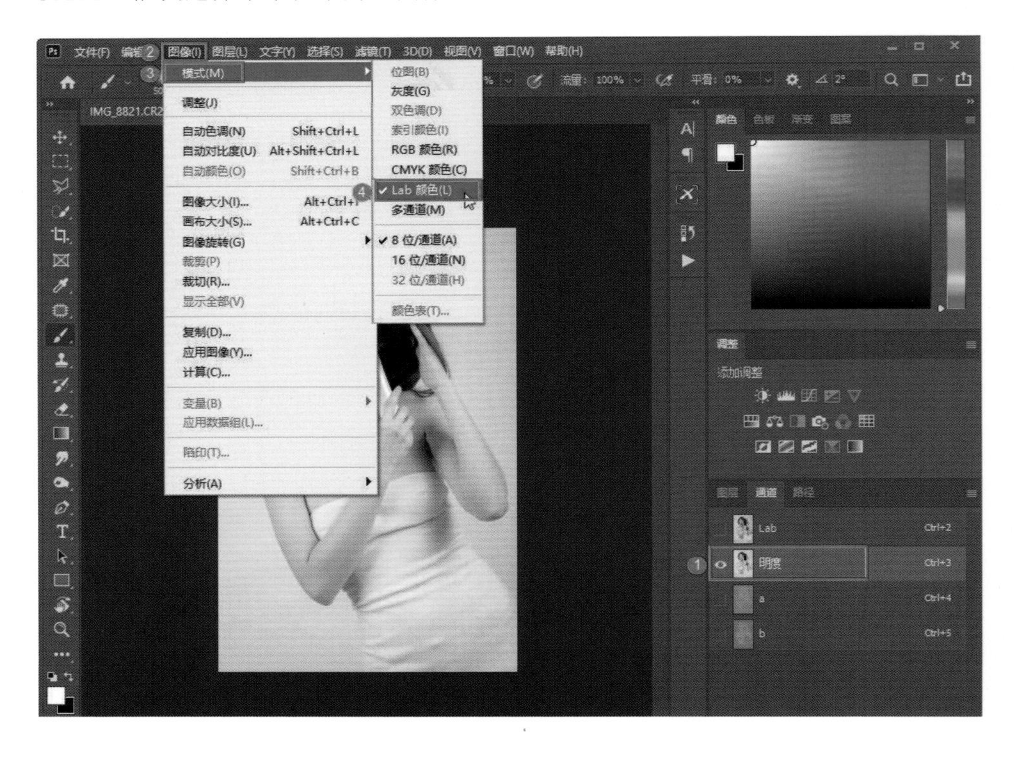

STEP3：单击进入“通道”面板，其中有“Lab”通道、“明度”通道、“a”通道和“b”通道。在Lab颜色模式下黑白通道（“明度”通道）跟彩色通道（“a”“b”通道）是分离的，所以要将照片变成黑白色调，应先选择“明度”通道，然后选择菜单栏中的“图像”→“模式”→“灰度”，弹出的对话框中将显示“要扔掉其它通道吗”，单击“确定”按钮。

STEP4：回到“图层”面板，复制一个图层（“背景 拷贝”），复制完以后将图层混合模式改为“正片叠底”，不透明度降到53%，接着再复制一个图层（“背景 拷贝2”），把图层混合模式改为“柔光”，到此照片就制作好了。在Lab颜色模式下将照片转为黑白色调，不会影响到彩色通道而让画面产生噪点，所以特别适合将女性人物的彩色照片转成黑白照片。

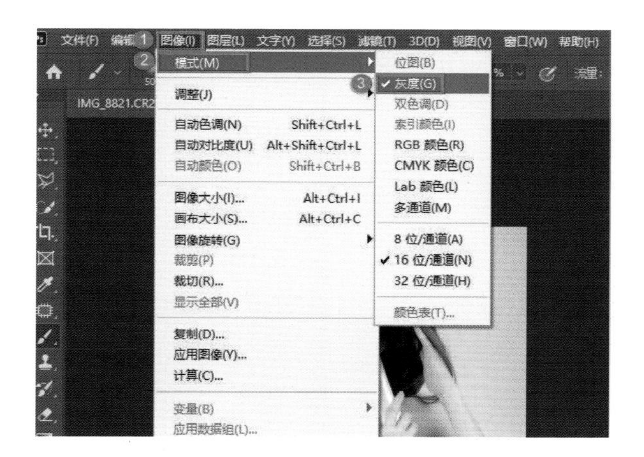

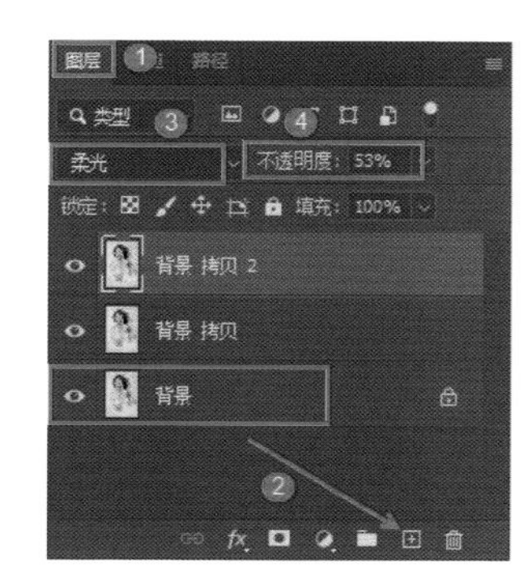

096 如何提升人物皮肤质感

将素材照片调入 PS。

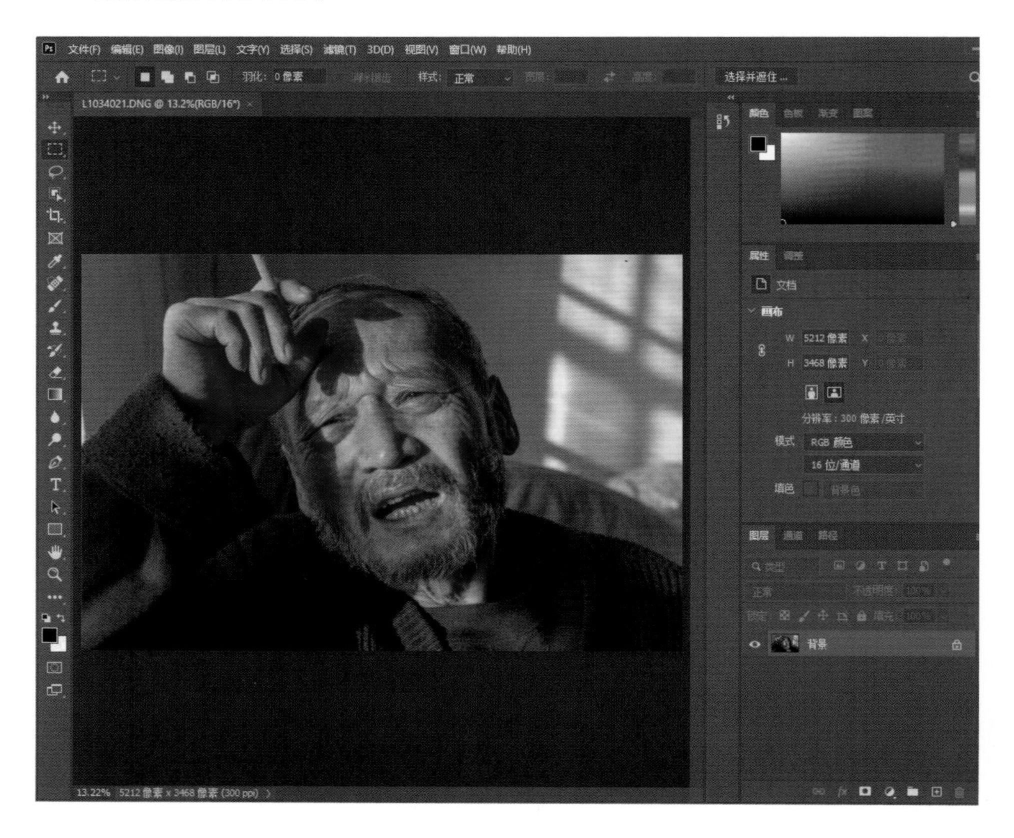

STEP1：先复制一个图层（“背景 拷贝”），然后依次选择菜单栏中的“图像”→“应用图像”，在弹出的对话框中，选择“绿”通道，将混合模式设为“正常”，然后单击“确定”按钮。

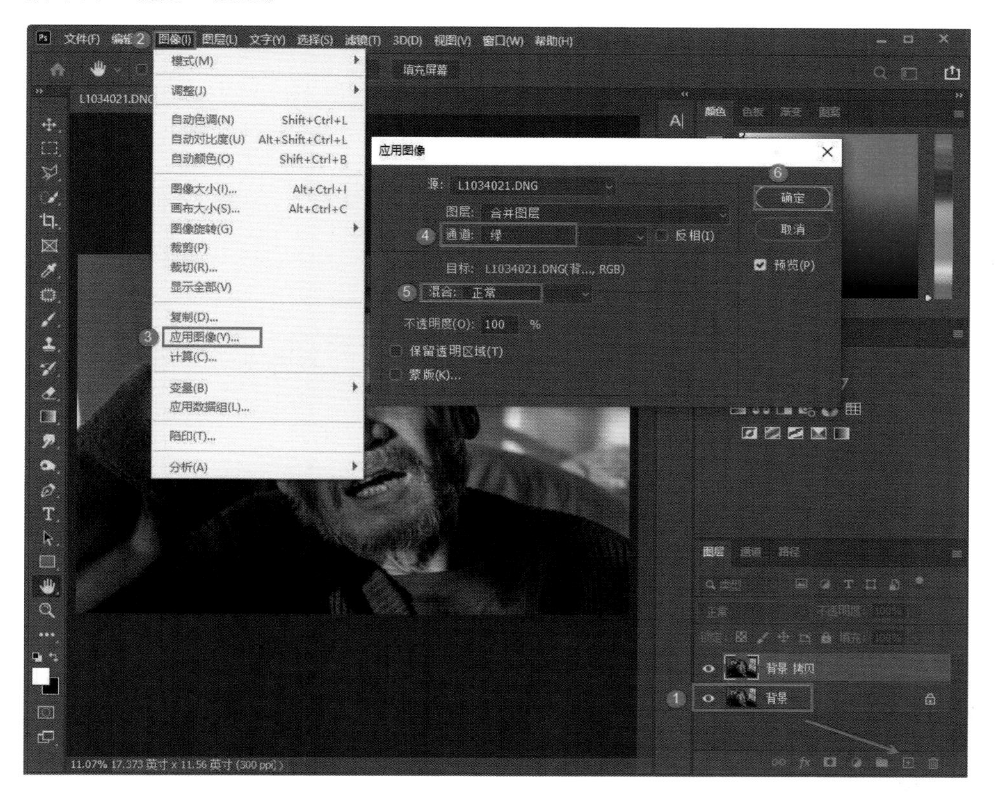

STEP2：画面已变成黑白色调，接着将图层混合模式改为“明度”，现在人物皮肤的质感提升了。以上就是提升人物皮肤质感的方法。

这个方法最早是美国 Adobe 公司的一个编委提出的，在这里跟大家分享一下它的原理。打开照片的“通道”面板，会发现“红”通道比较浅，适合在锐化或者制作儿童照片时使用，“绿”通道适中，“蓝”通道太深，所以不选“蓝”通道、“红”通道，而要选择适中的“绿”通道。而且“绿”通道包含丰富的层次和元素。通过“应用图像”生成一个“绿”通道的黑白图层，然后将图层混合模式改为“明度”，该模式对色彩没有任何干扰，只对照片的锐度产生影响。当“绿”通道附着在人物脸上的时候，他脸上的质感将瞬间得到提升。这个方法非常简单，在对照片清晰度进行调整时也非常实用。

097

如何进行置换

将素材照片调到 PS 中。

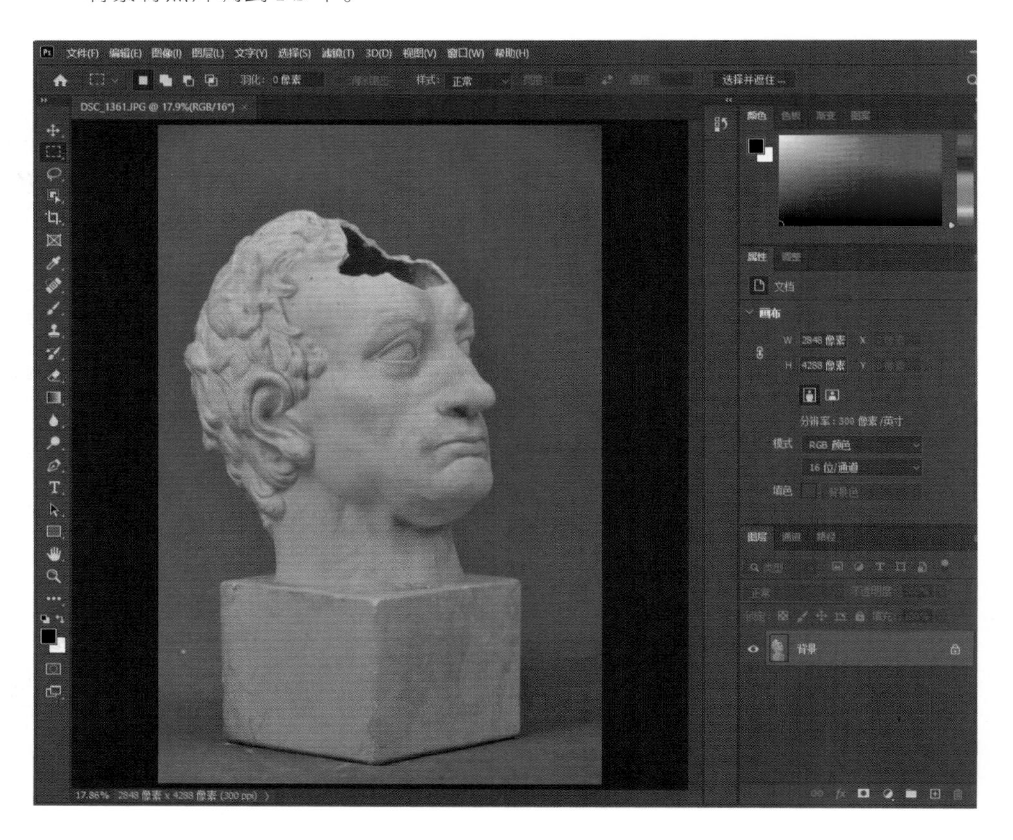

STEP1：按组合键 Ctrl+L 调出“色阶”对话框，将滑块由两边向中间拖动，“阴影输入色阶”设为 70，“高光输入色阶”设为 243，增大照片的反差，这样比较容易抠图。

STEP2：单击“快速选择工具”，将人物主体选出来，接着按组合键 Ctrl+F6 调出“羽化选区”对话框，将羽化半径设为 1，然后单击“确定”按钮。

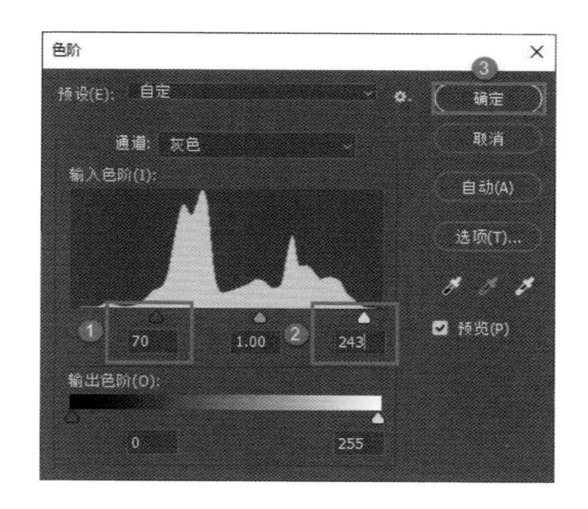

STEP3：选择菜单栏中的“选择”→“存储选区”，单击“确定”按钮。这样就把选区存到“Alpha 1”通道中了，然后按组合键 Ctrl+D 取消“蚂蚁线”。

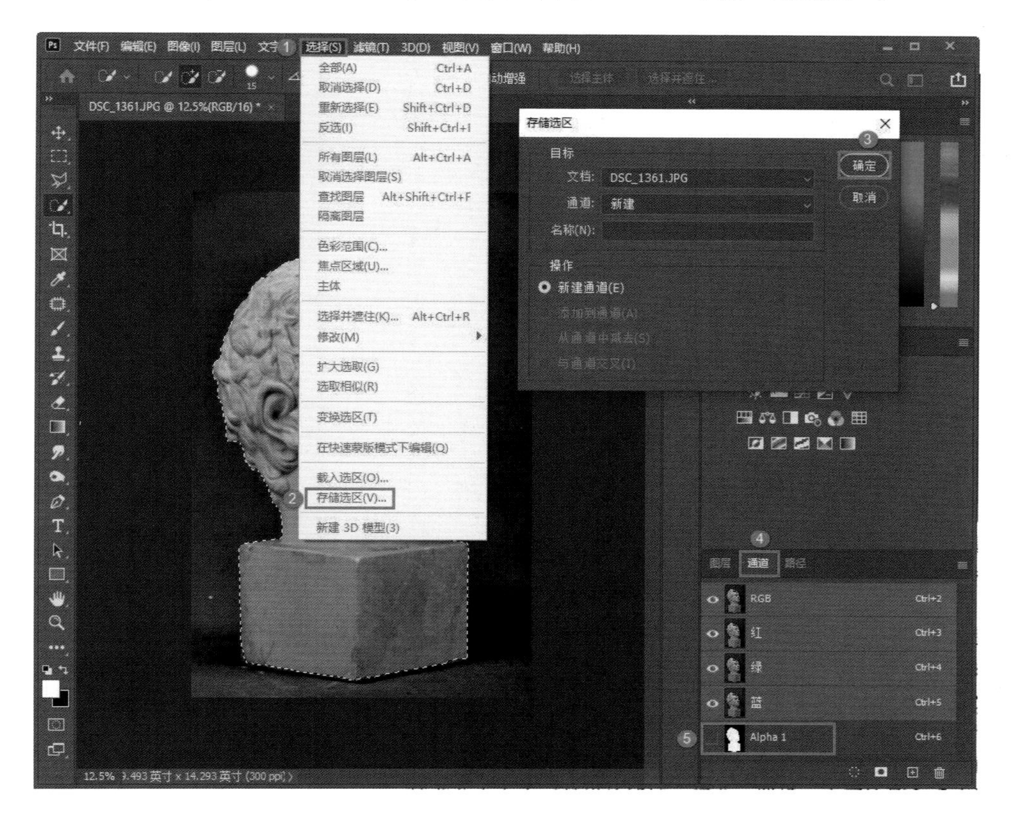

STEP4：在“通道”面板中选择“绿”通道，然后右击“绿”通道，选择“复制通道”，在弹出的对话框中将文档设为“新建”，然后单击“确定”按钮。这时就打开了一个新的工作窗口。

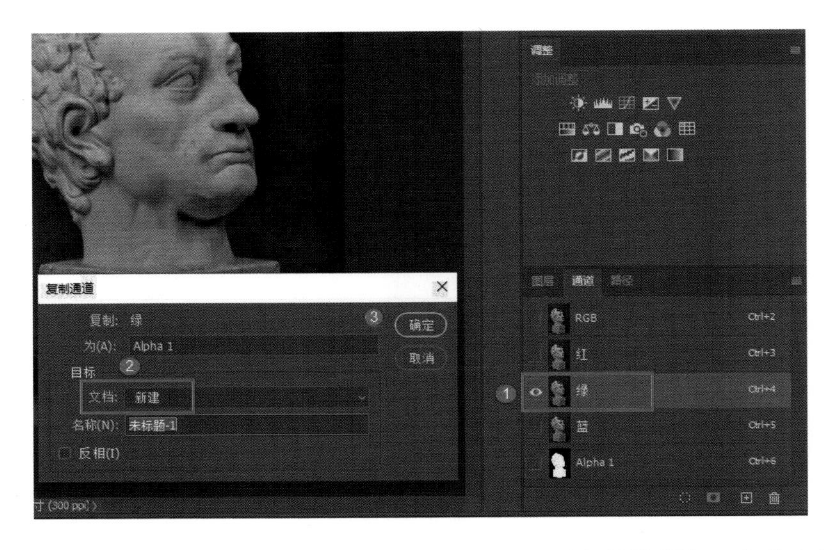

STEP5：依次选择菜单栏中的“滤镜”→“模糊”→“高斯模糊”，在弹出的对话框中将半径设置为 1，然后单击“确定”按钮。

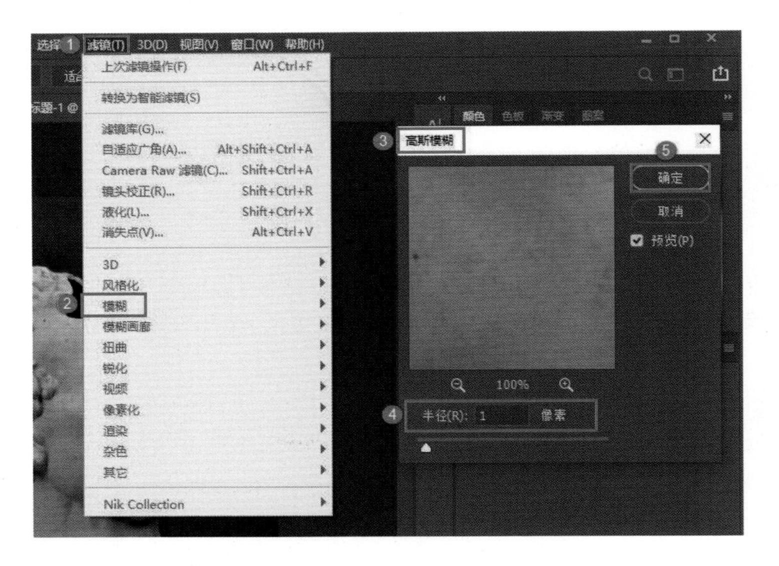

STEP6：选择菜单栏中的“文件”→“储存为”，将照片储存到计算机里合适的位置，并且将文件名设为“置换”，保存类型设为“PSD”，然后将新工作窗口关闭。

STEP7：在 PS 中打开有皲裂纹的背景墙素材照片，按组合键 Ctrl+Shift+U 将背景墙素材照片变为黑白色调。然后切换到石膏像的工作窗口中，选择“通道”面板，单击“RGB”通道，按组合键 Ctrl+Shift+U 将石膏像也变成黑白色调。

STEP8：回到背景墙素材照片的工作窗口中，使用“移动工具”将其移动到石膏像的工作窗口中，然后按组合键 Ctrl+T 启动自由变换，放大背景墙把石膏像覆盖，然后降低不透明度，覆盖好之后双击画面确定。

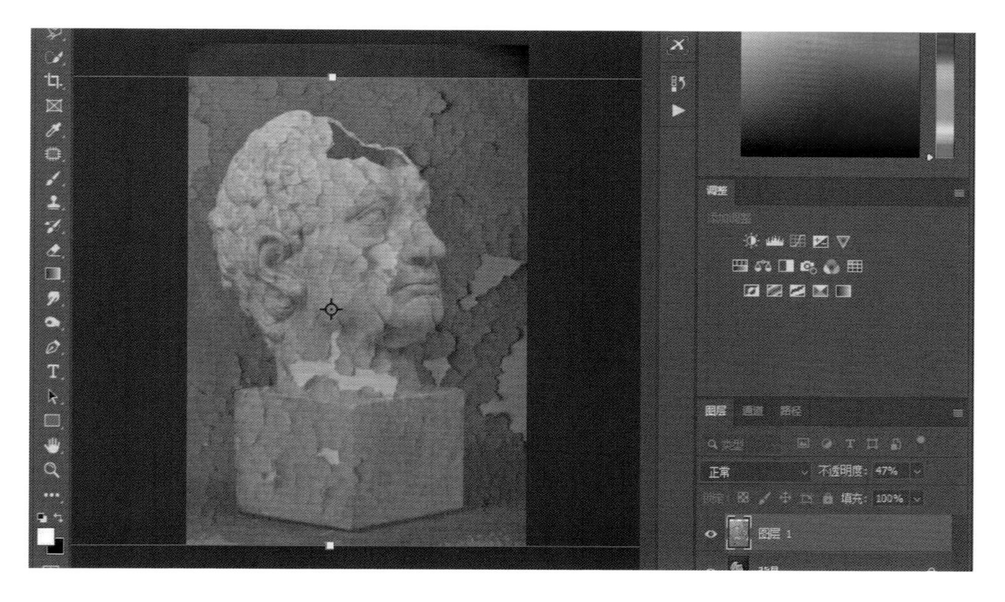

STEP9：将图层的不透明度恢复到 100%，接着依次选择菜单栏中的“滤镜”→“扭曲”→“置换”，将水平比例和垂直比例都设为 10，然后单击“确定”按钮。

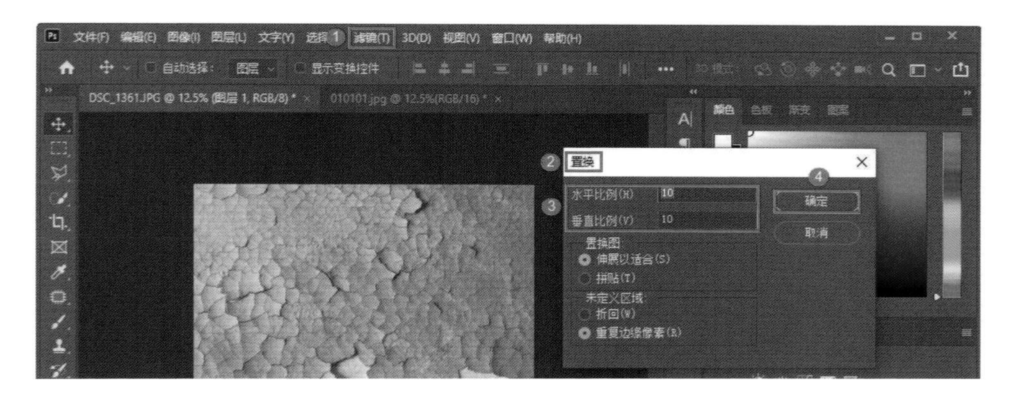

STEP10：这时将弹出一个对话框，必须找到之前保存的“置换 .PSD”文件，然后双击打开，打开的瞬间背景墙素材照片动了一下，说明背景墙已经完全覆盖到石膏像上了。接着单击进入“通道”面板，在按住 Ctrl 键的同时单击“Alpha 1”通道，即选中之前创建的石膏像选区。

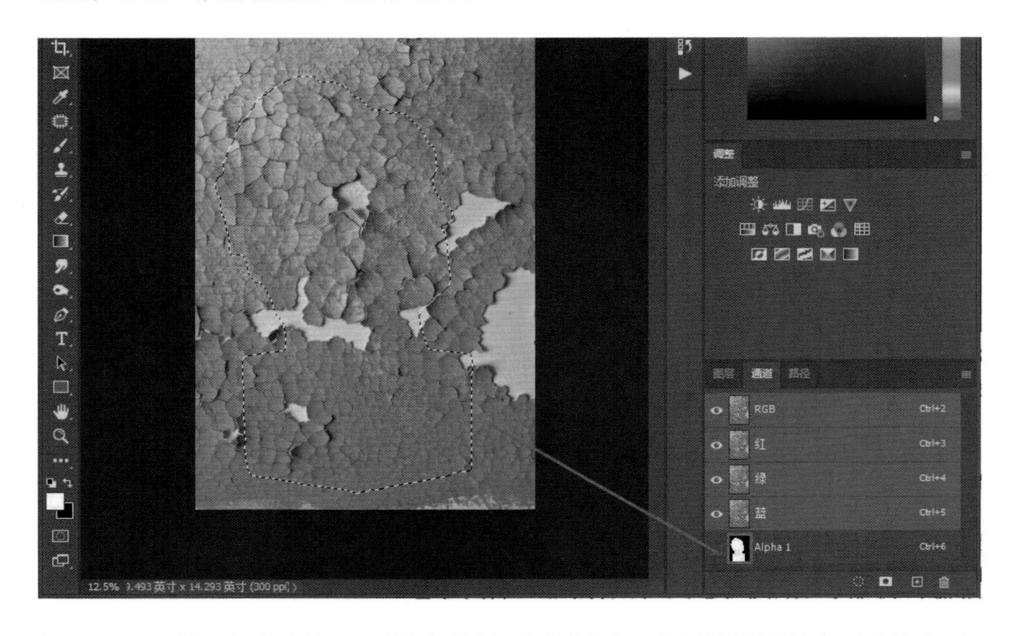

STEP11: 回到“图层”面板，只需单击“添加蒙版”按钮，背景墙就附着在石膏像上了。这时把图层混合模式改为“颜色加深”，将不透明度降低到 50%，这张照片就制作完成了。

这里说一下置换的原理，简单来说，置换就是将一张平面素材照片贴到立体的物体上，比如本节所用的石膏像，一般通过正片叠底、叠加、柔光等图层混合模式把它和底层照片进行混合叠加。本节讲的置换技巧非常有用，把背景墙通过置换完全地贴在石膏像上，也就是石膏像被立体地包起来了，从而有凹凸感，看起来非常真实。这种手法一般都用在创意作品上，比如把有皱裂纹的背景墙或者木头、锈铁皮等材质的素材照片覆盖到一些物体上。运用这种手法制作出来的照片看起来非常真实。

技 098

如何使用智能图层

将素材照片调入 PS。

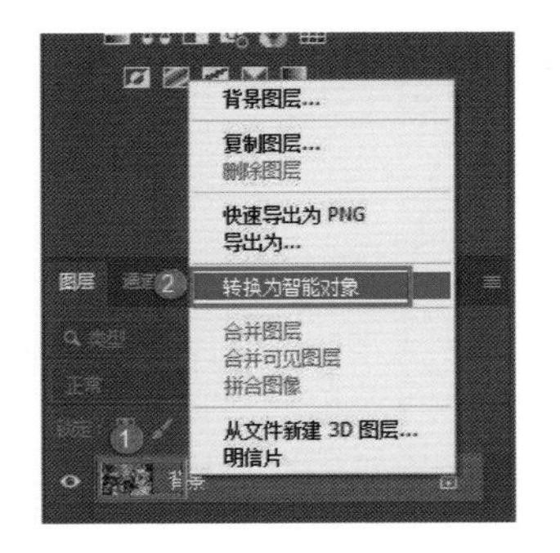

STEP1：右击图层，选择“转换为智能对象”。智能对象的好处是在编辑照片的时候不会破坏像素，相当于带着蒙版。但是智能对象有一个缺点，就是在编辑照片的时候，修饰细节等操作是不能进行的，因为像素被保护起来了，比如直接对像素进行编辑的“污点修复工具”就被禁止使用了。

STEP2：我们可以在智能图层中通过滤镜制作一些特效。选择菜单栏中的“滤镜”→“模糊”→“径向模糊”，在弹出的对话框中，将数量设为 11，选中“旋转”，人的脸部位于整个画面中的黄金分割点，将圈的中心移动到右上角，然后单击“确定”按钮，就生成了一种滤镜效果。

STEP3：单击“智能滤镜”的蒙版，选择“渐变工具”，将前景色设置为黑色，渐变模式设为“黑→白渐变”，渐变方式设为“径向渐变”，将不透明度调到 100%，然后从人物的脸部往外拖动，形成渐变效果。如果觉得这个效果不自然，还可以双击蒙版下方的“径向渐变”进行编辑。

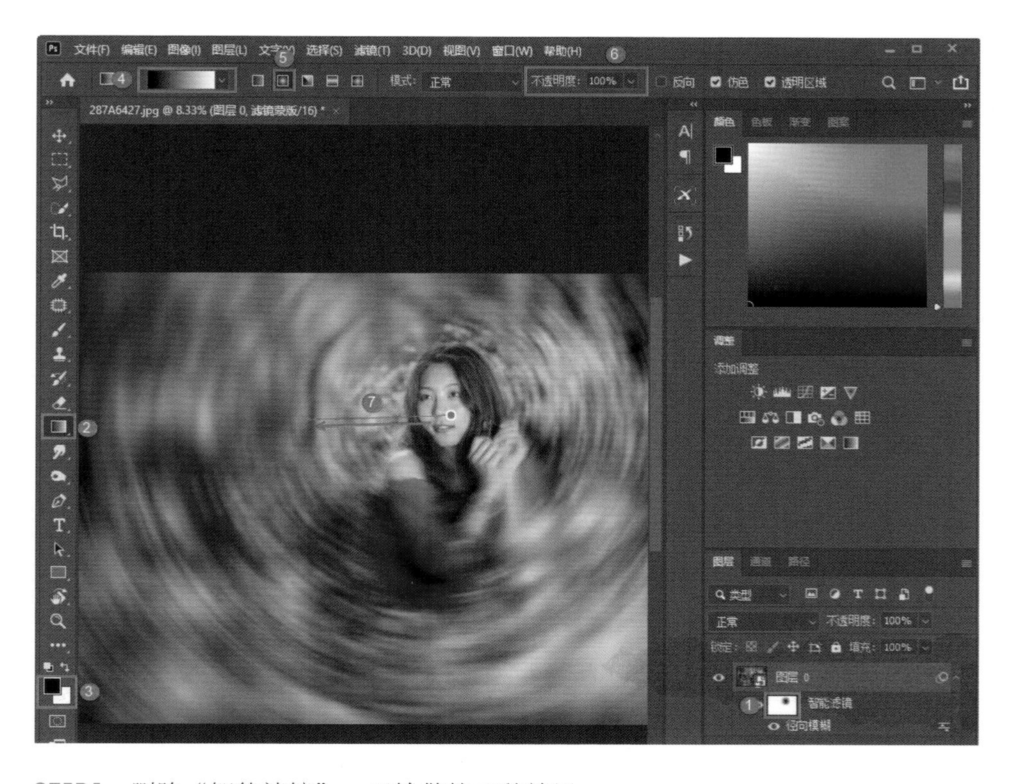

STEP4：删除“智能滤镜”，开始做第二种效果。

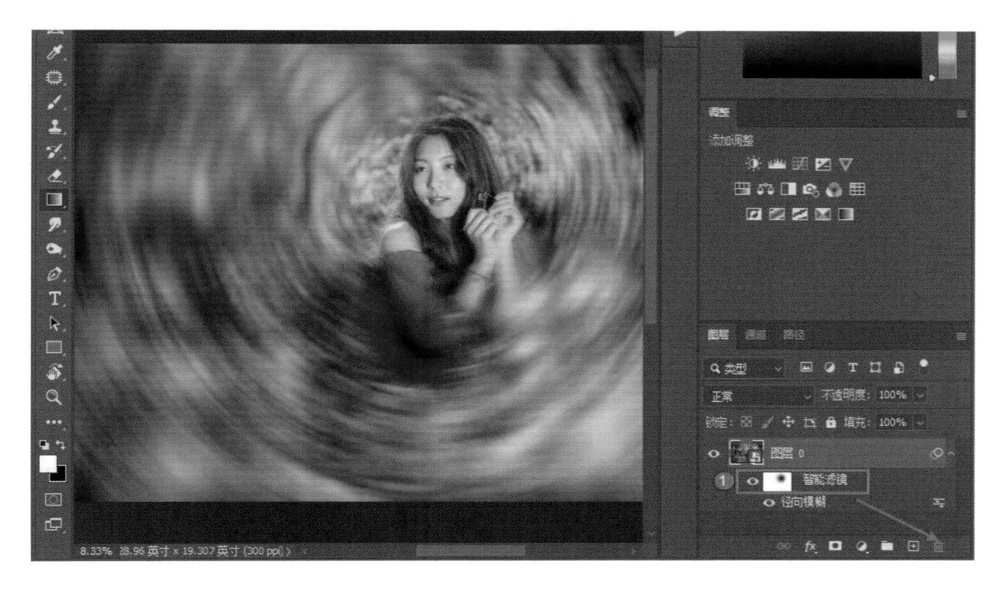

举一反三，通过智能图层，我们可以利用画笔或者渐变滤镜控制蒙版上的黑白区域来实现滤镜的作用范围（蒙版上的黑色部分不产生作用，白色部分则相反）。

099 如何制作钢笔淡彩效果的照片

将素材照片调入 PS。

STEP1：先按组合键 Ctrl+J 复制一个图层（“图层 1”），将“图层 1”的图层混合模式改为“颜色减淡”，接着按组合键 Ctrl+I 进行反相操作，然后选择菜单栏中的“滤镜”→“其它”→“最小值”，在弹出的对话框中，将半径设为 1，然后单击“确定”按钮。

STEP2：多按几次组合键Alt+Ctrl+F，增加照片的锐度。接着双击“图层 1”的缩览图，在弹出的对话框中，按住 Alt 键的同时拖动“本图层”滑块，一定要拿捏有度，然后单击“确定”按钮。

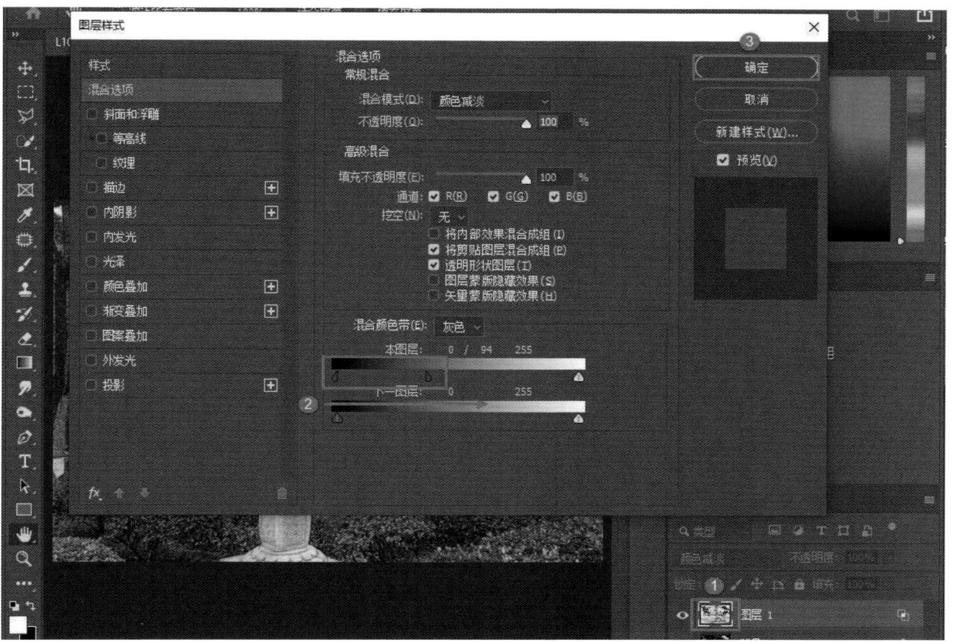

STEP3：创建“渐变映射”调整图层，选择由黑到白的渐变映射模式，把不透明度降低一些，最后按组合键 Ctrl+Shift+Alt+E 合并图层。至此，这张钢笔淡彩效果的照片就制作好了。

100 技

黑白照片的调色思路

将素材照片调入 ACR。

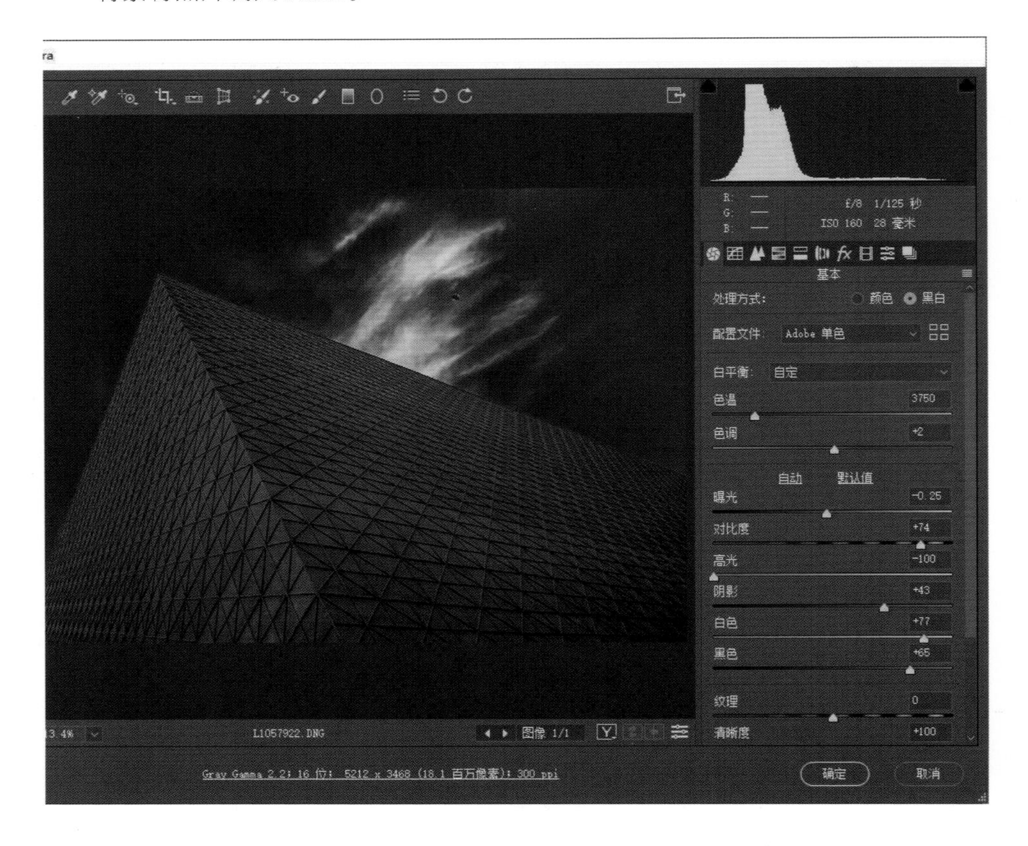

STEP1：先做基础调整（参数设置如下图所示）。

STEP2：单击“细节”选项卡，对照片进行锐化。

STEP3：单击“黑白混合”选项卡，适当调整各种颜色的参数值。

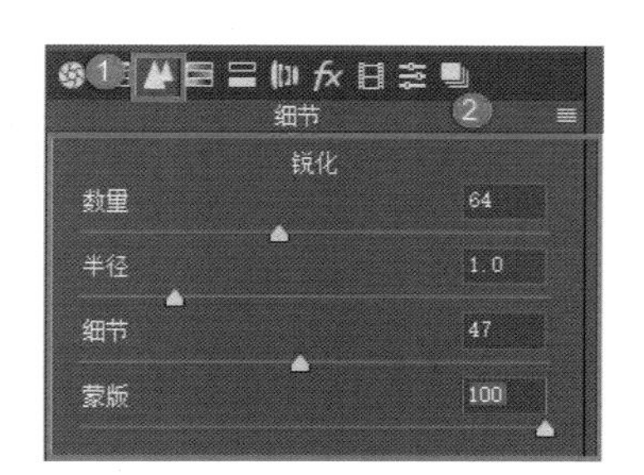

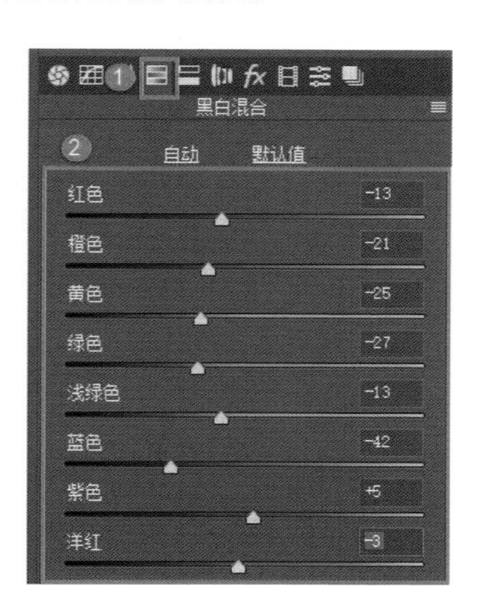

STEP4：单击“基本”选项卡，重新对照片进行微调。其实调这张照片时没有既定的框架，这里只是给大家一个新的思路。在调片的时候不能完全按照固定模式来调，也可以做一些创新，有时候可能会得到不一样的效果。

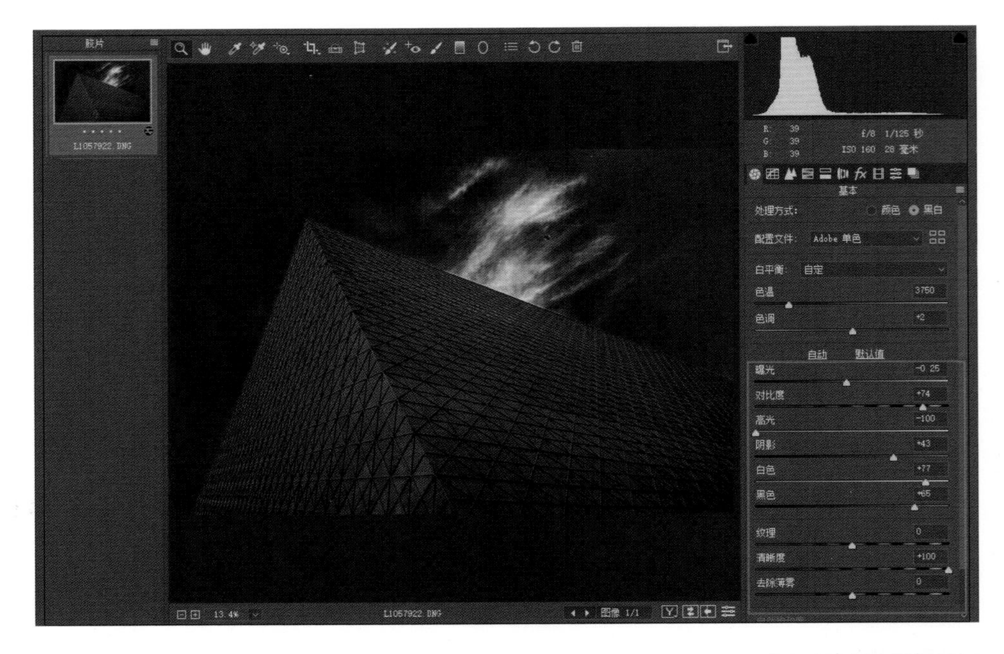

STEP5：单击“细节”选项卡，对照片进行降噪处理。

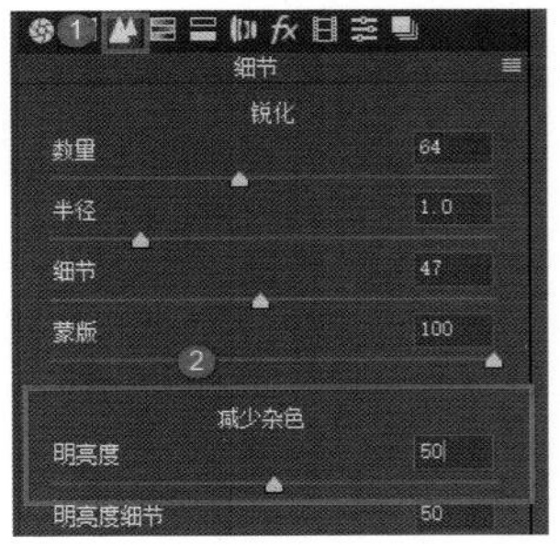

STEP6：将照片导入 PS 中。选择菜单栏中的“图像”→“画布大小”，把高度改为和宽度一样的数值，单击“定位”中向下的箭头，增大天空区域，然后单击“确定”按钮。

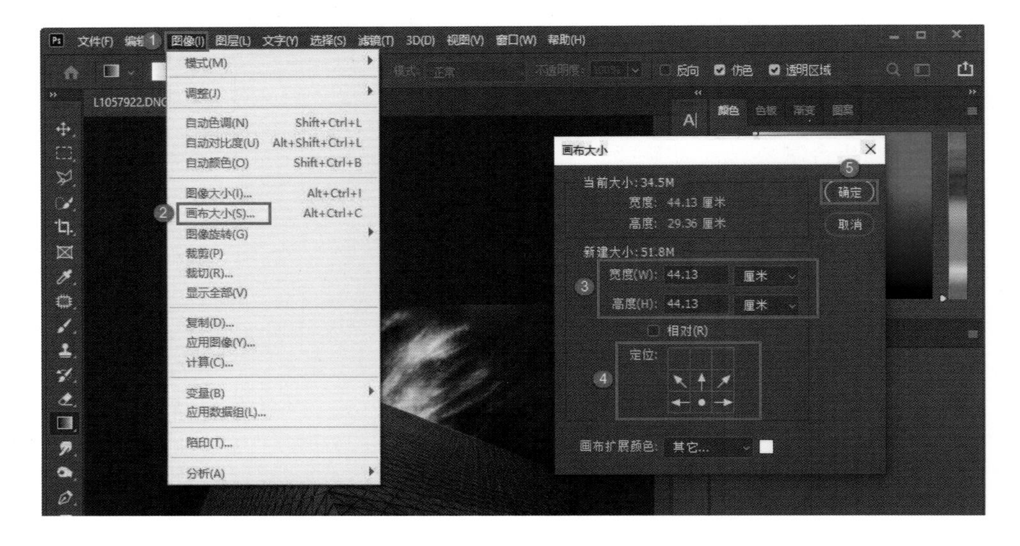

STEP7：按组合键 Ctrl+J 复制一个图层（“图层 1”），按组合键 Ctrl+T 启动自由变换，向上拉动上边框，覆盖上一步扩大的白色区域，然后按 Enter 键确定。这时画面虽然变形了但更有视觉冲击力。

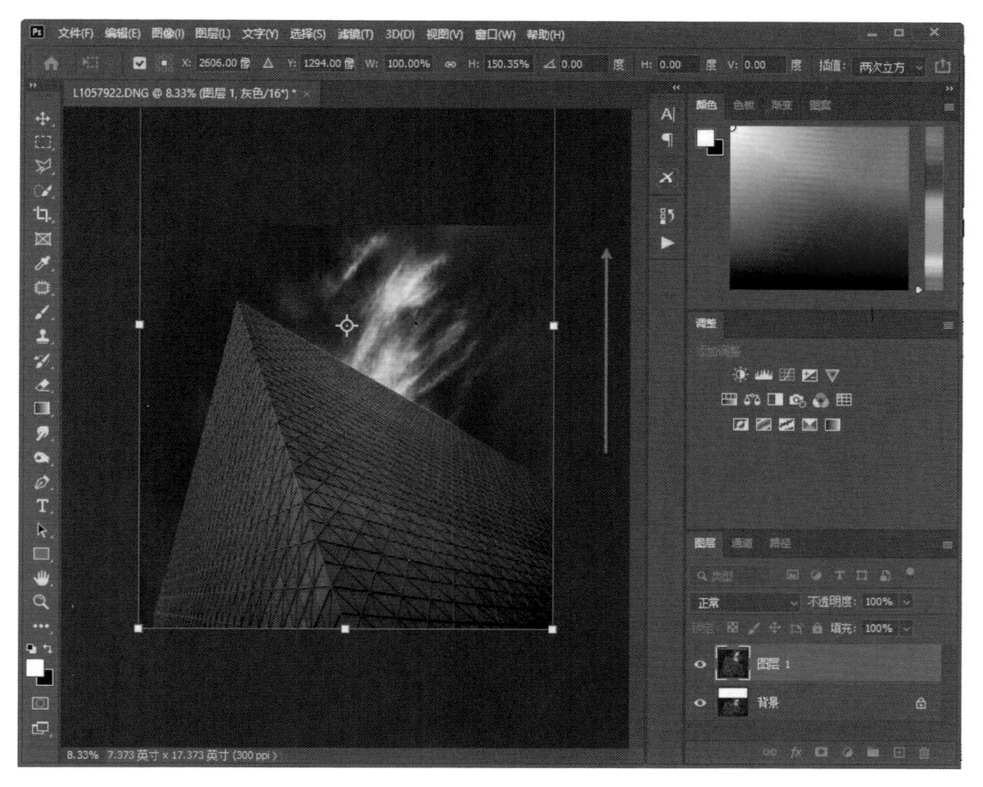

STEP8：按组合键 Ctrl+E 合并图层（“背景”图层），再按组合键 Ctrl+J 复制一个图层（“图层 1”），将图层混合模式修改为“柔光”。如果觉得“柔光”模式会让画面比较生硬，可以把不透明度降到 50%，再按组合键 Ctrl+E 合并图层（“背景”图层）。

STEP9：按组合键 Ctrl+Shift+Alt+@ 找到亮部，按组合键 Ctrl+Shift+I 即可找到暗部，再按组合键 Ctrl+J 将暗部复制到新图层（“图层 1”）中，接着将“图层 1”的图层混合模式改为“正片叠底”，如果觉得画面太黑了就将不透明度降到 20%。

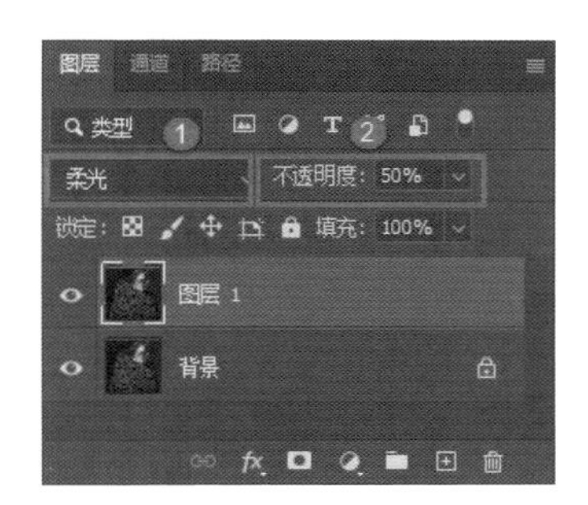

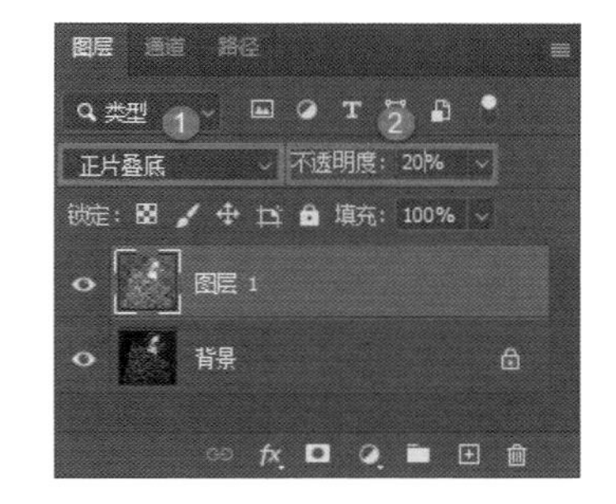

STEP10：选择菜单栏中的“滤镜”→“锐化”→“USM 锐化”，在弹出的对话框中，将数量设置为 85，半径设置为 1.0，阈值设置为 2，然后单击“确定”按钮。继续按两次组合键 Ctrl+Shift+F，相当于对暗部图层进行两次锐化。按组合键 Ctrl+E 合并图层（“背景”图层）。

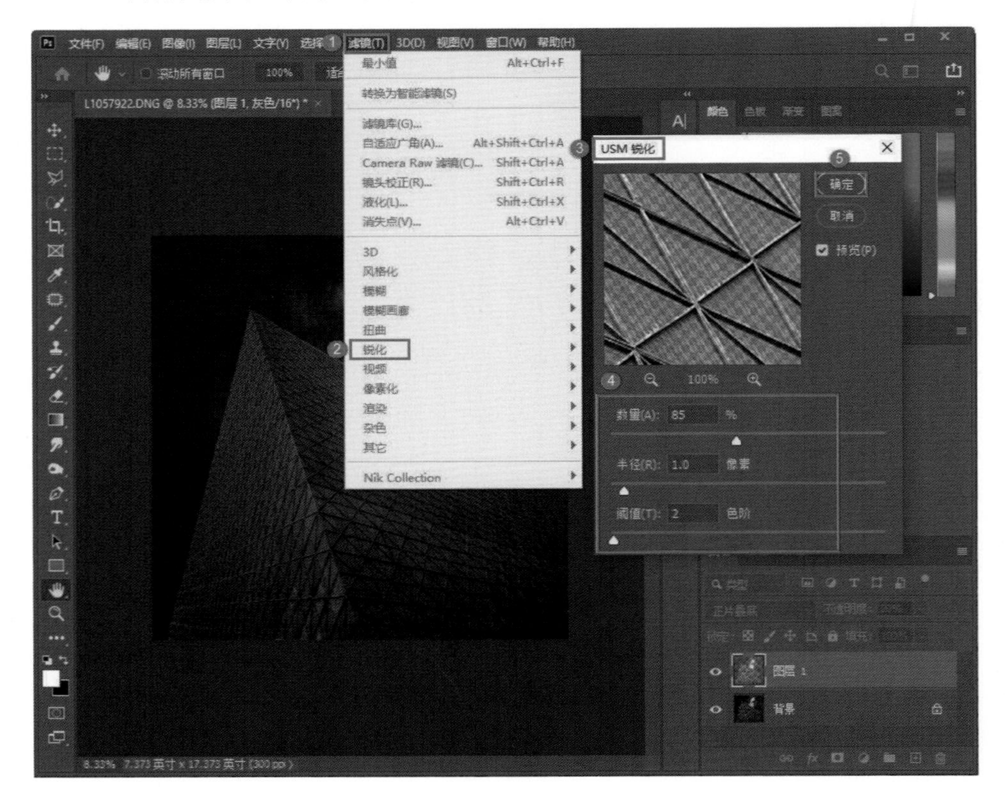

STEP11：按组合键 Ctrl+Shift+A 进入 ACR 界面，在“基本”选项卡中，将清晰度调整为 38，这样就增大了反差。单击“效果”选项卡，降低数量值和中点值，即压暗四周，让照片的效果更好。

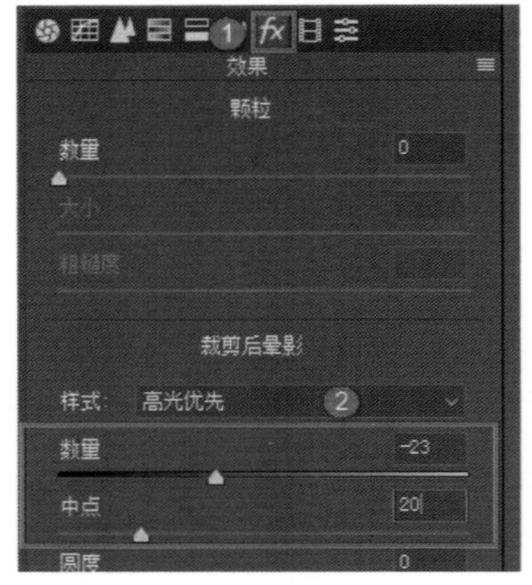

STEP12：再制作一张黑白色调的照片。将另一张素材照片调入 ACR 中，先做基础调整，然后将处理方式设为“黑白”。

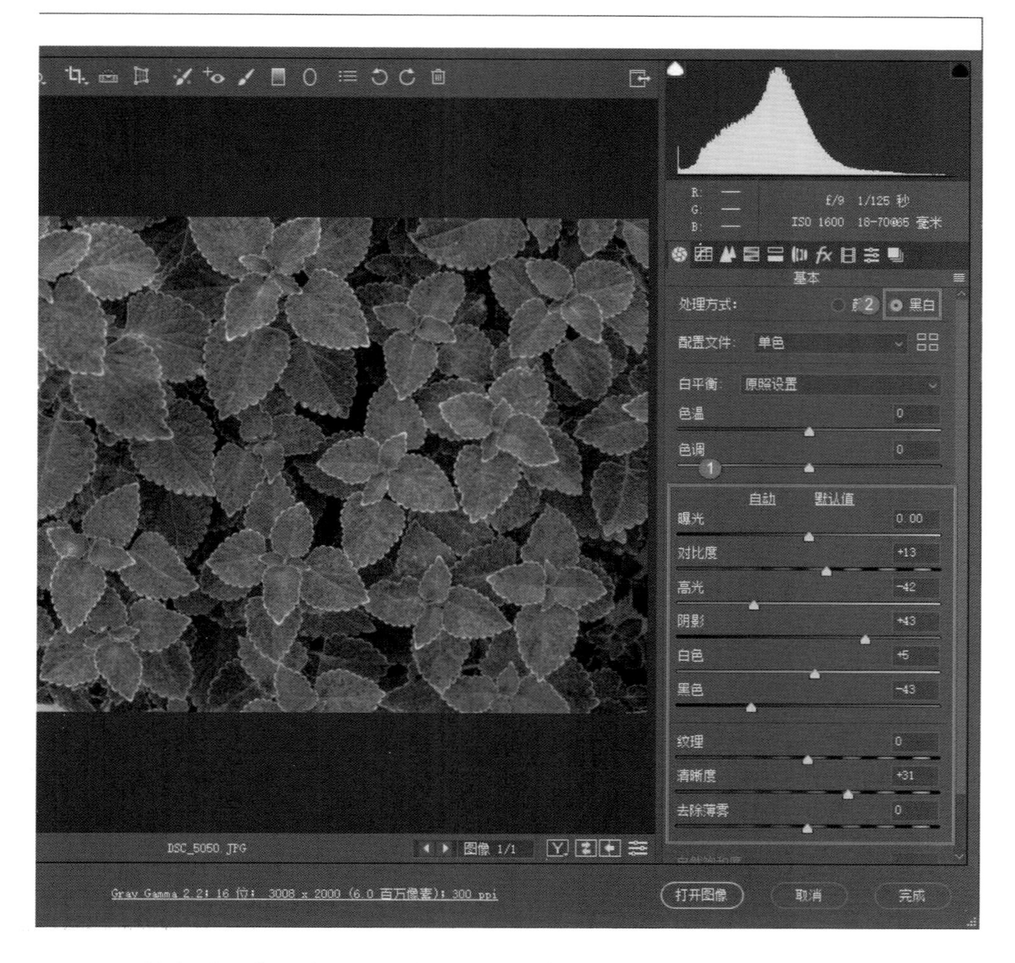

STEP13：单击“黑白混合”选项卡，对各颜色的参数值进行调整。

STEP14：单击“细节”选项卡，对照片进行锐化处理。

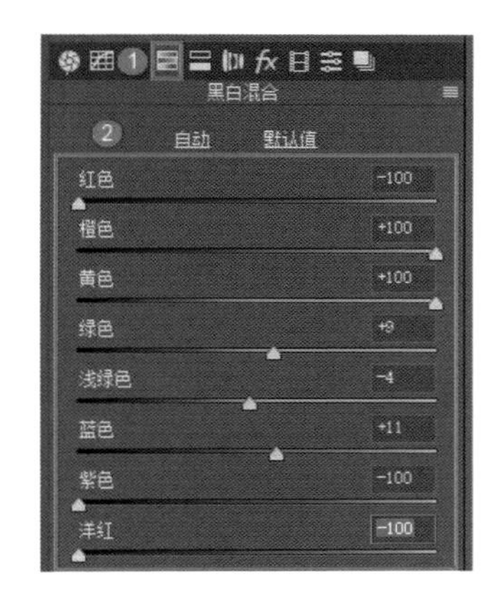

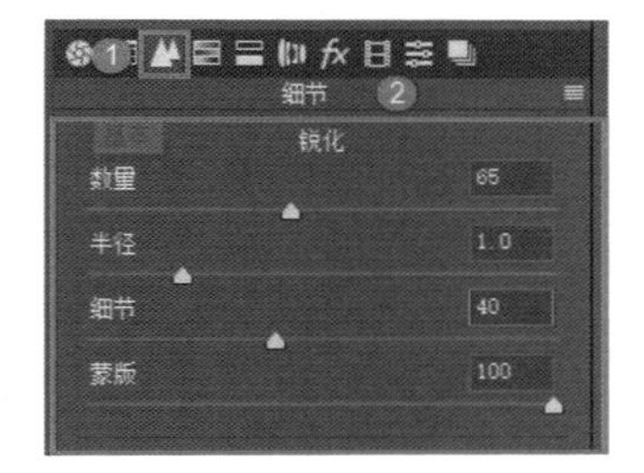

STEP15：单击“打开图像”按钮进入 PS，发现照片上有很多污点，这时可以使用“污点修复画笔工具”耐心地去除污点。接着按组合键 Ctrl+J 复制一个图层（“图层 1”），然后将图层混合模式改为“柔光”，目的是屏蔽灰色。如果这时觉得叶子太黑了，可以通过降低不透明度或者添加蒙版来进行调节。但我觉得既然要制作黑白效果，就不要太强调中间的纹理了，我们把眼睛迷糊起所有叶子的边缘都是白色的，会让照片更有味道。照片制作完成之后，画面四角就不需要加暗了，因为加暗可能会对白边造成影响。

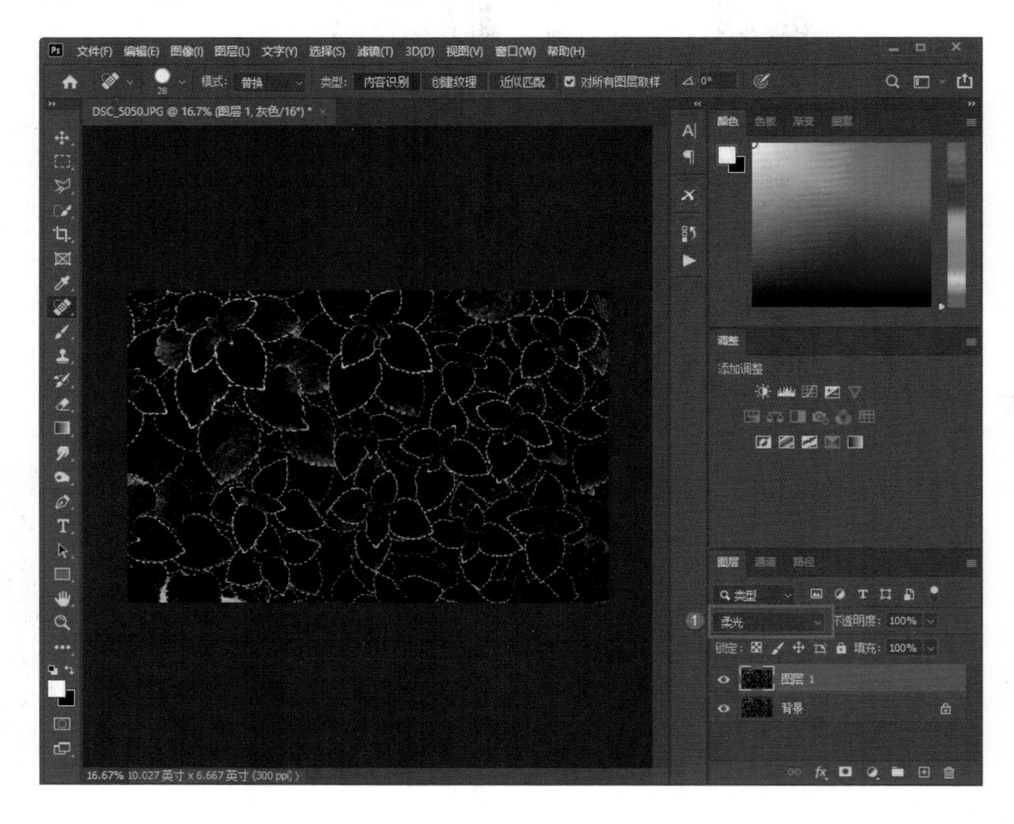